21世纪普通高校计算机公共课程规划教材

教育部文科计算机基础教学指导委员会立项教材
Computer Arts Based On The Ministry Of Education Steering Committee Of Project Teaching Materials

大学计算机应用
高级教程

（第2版）

陈尹立　陈国君　主编

潘章明　陈力　侯昉　陈灵　等　副主编

清华大学出版社
北京

内 容 简 介

　　本书是结合财经管理类高校调研的最新成果，以简单、有趣和实用为原则，以经济与管理类学生为主要教学对象而编写的计算机应用高级教程。全书分为 3 篇：第 1 篇介绍计算机组装和软硬件维护的基本知识和技能，第 2 篇以 Dreamweaver CS4 为工具介绍网页设计的基本方法和技巧，第 3 篇介绍利用 Excel 进行数据分析和处理的基本方法。本书内容由浅入深、循序渐进、通俗易懂、实例丰富，讲解精细，只要具有 Microsoft Office 的初步知识，就可以通过本书掌握计算机的组装与软硬件维护、网页设计和 Excel 数据分析与处理等知识与技能。

　　本书可以作为高等院校经济与管理类专业"大学计算机基础"课程的后续课程教材，也可以作为广大计算机爱好者的入门参考书。

　　与本书配套的习题解答与实验指导请参见清华大学出版社出版的《大学计算机应用高级教程（第 2 版）习题解答与实验指导》一书。

　　本书相关的教学网站网址为：http://218.192.12.13/kcpt/jkx.html。

图书在版编目（CIP）数据

大学计算机应用高级教程/陈尹立，陈国君主编. —2 版. —北京：清华大学出版社，2011.2
（21 世纪普通高校计算机公共课程规划教材）

ISBN 978-7-302-24466-0

Ⅰ．①大… Ⅱ．①陈… ②陈… Ⅲ．①电子计算机–高等学校–教材 Ⅳ．①TP3

中国版本图书馆 CIP 数据核字（2010）第 264693 号

责任编辑：索　梅　张为民
责任校对：梁　毅
责任印制：何　芊

出版发行：清华大学出版社　　　　　　　　　　地　　址：北京清华大学学研大厦 A 座
　　　　　http://www.tup.com.cn　　　　　　　邮　　编：100084
　　　　　社　总　机：010-62770175　　　　　邮　　购：010-62786544
　　　　　投稿与读者服务：010-62795954，jsjjc@tup.tsinghua.edu.cn
　　　　　质　量　反　馈：010-62772015，zhiliang@tup.tsinghua.edu.cn
印　刷　者：北京富博印刷有限公司
装　订　者：北京市密云县京文制本装订厂
经　　销：全国新华书店
开　　本：185×260　印　张：22.75　字　数：565 千字
版　　次：2011 年 2 月第 2 版　　印　　次：2011 年 2 月第 1 次印刷
印　　数：1～6000
定　　价：33.00 元

产品编号：037588-01

出版说明

随着我国改革开放的进一步深化，高等教育也得到了快速发展，各地高校紧密结合地方经济建设发展需要，科学运用市场调节机制，加大了使用信息科学等现代科学技术提升、改造传统学科专业的投入力度，通过教育改革合理调整和配置了教育资源，优化了传统学科专业，积极为地方经济建设输送人才，为我国经济社会的快速、健康和可持续发展以及高等教育自身的改革发展做出了巨大贡献。但是，高等教育质量还需要进一步提高以适应经济社会发展的需要，不少高校的专业设置和结构不尽合理，教师队伍整体素质亟待提高，人才培养模式、教学内容和方法需要进一步转变，学生的实践能力和创新精神亟待加强。

教育部一直十分重视高等教育质量工作。2007年1月，教育部下发了《关于实施高等学校本科教学质量与教学改革工程的意见》，计划实施"高等学校本科教学质量与教学改革工程（简称'质量工程'）"，通过专业结构调整、课程教材建设、实践教学改革、教学团队建设等多项内容，进一步深化高等学校教学改革，提高人才培养的能力和水平，更好地满足经济社会发展对高素质人才的需要。在贯彻和落实教育部"质量工程"的过程中，各地高校发挥师资力量强、办学经验丰富、教学资源充裕等优势，对其特色专业及特色课程（群）加以规划、整理和总结，更新教学内容、改革课程体系，建设了一大批内容新、体系新、方法新、手段新的特色课程。在此基础上，经教育部相关教学指导委员会专家的指导和建议，清华大学出版社在多个领域精选各高校的特色课程，分别规划出版系列教材，以配合"质量工程"的实施，满足各高校教学质量和教学改革的需要。

本系列教材立足于计算机公共课程领域，以公共基础课为主、专业基础课为辅，横向满足高校多层次教学的需要。在规划过程中体现了如下一些基本原则和特点。

（1）面向多层次、多学科专业，强调计算机在各专业中的应用。教材内容坚持基本理论适度，反映各层次对基本理论和原理的需求，同时加强实践和应用环节。

（2）反映教学需要，促进教学发展。教材要适应多样化的教学需要，正确把握教学内容和课程体系的改革方向，在选择教材内容和编写体系时注意体现素质教育、创新能力与实践能力的培养，为学生知识、能力、素质协调发展创造条件。

（3）实施精品战略，突出重点，保证质量。规划教材把重点放在公共基础课和专业基础课的教材建设上；特别注意选择并安排一部分原来基础比较好的优秀教材或讲义修订再版，逐步形成精品教材；提倡并鼓励编写体现教学质量和教学改革成果的教材。

（4）主张一纲多本，合理配套。基础课和专业基础课教材配套，同一门课程有针对不同层次、面向不同专业的多本具有各自内容特点的教材。处理好教材统一性与多样化，基本教材与辅助教材、教学参考书，文字教材与软件教材的关系，实现教材系列资源配套。

（5）依靠专家，择优选用。在制定教材规划时要依靠各课程专家在调查研究本课程教材建设现状的基础上提出规划选题。在落实主编人选时，要引入竞争机制，通过申报、评审确定主题。书稿完成后要认真实行审稿程序，确保出书质量。

　　繁荣教材出版事业，提高教材质量的关键是教师。建立一支高水平教材编写梯队才能保证教材的编写质量和建设力度，希望有志于教材建设的教师能够加入到我们的编写队伍中来。

21世纪普通高校计算机公共课程规划教材编委会

联系人：梁颖 liangying@tup.tsinghua.edu.cn

第2版前言

在教育部高等学校文科计算机基础教学指导委员会的指导下，《大学计算机应用高级教程》在多所经济管理类的大专院校通过多轮的教学实践，取得了预期的良好效果。经过反复论证、精心挑选，确定了三位一体的教学内容；又通过深入研究、开发系统，确立了教学方法，实现了各具特色的教学模式，形成和完善了一整套立体化的教学支撑平台。文科大学生特别是经济与管理类专业大学生，在学习了大学计算机基础知识后，通过本书的学习，提升和充实了计算机知识和技能，为日后使用计算机展示自己在经济管理知识的应用打下了雄厚的基础。

经过教学实践，发现有如下三方面的原因促使我们对本教程进行再版。一、计算机技术发展速度极快，因而，软件版本不断升级，硬件不断推陈出新；二、在教学过程中，发现有更恰当的表达方式、更顺畅的内容顺序和组织形式，为了让教师更轻松自如地参看展示的模式，让学生更容易读懂操作步骤，促使我们进行局部的修订；三、我们自主开发的计算机组装与维修相应的虚拟教学系统升级了，急需有新的教材和实验指导书辅助教学与实验。

基于上述要求，我们对《大学计算机应用高级教程》（第 1 版）及配套的《大学计算机应用高级教程习题解答与实验指导》进行了全面改版，具体修订内容如下：

第 1 篇：计算机组装与维护

升级了虚拟计算机组装与维修教学系统，在完善了组装计算机的基础上，增加了软件综合故障维修和硬件综合故障维修部分，使学生能够解决绝大部分日常遇到的计算机问题和故障。

第 2 篇：网页设计

（1）网页设计工具从 Dreamweaver 8 升级到 Dreamweaver CS4 版本，更贴近于现在的潮流，使网页设计更专业、更便利、更丰富；

（2）第 5 章去掉了内容略陈旧的 Flash 按钮及 Flash 文本，代之以新颖的 FlashPaper 文档和 FLV 视频；

（3）对样式表的介绍更新详细、完整，并且补充了当前流行的 CSS+Div 布局方法；

（4）在配套的《大学计算机应用高级教程习题解答与实验指导》增加了 Web 服务器配置方法，使得站点配置实验更加完整、实用。

第 3 篇：Excel 数据分析与处理

（1）将 Excel 2003 升级到 Excel 2007 版本；

（2）考虑到部分章节涉及的统计学理论知识较多，很难在有限的时间内完成教学内容，达到教学目标，因此，删除了第 1 版的"第 12 章参数估计与分析"和"第 13 章假设检验与分析"两章，同时，为确保教学内容的连贯性和完整性，将其中的概率密度分布知识保留了下来，放到第 2 版的"第 11 章数据整理与描述性分析"中；

（3）在"第 10 章投资与决策分析"中对大部分的案例添加了步骤总概图，引导教师和学生阅读与练习；

（4）在"第 11 章数据整理与描述性分析"加入"数据透视图"的知识；

（5）在"第 13 章时间序列分析"增加了"股票趋势分析法"一节；

（6）各个章节增加了一些启发式的实用案例和适合综合应用的案例，为经济与管理类专业学生以后学习专业课程架设了过渡桥梁，打下良好的数据分析处理基础。

本书由陈尹立、陈国君任主编，潘章明、陈力、侯昉、陈灵、彭诗力、赵卫军任副主编，李星原任主审。各章编写分工如下：彭诗力和赵卫军编写第 1 篇的第 1 章和第 2 章，潘章明编写第 2 篇的第 3～9 章，陈力编写第 3 篇的第 12 章，侯昉和陈灵编写第 3 篇的第 10、11、13 章。

在再版的同时，我们更大量的工作是更新了支撑本教程的教学平台，同时，完善了本课程网站。在网站中，我们免费提供有关本教程的所有参考资料，供教师和学生使用，包括教学大纲、教学进度表、教案、教师演示文档、自主开发的实验教学系统、各篇章相应的素材、原始数据、习题与解答、实验项目与报告等所有国家级精品课程要求的各个教学环节的资料。

编 者

2011 年 1 月

第1版前言

随着计算机技术的高速发展，技术虽然越来越复杂，应用却越来越普及，越来越简化。经过约二十年的挫折、探索、争论、沿革，非计算机专业大学计算机基础教学终于脱离了大一统的模式：从观念上，已经走向了多元化、实用化；指导思想更趋于针对性、适用性；教学方法有了人性化的倾向，案例驱动式教学逐渐深入师生之心。

正因为如此，教育部高等院校文科计算机基础教学指导委员会顺应当前计算机发展和学生就业时的知识架构需求，大胆改革，明确指示：为文科类本科生开设针对不同层次，不同学科和专业方向的计算机纵深课程。那么，纵深，向往何方呢？是延续传统的思路，学习编程，学习开发系统，还是另辟蹊径，真正从实际出发，让学生掌握实用的计算机应用技术？

我们认为，财经管理类专业的本科生，应该从以下三个角度交叉定位纵深的学习内容和学习手段：有用、容易和有趣。在具体选择教学内容的过程中，我们既要贯彻文科计算机教学指导委员会的"文科专业的计算机教学应该和相应专业相结合"的要求，又要注意不要走向另外一个极端，不能忽略应用价值极高，学生又能学懂的计算机知识的教学。同时，教学方法也应该体现趣味性和容易接受。这在教材建设过程中，都应该得到考虑和体现。

有用：从培养财经管理类学生角度分析，计算机作为一个工具，应该选取将来这些人才到实际工作岗位最有用的知识进行教学，这样，学生学到的东西，既能在就业时提高竞争力，又能在工作中真正学有所用。课程内容的选取，不是从计算机专业发展的角度来选取，更不是保守、教条的，以训练学生逻辑思维为目的的计算机教学。因此，传统的，为财经管理类学生讲授编程的思路应该退出历史舞台了。这是由于数据应用、数据分析方面已经形成了非常完善的工具，根本不需要财经管理类本科生在底层进行重复劳动，在语句、低层次对象间摸索。形象地说，就是计算机软件开发商已经为财经管理类学生准备了"大型挖掘机"和其他大型自动化整机设备，没必要让学生再学习用十字镐刨挖的技术了。

那么，什么样的计算机知识对财经管理类本科生最有用、最重要呢？

我们认为，首先是数据分析、处理。信息的管理、分析、处理是计算机的最大特长，也是财经管理类专业学生最迫切需要掌握的技能。因为，这些专业的学生在学会了本专业的基本知识、基本技能之后，最终要对大量的数据进行处理、分析，得出结论。并且大多数相关专业的学者也是利用相关的统计分析、数据分析软件进行高层次研究的。此外，财经管理类毕业论文的研究工作对数据的定量分析，也有了更高的要求。因此，数据分析和处理软件作为财经管理类专业学生首选的计算机教学内容应该是当之无愧的。

其次是网页制作。选取这部分内容作为计算机教学内容的原因来自于两个方面：
（1）学会了网页制作，就能够让学生有展示自己、展示所在企业的机会和冲动，在未来求职和工作中，都能够学以致用，发挥最大效能。（2）学生的需求。根据我们的经验，很多学校开设公共选修课，网页设计这门课程的选修人数是最多的。数千名学生选择这门实用的课程必有其原因。学生作为学习知识的"消费者"，他们的需求，理应是我们考虑的重点。

最后是维修维护计算机的基本技能。这门技术随着计算机的模块化、集成化程度的大幅提高，已经变得越来越容易，组装计算机更似搭积木游戏一样简单。此外，财经管理类学生对计算机病毒、对机器内部构造的"天生恐惧"，使得一些简单的故障也可能演变成数据丢失的灾难性后果。让学生轻松学会维修计算机常见的软硬件故障，是很有必要的。此外，鉴于大多财经类院校都苦于没有硬件实验室，无法提供整机组装及维修等实验条件这一现状，我们专门组织力量开发了准三维动画多媒体系统，以虚拟现实的方式，实现了计算机组装和软件安装等一系列操作过程的模拟。

容易：财经管理类本科生大多是偏文科思维的学生，逻辑思考能力、动手能力相对较弱，加之近年来大学扩招，学生的知识接受能力普遍下降。有了上述"有用"的定位，在选取具体教学内容时，就应该考虑"容易"二字了。容易就是让财经管理类学生学得懂、能够接受。正因为如此，我们选取 Excel 作为数据分析和处理的软件工具，并结合经济管理经典案例讲解。其实，掌握了分析数据的原理，加上学生的经济管理专业背景知识，以后学生可以根据需要，很容易掌握其他的专业数据分析软件，如 SPSS 等。

有趣：我们相信，兴趣是学习的最大动力。感兴趣的教学内容、有趣的教学方式、容易理解和容易进步的教学模式是改善教学效果的重要因素。和工作实践结合紧密并能立竿见影的教学内容，是提高兴趣的一个重要方面；案例驱动教学、实践型教学，既增加了对学习对象的感性认识，也增加了同学之间、同学与老师之间的交流、互动。总之，趣味性能够发挥学生的学习自觉性，使原本显得高不可攀的难点迎刃而解，可以达到惊人的学习效果。

根据以上三个目标，我们遍历了所有计算机课程，把眼光聚焦到以下三个方面的教学内容：计算机组装与维修、网页设计和 Excel 在财经管理领域的数据分析和应用。

本书分为 3 篇：第 1 篇计算机组装与维护；第 2 篇网页设计；第 3 篇 Excel 数据分析与处理。

该教学内容是大学计算机基础的后续课程，计划授课周数为 18 周，各篇的学时分配：第 1 篇 2 周，第 2 篇 8 周，第 3 篇 8 周。

本书由陈尹立、陈国君主编，潘章明（编写第 2 篇）、陈力（编写第 3 篇第 11、12、和 13 章）、侯昉（编写第 3 篇第 10、14 和 15 章）、彭诗力（编写第 1 篇）、赵卫军（编写第 1 篇）副主编。李星原主审。

本书根据计算机组装与维护、网页设计、Excel 数据分析与处理为教学内容，专为财经管理类本科院校非计算机专业学生编写的。以供学生完成大学计算机基础中的 Windows、办公自动化软件之后，进一步深造。

未来的教学服务包括以下内容。

（1）提供电子教案。本套教材有配套的电子教案，以降低教师的备课强度，课件可以在我们网站上免费下载使用。后期，我们将本课程按照精品课程来设计、制作相关的教学文件，并公开在我们的网站上，以便同行参照使用。

（2）提供教学资源下载。本教材以及配套的《大学计算机高级应用教程习题解答与实验指导》提供了大量的习题、练习、实例和实验项目，涉及大量的素材、原始数据、详细解答、原始图片等，这些内容都可以从我们网站上免费下载使用。

（3）提供多媒体课件和教师培训。我们还制作了多媒体课件，免费提供给大批量使用本套教材的学校。同时，拟组织使用本套教材的教师进行培训、研讨。

关于本书的相关网络资源可以在 http://218.192.12.13/kcpt/jkx.html 的《大学计算机应用高级教程》链接中下载。网址如有变动，随时会在相应位置公布。

编 者

2008 年 8 月

目　录

第1篇　计算机组装与维护

第 2 篇　网页设计

XI

XIV

第 3 篇　Excel 数据分析与处理

XV

目录

XVI

第1篇　计算机组装与维护

作为非计算机专业人员，面对计算机中出现的软件、硬件故障，通常是一筹莫展，无从下手，组装计算机更是感觉困难重重。

随着计算机日益高度集成化，组装计算机已变得像搭积木一样简单，计算机软硬件系统的高度稳定性使得维修和维护计算机工作变得更加程式化，甚至简单地插拔一下计算机内部的某些器件，便可排解令人头痛的计算机故障。此外，还有大量的计算机故障来自于使用者操作不当和计算机病毒对计算机系统的恶意损害，因此如果学会安装系统、恢复系统、备份数据及查杀防范病毒等知识，解决这些困难也将变得同样简单。

本篇主要内容包括计算机组装和系统软硬件的安装与维护两个部分，基本涵盖了非计算机专业计算机用户对计算机知识的应用需求。近年来，计算机升级很快，一些前两年流行的技术很快被更新。本篇在讲解组装技术时，重点讲授当前最新、最流行的技术。但是，考虑到有很多企事业单位几年前的计算机还在使用，也介绍一些以前曾经流行目前还在使用的计算机拆装技术。

总之，为了能避免因误操作造成计算机系统瘫痪，为了在计算机故障面前能够信心百倍，也为了在工作和生活中尽情享受计算机带来的方便和无穷趣味，学会组装计算机，安装系统软件和应用软件，以及自行处理常见的软硬件故障，显然是非常必要的。

第1章 计算机硬件组装与维护

随着计算机技术的快速发展，其集成度越来越高，组装计算机就像搭积木一样简单，只需要一把十字螺丝刀及一些简单工具，懂得安装的步骤和常识就可以了。

本章给出了完整的组装步骤及每个配件的安装要领，还给出了一些计算机常见故障的简易维修方法。

1.1 了解配件和安装要领

本节首先从熟悉计算机中常见配件开始，牢记在整个安装过程中需要注意的操作要领和禁忌，并大体浏览一遍安装的全过程，以便对组装计算机有一个全貌的鸟瞰，然后再进入每个安装步骤，学习每个部件的安装细节。

1.1.1 认识配件

从外观上看，一台计算机主要包含主机、显示器、键盘、鼠标和音箱等，如图 1-1 所示。此外，一些输入输出设备（如打印机、扫描仪、移动硬盘、U 盘、MP3、MP4、数码照相机、数码摄像机、无线上网数据卡和摄像头等）也可以通过 USB 接口接入计算机。

1. 主机

主机包含机箱、主板、CPU、内存、显示卡、硬盘、光驱和电源等。现在大多数人习惯用 U 盘，已替代了软驱，因此，组装变得更加简单。

1）机箱

机箱是主机的金属外壳。一方面，对主机中的各个配件起到一定的保护作用；另一方面，提供了主机和输入输出设备联系的通道，如图 1-2 所示。

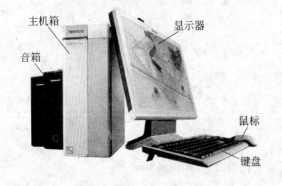

（a）正面

（b）背面

图 1-1 计算机的常见外观　　　　　图 1-2 机箱的外观及对外接口

2）主板

主板是计算机的基础部件，相当于一个桥梁，用来连接各种计算机设备，各种配件的性能都要通过它来发挥。目前，主板一般都集成了声卡和网卡，有的主板也集成了显卡。图1-3是普通主板的外观，图中主板集成了网卡和声卡，但没有集成显卡。

图1-3　主板外观

3）CPU

CPU（中央处理器）是主机的核心部件，是计算机的数据处理中心，它像人的大脑一样发出和接收各种控制指令并进行运算。CPU外观如图1-4所示。

4）内存

内存是主板上重要的部件之一，是数据处理的"中转站"，目前常用的是DDR2内存，如图1-5所示。

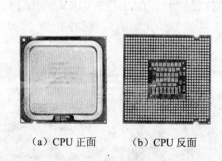

（a）CPU正面　　（b）CPU反面

图1-4　CPU外观

图1-5　内存外观

5）显卡

显卡是主机和显示器之间的"桥梁"。有些显卡是集成在主板上的，但是，如果对显示要求比较高（如某些3D游戏，图形图像处理，三维动画制作等），需要安装性能较好的

计算机硬件组装与维护

独立显卡，如图 1-6 所示。另外，可以通过 DVI 接口转接出 VGA 接口，用于连接旧式 VGA
接口的显示器。

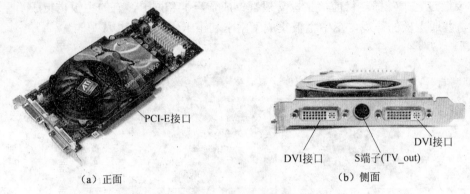

（a）正面　　　　　　　　　　　　　　　　　　　（b）侧面

图 1-6　显卡的外观

6）硬盘

现在流行的硬盘是采用 SATA 数据传输接口，是 IDE 传统数据接口的替代产品。SATA
使用串行传输方式，比旧式 IDE 并口传输速率高。硬盘外观如图 1-7 所示。

（a）正面　　　　　　　　　　　　　　（b）反面

图 1-7　硬盘的外观

7）光驱

光驱是一个重要的数据存储设备。目前，光驱的种类比较多，有 CD-ROM（只读）、
DVD-ROM（只读，包含 CD-ROM 功能）、CD-RW（读写）、DVD-RW、DVD+RAM（可
仿真硬盘）和 BD（新近流行的超大容量光驱）等多种类型。光驱的外观如图 1-8 所示。光
驱的接口如图 1-9 所示。

图 1-8　光驱的基本外观　　　　　图 1-9　光驱的接口

8) 电源

电源是计算机的供电设备，能为主板、计算机设备提供多种电源（+3.3V，±5V，±12V，+5VSB 等）和多种电源接口类型，如图 1-10 所示。电源接口类型如图 1-11 所示。

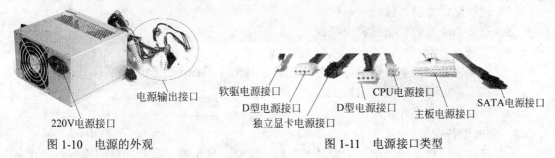

电源输出接口

220V电源接口

图 1-10　电源的外观

软驱电源接口　　　　　CPU电源接口
D型电源接口　　　D型电源接口　　　　SATA电源接口
　　　独立显卡电源接口　　　主板电源接口

图 1-11　电源接口类型

2．外部设备

1）显示器

显示器是计算机的主要输出设备，分为阴极射线管（Cathode Ray Tube，CRT）显示器和液晶显示器（Liquid Crystal Display，LCD），如图 1-12 所示。

2）键盘和鼠标

键盘和鼠标是计算机的重要输入设备。通常，键盘和鼠标的接口有两种类型：PS/2 型和 USB 2.0 型。鼠标和键盘的外观如图 1-13 所示。

（a）CRT　　　　　（b）LCD　　　　　（a）键盘　　　　　USB鼠标接口　PS/2鼠标接口
　　　　　　　　　　　　　　　　　　　　　　　　　　　　　　　　（b）鼠标

图 1-12　显示器的外观　　　　　　图 1-13　键盘和鼠标的外观

3）打印机

打印机是一种常见的输出设备。目前，常用的打印机主要有三种：点阵式打印机、喷墨打印机和激光打印机。早期的打印机通常使用并行接口与计算机连接，现在的打印机基本上都是通过 USB 2.0 接口与计算机连接。激光打印机外观如图 1-14 所示。

（a）正面　　　　　　　（b）背面

图 1-14　激光打印机的外观

1.1.2　安装要领

为了让读者能对计算机组装有个宏观的了解，这里先大体给出安装顺序和有关操作要领。

1．主机组装的顺序

计算机组装过程中，主机的组装是关键的环节。要组装主机，可以按如下步骤进行。

计算机硬件组装与维护

（1）机箱准备：取出机箱内的螺钉等配件，去掉机箱背面连接外部设备插孔上的铁片。

（2）把 CPU、内存条装入主板，然后把主板装入机箱，并固定主板。

（3）把电源装入机箱。

（4）把硬盘、光驱、软驱装入机箱。

（5）连接驱动器的数据线和电源线。

（6）安装显示卡。

（7）连接机箱面板上的指示灯、电源开关、RESET 线路到主板的对应位置。

（8）把主板电源线插入到主板上。

（9）将机箱盖盖上并固定。

2．外部设备安装

外部设备的连接比较简单，主要是把鼠标、键盘、显示器、音箱和打印机等外部设备和主机连接在一起。

1.1.3　安装时应注意的几个问题

组装计算机操作虽然简单，但有一些细节也需留意，否则很容易造成返工，甚至会造成配件的损坏。

1）防静电

人身上的静电会严重损坏计算机配件，因此组装计算机之前，应该先用手触摸一下接地良好的导体（如自来水管等）。

2）安装顺序

严格按照上述安装顺序进行，通常能避免返工现象。

3）插口、插头的方位一定要对齐

在插入计算机的各个配件和连线的插头、插槽时，先要观察清楚插头、插座表面的针头针孔布局和插头、插座横截面形状，绝对不能莽撞硬插。

4）螺钉的安装

安装主板的螺钉不能加绝缘垫片，以便主板能良好接地。安装硬盘、光驱、软驱的螺钉时，先对称地将螺钉安上，然后再对称地逐步拧紧，不要一步到位，直接拧紧螺钉。此外，螺钉不要拧得太紧，以免损坏器件。

5）通电

在组装计算机过程中不要接通外部电源线。在全部安装完毕后，才能接通电源。接通电源时，不要触摸机箱内的任何部件。

接下来，针对每个安装步骤，详细地讲解安装方法和注意事项。大家在领会安装要领的同时，配合观看本书提供的"多媒体互动虚拟组装计算机软件"，能取得更好的效果。

1.2　组装计算机主机

组装计算机的主要工作就是组装主机。机箱中要装进主板（CPU、内存安装在主板上面）、电源、硬盘、光驱、显卡、声卡和网卡等部件。除了固定它们，还要连接相应的线路。此外，电源、显卡、声卡和网卡等设备，还通过机箱后侧向外界提供连接端口，如图 1-15 所示。

1.2.1 安装 CPU 和内存条

1. 主板的准备

新购买的主板一般包装在一个防静电袋子中，将主板从包装袋中取出平摊在袋子上，如图 1-16 所示。

（a）空机箱背面　　（b）主机安装完成
后的机箱背面

图 1-15　机箱背面挡板的格局

图 1-16　摆放在防静电袋子上的主板

注意：现在流行的主板不需要跳线。但几年前的计算机主板可能需要根据 CPU 和主板说明书，对 CPU 和外频进行跳线设置。方法是：找到跳线位置，按照选购的 CPU 和外频的要求进行跳线。

2. 安装 CPU

CPU 的安装涉及 CPU 插座的手柄、固定盖、CPU、散热片和风扇的安装，如图 1-17 所示，其中，散热片和风扇在购买时就安装在一起了。

1）拉起手柄

将主板上 CPU 插座侧面的手柄拉起来。拉起的正确方法是，向一侧横向拉出手柄，然后再垂直抬起手柄，如图 1-18 所示。

   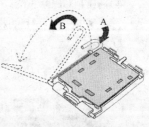

CPU风扇电源接口　　　　　　　　　　手柄

（a）主板上的 CPU 底座　　（b）散热片、CPU 风扇　　　　（a）实物图　　　（b）示意图

图 1-17　CPU 插座、散热片和风扇　　　　　图 1-18　CPU 插座侧面的手柄

2）抬起 CPU 插座上的框架

现在流行的 CPU 都是无针脚的，需要有一个框架卡盖在 CPU 上面，起到固定作用。

计算机硬件组装与维护

去掉塑料保护盖（这个保护盖是在未安装 CPU 时，用于保护主板上的 CPU 脚座，要注意保管），如图 1-19 所示。

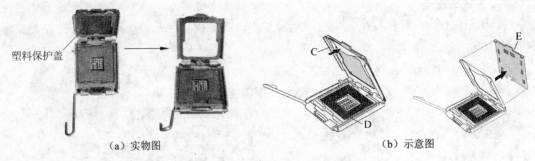

（a）实物图　　　　　　　　　　（b）示意图

图 1-19　CPU 脚座和保护盖

3）安放 CPU

将 CPU 的两个缺口对准插座上两个凸起的位置，持平，并轻轻放在主板 CPU 脚座上。放入 CPU 的方向要参看 CPU 脚座上的金色三角标记，要对准脚座斜角。同时，确定 CPU 上两个缺口与脚座上凸起对应，如图 1-20 和图 1-21 所示。

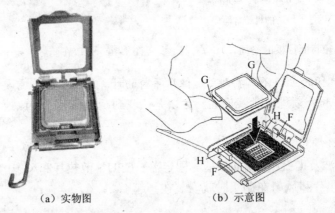

（a）实物图　　　　　　　　（b）示意图

图 1-20　CPU 的安放方法

注意：旧式计算机 CPU 的安装：以前的 CPU 有针脚，如果对正了位置，CPU 会轻松嵌入插槽，不要用力，避免将 CPU 针脚压弯。

4）扣上 CPU 手柄

合上 CPU 插座上的框架，然后扣上 CPU 手柄，如图 1-22 所示。

缺口
金三角

图 1-21　CPU 安装完毕后的局部放大图

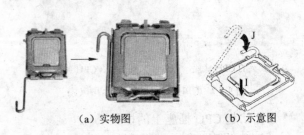

（a）实物图　　　　（b）示意图

图 1-22　扣上 CPU 手柄后的状态

5）涂硅胶，安散热风扇

选择四向导风设计的散热片，不仅能够降低 CPU 的温度，而且可以冷却 CPU 周围的高温元件。某些高档的散热片底部预先已经涂有导热材料，切勿刮除（有些在导热材料上又贴了一层塑料保护薄片，则该薄片需要移除）。如果散热片底部没有涂导热材料，则需要在 CPU 正面均匀地涂上一层薄薄的硅胶，以便 CPU 散热。

将带有散热片的风扇安放在 CPU 中心位置（具体安装方法参看散热片的安装说明书）。将风扇的电源插入主板上的 CPU 风扇电源插座中，插座是一个小四针的插头（可控制风扇转速），插入前观察主板上标示的方向，如图 1-23 所示。

（a）实物图：CPU 上方的风扇

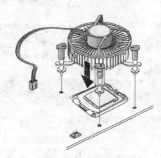

（b）CPU 上方的风扇示意图

（c）实物图：风扇电源的连接方法实物图

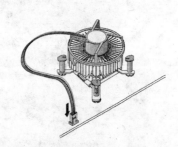

（d）风扇电源的连接方法示意图

图 1-23　带散热片的风扇安装、风扇连线到主板上

3．安装内存条

现在流行的内存条是 DDR2，是早期 DDR 内存的替代产品。主板上一般配置偶数组 DDR2 内存插槽，如图 1-24 和图 1-25 所示。

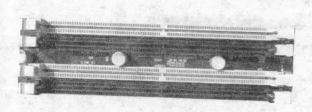

图 1-24　DDR2 内存插槽外观

缺口

图 1-25　DDR2 内存条金手指侧的缺口

计算机硬件组装与维护

在安装配置中，尽量使用相同规格和容量的 DDR2 内存条，如果是两条内存条，则应插入相同颜色的内存插槽中，打开双通道以提高系统性能。

内存插入主板时，注意内存条金手指中间的缺口要对准内存插槽中的凸起位置，如果无法对准则将内存调过来试试，切忌强行安装，以免损坏内存。

安装内存条的操作步骤如下。

（1）首先向两侧扳开内存插槽两端的白色固定架，如图 1-26 所示。

固定架已扳开

图 1-26　松开固定架后的内存槽

（2）将内存条下侧金手指上的凹口对齐内存插槽的凸起位置，垂直、轻轻插入内存条，如图 1-27 所示。

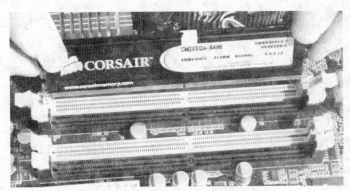

图 1-27　正在安放内存

（3）内存插入插槽之后，插槽上两端的白色固定卡会自动"咔"地一声嵌入内存条两端的凹孔中。如果固定卡不能嵌入内存条两侧的凹口，说明内存条没有向下插到底，应重新检查内存条插入方向是否正确。插入后的效果，如图 1-28 所示。

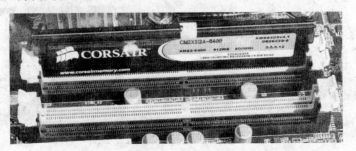

图 1-28　内存安装完成

可以按照相同的步骤，安放其他内存，图 1-29 显示了安放两块内存条后的情形。

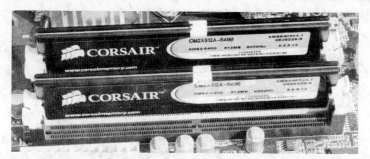

图 1-29　已安装好的两块内存条

取出内存条则很简单，只要用手指扶住内存条（避免内存条弹出来），同时按下内存插槽两端的白色固定卡，再将内存条取出即可。

注意： 如果安装双数内存，应安装在同色插槽，以便最大可能地发挥内存的工作效率。相同颜色插槽中的内存务必保证是同型号、同厂家的，否则很容易出现蓝屏等故障。

1.2.2　准备机箱、安装主板到机箱

将组装好的主板装入主机箱的操作步骤如下。

（1）将主板固定在机箱里面。

（2）等电源、硬盘和光驱等设备安装完毕，再连接主板和机箱面板上的连线。

新买来的机箱里面配有一包螺钉、螺母，用来在机箱中固定各种计算机配件，取出来后，分门别类摊放在容易取用的地方，如图 1-30 所示。

通常，机箱原配的后侧背板与主板提供的接口不符，因此，在安装主板时需要用新的背板（在购买主板时配送）。图 1-31 显示了背板替换前后的效果。

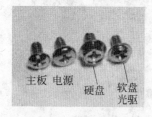

主板　电源　硬盘　软盘光驱　　　　　　（a）替换前　　　　　　　（b）替换后

图 1-30　螺钉的分类　　　　　　　　　　图 1-31　机箱后侧的背板

机箱的背板预留了很多孔，主板安装到机箱里面之后，主板后侧面的输入输出接口就从对应的孔中露出来。图 1-32 显示了机箱背板和主板后侧面的对应关系。

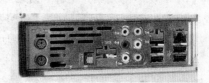

（a）主板后侧面　　　　　　　　　　（b）机箱背板

图 1-32　主板后侧面和机箱背板

计算机硬件组装与维护

主板四周和中央有一些螺钉安装孔，如图1-33所示，机箱对应的位置也有一些螺孔。安装主板实际上就是使用螺钉将主板固定在机箱内部。

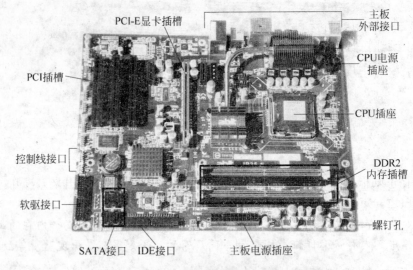

PCI-E显卡插槽
主板外部接口
CPU电源插座
CPU插座
PCI插槽
控制线接口
软驱接口
DDR2内存插槽
螺钉孔
SATA接口　IDE接口　主板电源插座

图1-33　主板中的螺孔位置

安装主板的操作步骤如下。

（1）把螺钉底座拧入机箱相应位置，卡入塑料定位卡，如图1-34所示。

（2）将主板放入机箱，对准主板上的螺钉孔和机箱螺钉底座以及塑料定位卡，同时观察主板对应机箱背面的外设接口预留孔的配合情况，适当调整主板的位置，以便使主板侧面的外设接口能够从机箱背面伸出来，如图1-35所示。

图1-34　在机箱上固定螺钉底座（铜柱）

图1-35　安放在机箱中的主板

（3）拧紧固定主板的螺钉，在这个过程中，采用对角线方式上螺钉，注意保持各个螺孔在一个水平面上。先不要上紧螺钉，等全部螺钉锁上之后，再逐一拧紧，但千万不要拧得太紧。这样，既可以保证主板与机箱底板平行，避免主板发生龟裂现象，又可避免安装在主板上的器件发生接触不良，机器不稳定的现象，如图1-36所示。

注意：主板螺钉安装通常先上对角线，并且应先固定键盘接口处的螺钉，然后再以最大对角线安放螺钉。要求螺钉开始不用上紧，

图1-36　上螺钉固定主板

等全部上完后，再按照对角线逐步上紧。主板螺钉要上正，不能偏斜，这样才能确保主板位置正位。主板螺钉数量一般为6颗或9颗，推荐使用9颗螺钉。

1.2.3　安装电源

为了使主板有更多的安装空间，通常在安装好主板后再装电源。

电源安装在机箱后部的上端。电源后面通风口附近有 4 个螺钉孔，正好与机箱后面电源位置的 4 个螺钉孔对应。按照相应位置将电源放入机箱对应的电源托架上，拧上 4 个螺钉（先不拧死，最后再均衡地拧紧），固定住电源，如图 1-37 和图 1-38 所示。

（a）在机箱后侧固定电源螺钉　　（b）安装后的电源

图 1-37　机箱电源的安装

图 1-38　机箱内部电源外观

1.2.4　安装硬盘和光盘驱动器

硬盘和光盘驱动器的安装步骤差不多，因此放在一起介绍。先将各种驱动器安装在机箱内部靠前面板上部的驱动器舱中，两侧用 4 个螺钉固定，然后连接每个驱动器的数据线和电源线，这样能有效避免已安装驱动器连线对后续安装带来的不便。

1．安装硬盘

1）认识相关部件

（1）SATA 硬盘接口类型。

SATA 采用串行传输方式，能够高速地传输数据。有些 SATA 硬盘提供两种电源接口：4 芯电源（D 型接口）和 15 芯电源（SATA 接口）。图 1-39 显示了 SATA 硬盘提供的接口外观。

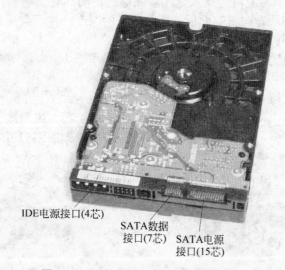

IDE电源接口(4芯)

SATA数据接口(7芯)

SATA电源接口(15芯)

图 1-39　硬盘的数据接口和两种电源接口

计算机硬件组装与维护

（2）SATA 硬盘的电源线。

与 SATA 硬盘提供的电源接口相对应，可以通过两种电源线对硬盘进行供电，如图 1-40 所示。

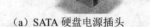

（a）SATA 硬盘电源插头　　（b）传统的 IDE 硬盘电源插头

图 1-40　硬盘的电源线

（3）SATA 硬盘的数据线。

SATA 硬盘提供了一种专用的 7 芯数据线，如图 1-41 所示。

（4）主板上的 SATA 接口。

目前，较流行的主板一般都提供了 4 个 SATA 接口，并分别编号为 SATA1、SATA2、SATA3 和 SATA4，如图 1-42 所示。

图 1-41　SATA 硬盘的数据线接口　　　图 1-42　主板中的 SATA 接口

2）安装步骤

（1）安装硬盘到主机箱中。

操作步骤如下。

① 将硬盘插入驱动器舱内，插入时注意硬盘的正面（有文字标签的一面为正面）朝上，数据线和电源接口端背向机箱面板。插入适当的深度，使硬盘两侧的两个螺钉孔与驱动器舱上的螺钉孔对齐。

② 用螺钉把硬盘固定在驱动器舱内。固定螺钉时，以稳定住硬盘为准，不要把螺钉拧得过紧。

（2）连接电源线到硬盘。

电源线是由电源引出的。将电源引出的 15 芯（或 4 芯）电源接头插进硬盘的电源接口，只能接一种电源接头，不能两个电源接口同时使用，如图 1-43 所示。

（a）使用 SATA 接口连接电源　　　（b）使用 4 芯接头连接电源

图 1-43　连接电源线和数据线后的 SATA 硬盘外观

（3）用数据线连接主板和硬盘。

将 SATA 数据线的一端接入 SATA 硬盘的数据接口，如图 1-43 所示，再将另一端接入主板中的 SATA 接口中，如图 1-44 所示。

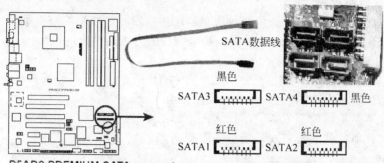

图 1-44　SATA 硬盘数据线连接

3）安装注意事项

（1）作为启动硬盘的数据线一定要插入主板上第一个 SATA 插座。

（2）SATA 接口的硬盘和光盘驱动器是单独连接到主板 SATA 接口上的。

（3）对于传统的 IDE 硬盘，其安装步骤类似，只是电源接口和数据线接口不同。

IDE 硬盘只提供一种 4 芯电源接口，如图 1-40 所示。IDE 硬盘的数据线通常是 80 芯，如图 1-45 所示。比较细心的读者可以注意到，IDE 硬盘数据线不但两端有 IDE 接口，在数据线的中间也有一个 IDE 接口，它是用来连接第 2 块硬盘（从盘）的。

注意：80 芯的数据线在连接时有一定的规则，蓝色端的硬盘数据线接口要与主板上的 IDE1 接口相连，而另一头要与硬盘的数据线接口相连（标准的数据线，黑色端接主盘，灰色端接从盘）。

图 1-46 和图 1-47 分别显示了 IDE 数据线连接硬盘及主板的情况。

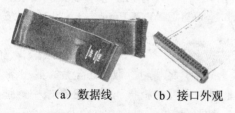

（a）数据线　　（b）接口外观

图 1-45　IDE 硬盘的数据线

图 1-46　IDE 硬盘数据线连接

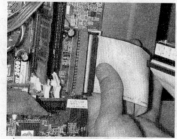

（a）将 IDE 数据线插入主板

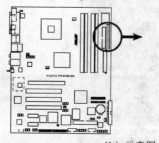

（b）示意图

PIN 1

PRI_IDE1

将数据线红色的边缘一侧对准插槽上 PIN 1 位置

图 1-47　传统的 IDE 数据线在主板一端的插入位置

（4）若安装的是 IDE 硬盘，需要先根据硬盘正面的说明资料，进行主从硬盘跳线设置。例如，如果是用于启动 Windows 的硬盘，跳线设置为 Master（主）硬盘。

（5）SATA 数据线不能插拔得太频繁。如果 SATA 数据线出现故障，硬盘指示灯常亮。

2. 安装光盘驱动器

与硬盘一样，光驱接口也分为两种类型：IDE 接口和 SATA 接口类型。因此，不管是 SATA 接口，还是 IDE 接口，连接数据线和电源线的方法与硬盘的操作相似。

1）安装步骤

（1）从机箱面板上取下顶上的一个 5.25 英寸槽口的挡板（之所以选择在顶上安装光驱，主要是为了增加机箱内部的散热空间），如图 1-48 所示。

（2）把光驱从机箱外部安装位平行送入，如图 1-49 所示。

（3）固定光驱，其安装方式与硬盘基本相同。

（a）取下挡板前　　（b）取下挡板后

图 1-48　机箱前侧的光驱挡板

图 1-49　安放光驱的方法

2）注意事项

（1）主板上的 IDE2 接口主要用于连接 IDE 光驱。通常连接 IDE 光驱的数据线只需要 40 芯（80 芯的数据线也可以），方向不分正反。

（2）如果只有一个 IDE 硬盘和一个 IDE 光驱，最好将这两个设备都设置为主盘（可参考设备上的说明标签进行跳线）。

1.2.5　安装显卡

有些主板已把显卡功能融入其中了，因此，装机时就省略了这个步骤。安装独立显卡可以使显示功能更加强大。目前，常见的显卡是 PCI-E（PCI-Express）接口的，安装在主板的 PCI-E 插槽上，如图 1-50 所示。

安装显卡的操作步骤如下。

（1）用十字螺丝刀拧下固定在机箱后挡板上防尘片的螺钉，取下防尘片，露出条型窗口。

（2）将显卡的金手指对准 PCI-E 插槽，把显卡垂直主板插入 PCI-E 插槽中。适度地用力向下按显卡两端，将显卡插入插槽，如图 1-51 所示。

PCI-E插槽

图 1-50　主板上 PCI-E 插座

图 1-51　显卡安插后的效果

（3）用螺钉在机箱背面固定显卡，注意这个螺钉拧的松紧适度，不要影响显卡与主板插槽的接触。

注意：

（1）如果 PCI-E 显卡具有辅助电源插座，一定要接上。

（2）尽量避免显卡散热风扇附近的扩展槽中安装其他板卡，以免影响散热。

（3）主板上的所有板卡（如显卡、网卡、调制解调器卡和声卡等）都要保证与主板平面垂直。每一个板卡部件的接口一定要卡到位，不能露出金手指。

1.2.6 连接机箱面板内侧的控制线到主板上

机箱面板上有开关按钮、热启动按钮、硬盘指示灯、电源指示灯及 USB 2.0 接口等；面板的反面对应地引出许多连线，喇叭也挂在机箱面板的内侧。这些器件都由主板供电、发送信号。连接时注意主板上针头下和连线插头上的标识，分清对应的针头位置和正负极。图 1-52 是一种主板上几种连线对应的针脚示意图。

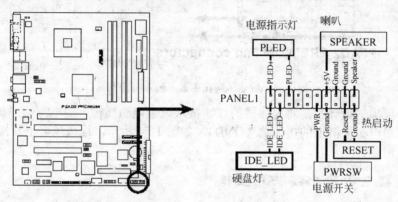

图 1-52　机箱控制线接口

图 1-52 中的各名称说明如下。

（1）Power LED 电源指示灯：电源指示灯的连线接头是三芯插头，使用两位，1 线是绿色，插入主板时，绿色线对应的孔插入主板上标为 Power 的第 1 针位置。

（2）RESET SW 复位开关（热启动按钮）：接头是两芯插头。

（3）Speaker PC 喇叭：这是一个四线插头，连线的颜色是黑、空、空、红。插入主板时，红线对应的孔插入主板上标为 Speaker 的位置。

（4）HDD LED 硬盘指示灯：指示灯引出的连线有个两芯插头，1 线为红色，与之对应主板上的插针通常标明了 IDE LED 或 HD LED 字样。连接红线到 1 脚即可。

（5）POWER SW 电源开关：这是一个两芯插头，主板上的插针一般和 RESET SW 紧邻。

不同的生产厂家出品的机箱对应的这些连线的颜色可能略有不同，不同的主板对应的插针位置也有变化，安装连线前，应该仔细阅读主板说明书相关部分，务必保证连线插头与插槽之间的吻合。图 1-53 显示了连线插头的外观及上面印刷的标签。

图 1-53　各种连线插头的外观

计算机硬件组装与维护

1.2.7　连接各种风扇电源

　　随着计算机性能的飞速提高，机箱内部各种器件在工作时会散发出高温，必须连接风扇散热；否则，会很容易造成温度太高而死机，甚至烧毁主板上的电子元件。电源引出的电源插头，供给三类风扇，如图1-54所示。

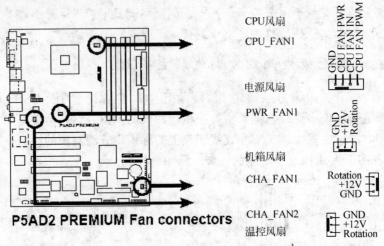

图1-54　散热风扇在主板上输入电源的插口

　　大部分风扇的设计都是将电源线的红线接入风扇电源插槽上的电源端（+12V），黑线则是接入风扇电源插槽上的接地端（GND），如图1-54所示。连接风扇电源接头时，一定要注意极性问题。

1.2.8　连接电源输出接头到主板

　　连接主板电源是主机安装的最后一步。从电源引出4组电源线中，有两个接主板，如图1-55所示。该插头的一侧有卡钩，插入主板时不会接反。将两个电源插头并排插入主板电源插座如图1-56所示，插头上的卡钩自动嵌入插座侧面的凸出处，如图1-57所示。

（a）主板供电插头　　　　（b）CPU供电插头

图1-55　连接主板的电源插头（24孔）

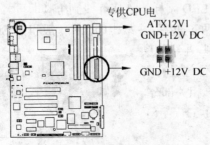

图1-56　主板中的电源插槽　　　　图1-57　电源输出接头插入主板电源插座

除了上述 24 孔 ATX 12V（350W）电源插槽之外，主板另外还配置一组专门为 CPU 提供的+12V 电源插槽，以便给 CPU 提供足够、稳定的工作电压（现在流行的是 4 孔插槽）。

注意：在电源接头连接之前，切勿接上外部电源。

1.3 外部设备的连接

主机安装好后，还需要把主机和键盘、鼠标、显示器、打印机等外部设备连接在一起，构成一个完整的个人计算机硬件系统。图 1-58 是机箱背面对外接口的示意图，这也是主板上伸出机箱背面的部分，与外部设备连接的窗口。

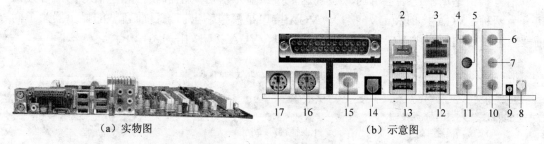

（a）实物图　　　　　　　（b）示意图

图 1-58 主板提供的外部接口

图 1-58 中引线所指的各部分功能简述如下。

1：并行口，25 针连接口可连接打印机（现在打印机全部通过 USB 口连接）、扫描仪或其他并行口的设备。

2：IEEE 1394a 接口，6 针，连接高速影音设备、存储设备、扫描仪或其他外部设备。

3：RJ-45 网络接口，连接局域网。

4：灰色，连接后置喇叭。

5：黑色，连接侧面环绕喇叭。

6：浅蓝色，音频输入接口。

7：绿色，连接前置主声道喇叭。

8：无线网络连接口。

9：无线网络信息传输指示灯。

10：粉红色，连接麦克风。

11：橘黄色，连接中低音喇叭。

12：USB 2.0 接口。

13：USB 2.0 接口。

14：光纤外接音效输出口。

15：同轴电缆外接音效输出口。

16：键盘 PS/2 接口。

17：鼠标 PS/2 接口。

1.3.1 连接键盘、鼠标

目前常见的键盘、鼠标的接口类型主要有两种：USB 2.0 和 PS/2，如图 1-59 所示。

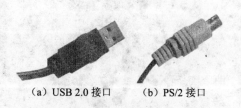

（a）USB 2.0 接口　　（b）PS/2 接口

图 1-59 键盘和鼠标的接口类型

普通的 PS/2 鼠标、键盘，只需将它们的插头对准插入主板上的键盘和鼠标圆形插座即可。通常，鼠标接口为绿色，键盘接口为紫色。需要注意的是，PS/2 键盘和鼠标接头是一个 6 针的圆形插头，连接键盘接口的时候要注意其方向性，否则会造成插头内插针的弯折，在插入时千万不要使用蛮力。此外，PS/2 键盘和 PS/2 鼠标接口的外观一致，但彼此不能互换，如果插错，则鼠标、键盘均不能正常工作。而 USB 的键盘、鼠标的连接则相对简单，直接把它们的 USB 端口与机箱上的 USB 接口相连即可。

1.3.2　连接显示器

通常，显示器提供一个电源插接口和一个信号接口，如图 1-60 所示。

信号接口是用于连接主机的，通过这个接口显示器可从主机获得显示信号。信号接口可分为两种：VGA 接口和 DVI 接口。VGA 接口是模拟输出口，目前新型的显示器为了向前兼容，通常同时提供 VGA 和 DVI 两种接口，VGA 接口如图 1-61 所示。

（a）信号接口　　　　（b）电源插接口

图 1-60　显示器后侧的两种接口

图 1-61　VGA 接口外观

DVI 接口的优点主要是抗干扰强，显示画面更加清晰。目前，DVI 接口主要有两种形式：DVI-D 和 DVI-I。DVI-D 接口只能接收数字信号，接口上只有 3 排 8 列共 24 个针脚，其中右上角的一个针脚为空，不兼容模拟信号，如图 1-62 所示。而 DVI-I 接口可同时兼容模拟和数字信号，如图 1-63 所示。

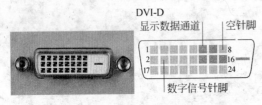

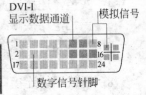

图 1-62　DVI-D 接口　　　　　　　　　　图 1-63　DVI-I 接口

连接信号线时，图 1-64 所示信号线的一端插入主机箱后侧的显卡对应接口中，如图 1-65 所示，另一端插入显示器的对应信号接口中，如图 1-66 所示。

（a）连接前　　　　（b）连接后

图 1-64　DVI-D 接口连接线　　　　　　图 1-65　机箱后侧信号线连接方法

如果显示器的供电是通过主机传送过来的，还需要在主机和显示器之间连接一条电源线；如果显示器单独供电，则需要直接从电源插座获得电源。

注意：先连接显示器的数据线，后连接电源线。

图1-67显示了连接显示器到电源插座的电源线。

（a）连接前

（b）连接后

图1-66　显示器后侧信号线的连接方法

图1-67　显示器和主机的电源线

1.3.3　连接其他外部设备

除了键盘、鼠标和显示器等常见设备外，还有很多设备也可以通过主机提供的接口和计算机相连。例如，并行口可连接打印机、扫描仪等设备，USB 2.0 接口可连接打印机、U盘、移动硬盘和数码相机等，RJ-45 接口可用于连接网络。此外，主机还提供了非常丰富的音频信息输入输出接口，如音箱、耳机和麦克风等。

1.3.4　连接电源线，第一次开机

检查确认机箱内部所有连线接好后，盖上机箱外壳。确认所有开关都已经关闭。给主机供电时，先将电源线（见图1-67）一端插入机箱背面的电源输入插座，再将另一端插入电源插座，如图1-68所示。给显示器供电的操作方法类似。

（a）主机端

（b）电源插座端

图1-68　主机供电图示

开机时，先打开外部设备的电源（如显示器、外接 SCSI 接口外部设备等），再打开主机电源。这时，机箱面板上电源指示灯亮起，显示器指示灯也会随之亮起。不久，在显示器上可以看到画面。如果开机之后 30s 还不能看到画面，表示计算机存在问题。

在打开电源之后，可按 Delete 键进入 BIOS 的设定模式，进入软件安装程序（参见第2章）。

1.4　计算机硬件维护常识

计算机硬件维护是指在计算机使用过程中采用一些维护措施来减少计算机硬件发生

故障的可能性，使硬件系统工作保持在最佳状态。如果在日常的计算机使用中，能够养成很好的使用习惯，掌握正确的日常维护方法，精心地呵护计算机，定期对计算机进行日常维护，不但可以延长其使用寿命，而且还能有效减少硬件出现故障的概率。

通常，计算机硬件的日常维护，主要包括以下几个方面。

1.4.1 保持良好的运行环境

计算机对工作环境有较高的要求，长期在恶劣环境中运行会很容易出现故障。以下几种环境因素对计算机影响较大。

（1）温度：计算机主机本身是一个大的热源，因过热而导致系统不能正常工作的情况时有发生。虽然主机内有散热风扇，但是如果室温过高，就会影响到主机的散热。计算机工作的理想温度在 10℃～35℃之间。

（2）湿度：计算机工作的正常环境湿度应在 30%～80%之间，太低容易产生静电，烧坏部件；太高则容易使元件受潮，引起短路。

（3）灰尘：空气中灰尘含量对计算机影响也较大，被称为计算机硬件的"天敌"。如果灰尘太大，落在计算机硬件上，天长日久就会腐蚀各配件的电路板，影响器件的散热，甚至造成短路。

（4）电源：计算机工作时，电源的电压应在 220V±10%范围内，频率范围是 50Hz±5%，还应该具备良好的接地系统并且不应频繁地开关机。

（5）电磁：计算机存储设备的主要介质是磁性材料，如果计算机周边的磁场过强，会造成存储设备中的数据损坏甚至丢失。此外，电磁也会造成显示器出现异常抖动或出现色块。

1.4.2 养成良好的习惯

个人的使用习惯对计算机的影响也很大，养成好的使用习惯也是对计算机的一种维护。

1. 正确开关机

正确的开机顺序应该是先接通电源，再打开显示器电源，最后打开主机电源。正确的关机顺序是先在操作系统中关闭主机，再关闭显示器电源，最后切断电源。另外，在开关计算机时还应该注意以下三个问题。

（1）不能在操作系统还没有关闭主机之前强行切断主机电源。

（2）严禁频繁地开关机，因为这样对各配件的冲击很大，尤其是对硬盘的损害更大。每次关、开机之间的时间间隔不应少于 10s。

（3）不能在关机后继续接通电源，这样很容易在主机内形成大量静电，损坏主机部件。

2. 禁止带电拔插硬件

在计算机开机时，除了 USB 2.0 接口和 SATA 接口的设备以外，不能带电插拔其他接口类型的硬件设备。

3. 杜绝静电

计算机配件对静电放电极其敏感，无论是在开机还是关机状态下，都不能随意用手直接触摸电路板上的铜线及集成电路的引脚，以免人体所带的静电损伤硬件。

4. 减少计算机的移动或震动

不要随便移动计算机设备，意外的碰撞可能会导致某些部件的损坏。在开机状态下，不能震动主机（如把脚放在机箱上），更不能移动主机。

5．其他

（1）不要长期打开机箱盖板运行计算机。

（2）机箱内不能有活动的导电物品，如螺丝钉等，否则极容易造成机箱内的板卡短路。

（3）不要连续长时间地使用光驱，如听歌、看影碟等。

（4）对于长期不用的计算机，需放置在干燥通风的地方，并且定期开机运行一会儿，以驱除计算机内部积聚的潮气。

（5）突然断电时，应立即切断电源，以防突然来电时产生瞬时高压击坏 CPU 或主板。

（6）要保持显示器后侧通风良好。

（7）不要将杂物（如书）放置在显示器上，以免堵住散热孔，影响散热效果。

（8）不要随便用手触摸液晶显示屏，更不能用湿布擦拭工作状态下的液晶显示屏。

1.4.3　计算机硬件的日常维护

计算机的日常维护是计算机正常运行的有效保证。掌握正确的维护方法，才能达到事半功倍的效果。计算机的硬件维护主要包括对 CPU、主板、硬盘、光驱、显示器、鼠标、键盘和外部设备等部件的维护。

1．常用工具简介

虽然普通的计算机用户不像计算机维修专业人员那样随身携带一个配备齐全的工具箱，但也应该准备一些常用的工具，否则会因缺乏工具打不开机箱而苦恼。计算机硬件维护过程中，比较常用的有十字螺丝刀、镊子、清洁剂、吹气球和小毛刷等。

1）十字螺丝刀

十字螺丝刀是应用频率最高的工具之一，如图 1-69 所示，无论是打开机箱，还是拆卸板卡，都离不开十字螺丝刀。硬件维护用的螺丝刀不要太大，也不能太小，以能适合机箱后侧螺钉为准。此外，为方便使用，螺丝刀的杆应该尽可能长一点儿。

2）镊子

由于计算机机箱空间狭小，在进行维护时，如果有螺钉不慎掉入机箱内部，可用镊子将螺钉取出来。镊子如图 1-70 所示。

图 1-69　十字螺丝刀　　　　　　　　　图 1-70　防静电镊子

3）橡皮擦

橡皮擦主要用于擦除芯片或板卡金手指等精密部件上的污垢，如图 1-71 所示。

4）小毛刷

小毛刷主要用于清除机箱内各部件上的浮尘，如图 1-72 所示。

图 1-71　橡皮擦　　　　　　　　图 1-72　小毛刷

5）散热膏

散热膏主要涂在 CPU 和散热片之间，以提高 CPU 的散热效果，如图 1-73 所示。

6）吹气球

吹气球和小毛刷功能类似，用于清除机箱内各部件上的浮尘，如图 1-74 所示。

图 1-73　散热膏

图 1-74　吹气球

此外，清洁剂、万用表等也是常见的计算机维护工具。

2．机箱内部的日常维护

由于机箱内各风扇的作用，空气流动很容易带来大量灰尘。灰尘积累较多时，会影响各部件的工作稳定性，容易造成短路，以致烧坏板卡，所以机箱内部的除尘工作是最常规、最重要、最基本的。

清洁前，首先切断电源并将主机与外设之间的连线全部拔掉，然后用十字螺丝刀打开机箱，用小毛刷、吹气球及橡皮擦等工具，认真清除主板表面、板卡表面、金手指及各类插槽中的灰尘和污垢。

3．CPU、主板和内存的日常维护

除了确保 CPU、主板和内存等重要部件的清洁外，还应该做好以下一些常规性的日常维护工作。

（1）定期检查 CPU 风扇的工作状态，必要时应为风扇轴上一些润滑油脂，确保 CPU 正常散热。

（2）在潮湿的环境中，要多开机使用计算机，避免主板上的电容或线路氧化。

（3）在高温环境中，要适当地关机，以避免 CPU 的温度太高。

（4）当只需要安装一根内存时，应首选和 CPU 插座接近的内存插槽，这样做的好处是：当内存被 CPU 风扇带出的灰尘污染后可以方便地清洁，而插槽被污染后清洁起来就相当费力了。主板上的其他插槽也可作类似处理。

（5）当升级内存时，尽量选择和现有那条相同的内存，不要以为插入一个新的主流内存会使计算机性能好很多，相反，可能会出现很多问题。

4．硬盘的日常维护

硬盘是计算机存储数据的主要设备，由于读写操作很频繁，很容易产生坏磁道、碎片和读写错误。为了保证硬盘的正常工作和其中数据的安全，应对其进行定期的维护。硬盘的日常维护主要包括以下几个方面。

（1）在计算机运行期间不能移动或震动主机，防止损坏硬盘的读写磁头。

（2）正确地开关机，在硬盘高速运转时（机箱面板上红灯闪烁），千万不要重启计算机或者直接切断电源。

（3）定期运行 Windows 系统中的磁盘清理程序，可以让硬盘读写数据更加轻松。注意，不要过于频繁地运行磁盘清理程序，因为运行磁盘清理程序本身就在增加硬盘的负担。

（4）如果卸下硬盘，应握住两侧，不要碰其背面的电路板，因为手上的静电可能损害电路板（特别是气候干燥的时候），运输硬盘最好先套上防静电袋，尽量减少震动。

（5）不要将强磁性物体接近硬盘，这样会让硬盘中的数据莫名其妙地丢失。

5．光驱的日常维护

光驱采用激光读写光盘中的数据，使用过度会降低光驱激光头的数据识别能力。

（1）向光驱中放入光盘前，应及时擦除光盘盘片上的污点及灰尘，注意不要在盘片上留下划痕。太脏或太多的划痕会让光驱读数据时非常辛苦。

（2）光驱正在读写数据时，不能强行取出光盘，以免损坏磁头和机械臂等部件。

（3）定期对光驱内部进行除尘维护，尤其要经常清洗激光头，因为灰尘不仅会影响激光头的读盘质量和寿命，还会影响光驱内部各机械部件的精度。

（4）尽量避免使用光驱播放 VCD、DVD 等影碟，也不要直接在光盘中运行游戏等时间较长的软件，这样会使光驱过于疲劳。

（5）不要长时间把光碟留在光驱里，因为光驱每隔一段时间就会进行检测，特别是刻录机，总是在不断地检测光驱，而高倍速光驱在工作时，电机及控制部件都会产生很高的热量，一方面会使整机温度升高，另一方面也加速了机械部件的磨损和激光头的老化。

6．显示器的日常维护

目前市场上主要有 CRT 和 LCD 两种显示器，对这两种显示器的日常维护主要应注意以下几个问题。

（1）开关显示器之间最好间隔一两分钟，开关太频繁，容易使显示器内部瞬间产生过高电压，可能烧毁 CRT 的显像管或 LCD 的发光管。

（2）为显示器配置一个专用的防尘罩，每次使用完后用防尘罩将显示器盖上。

（3）长时间不用的显示器要定期通电工作，让工作时产生的热量将内部的潮气去掉。

（4）合理调节显示器亮度和对比度等参数，屏幕显示不能太亮，避免元器件快速老化。

（5）液晶显示器不要长时间连续工作（如 72 小时以上），这样会使液晶和器件过早老化。

（6）显示器表面的清洁工作，应在断电状态下进行，而且要确保完全晾干后再开机。

（7）不要将具有强磁场的东西（如手机等）置于显示器附近。

7．鼠标的日常维护

鼠标是计算机最常用的输入设备之一，鼠标的使用频率有时会超过键盘。

（1）应经常对鼠标的表面进行擦洗，对于机械式鼠标，还应清除内部滚轴上的污垢。

（2）为鼠标配置一个专用的鼠标垫，并定期擦洗鼠标垫上的灰尘和污垢。

（3）对于 PS/2 接口型鼠标，不要带电插拔。

（4）鼠标使用过程中，要轻拿轻放，切不可随意摔打。

8．键盘的日常维护

键盘是计算机另一个最常用的输入设备，使用过程中也应该注意对其进行维护。

（1）与鼠标一样，要轻拿轻放，击键不宜太重。

（2）如不小心有液体流入键盘中时，请立即关机，取出键盘放在通风处自然阴干，注意不要曝晒。

（3）定期清洁键盘表面的污垢。

（4）若有杂物漏入键盘按键之间的缝隙中，可尝试将键盘翻个面，将杂物倒出来。

1.5　常见故障的检测与排除

由于计算机故障五花八门、千变万化，不可能系统地讲解各种故障的检测和排除方法。本节只对一些基本的故障检测及最常见的故障排除方法进行介绍，希望读者通过本节的学习，能够独立解决计算机使用过程中出现的一些常见问题。

1.5.1　硬件故障产生的原因

计算机硬件故障是指在使用过程中，遇到的系统不能正常运行或运行不稳定，以及硬件损坏或出错等现象。引起硬件故障的主要因素有：计算机部件质量差，硬件之间的兼容性差，工作环境恶劣，以及使用与维护时的错误操作等。

1）硬件质量低劣

粗糙的生产工艺、劣质的制作材料、非标准的规格尺寸等都是引发故障的因素。由此常常引发板卡上元件焊点的虚焊脱焊、插接头之间接触不良、连接导线短路断路等故障。

2）人为因素影响

操作人员的使用习惯和操作水平也是产生计算机故障的重要因素，例如带电插拔设备、设备之间错误的插接方式、不正确的 BIOS 参数设置等均可导致硬件故障。

3）硬件兼容性差

兼容性是指不同硬件之间能够相互支持并充分发挥性能的特性。如果兼容性不好，一则不能正常发挥硬件的最佳工作性能，二则某些硬件设备很容易出现故障，甚至影响硬件的使用寿命。硬件兼容性问题在首次开机时就会发现，解决的方法就是更换硬件。

4）运行环境影响

主要包括温度、湿度、灰尘、电磁干扰和供电质量等方面（具体内容可参考 1.4.1 节）。

1.5.2　常见的硬件故障检测方法

计算机出现故障后，最关键的一步是找到故障出现的位置及原因。下面给出几种硬件故障检测的常见方法。

1. 直接观察法

直接观察法是最常用的一种故障检测方法，该方法通过看、听、闻、摸等手段就能够较准确地发现硬件故障的位置。

1）看

看即观察系统板卡的插头、插座是否歪斜，电阻、电容引脚是否相碰，表面是否烧焦，芯片表面是否开裂，主板上的铜箔是否烧断。还要查看是否有异物掉进主板的元器件之间（造成短路），也可以检查主板上是否有烧焦的痕迹，印刷电路板上走线（铜箔）是否断裂等。

2）听

当计算机出现故障时，很可能会出现异常的声音。通过听电源和 CPU 的风扇、硬盘、光驱、软驱、显示器等设备工作时产生的声音是否正常，既可检测故障发生的位置，也能及时发现一些事故隐患。

3）闻

闻即闻主机、板卡是否有烧焦的气味，便于发现故障和确定短路的位置。

4）摸

用手触摸元件，可以感觉元器件表面温度是否正常、芯片是否松动或接触不良、板卡是否安装到位等故障。

2. 最小化系统法

最小化系统就是计算机由最少的部件（主要包括 CPU、主板、显卡、内存、显示器和键盘等部件）组成的能正常运行的工作环境。最小化系统若能正常启动，表明核心部件没有问题，然后逐步安装其他设备（如网卡和声卡等），每安装好一个部件便检查一下能否正常启动，这样可以快速找出故障产生的部件。

如果最小化系统不能正常启动，则可根据主板发出的报警声来分析和排除故障。

3. 拔插法

该方法主要通过观察拔插板卡前后计算机的运行状态，来判断故障产生的位置。通过拔插法也能解决一些由板卡与插槽接触不良所造成的故障。

4. 替换法

该方法使用相同或相近的工作正常的部件（如硬盘、显卡等）替换故障计算机中的对应部件，若替换后故障消失，则表示被替换的部件存在问题。也可以用故障计算机中的部件替换正常工作的计算机中部件的方法，来检测故障存在的位置。

5. 清洁法

对于出现故障的计算机，通常先对计算机中的各个部件进行去污，若去污后故障依旧存在，再考虑使用其他方法进一步检测。

6. 对比法

该方法通过运行两台或多台相同的计算机，根据正常计算机与故障计算机在执行相同操作时的不同表现，大致判断故障产生的部位。

7. 主板报警声

在系统启动时，主板上的 BIOS 程序会发出报警声，以提示系统是否正常启动。如果出现硬件故障，根据报警声的长短和频率即可初步判断故障部件。常见的 BIOS 程序有 Award BIOS、AMI BIOS 和 Phoenix BIOS 三种。表 1-1 列出了 Award BIOS 报警声及含义。

表 1-1　Award BIOS 报警声及含义

报警声	含　义
1 短	系统正常启动
2 短	常规错误，请进入 CMOS SETUP 重新设置不正确的选项
1 长 1 短	RAM 或主板出错。若内存正常，则只能更换主板
1 长 2 短	显示错误（显示器或显卡）
1 长 3 短	键盘控制器错误
1 长 9 短	主板 Flash RAM 或 EPROM 错误（BIOS 损坏）
不断地响（长声）	内存条未插紧或损坏

1.5.3 常见硬件故障排除

本节假设已经检测到故障位置及原因，重点讲解一些核心部件常见故障的排除方法。

1．CPU故障

通常，CPU本身出现故障的概率非常小，大部分CPU故障都是由于操作不当引起的。常见的CPU故障主要有散热故障和安装故障两种。

1）散热故障

（1）主要表现：黑屏、自动重启或死机等，严重的甚至会烧毁CPU。

（2）故障原因：主要是由CPU散热不良引起，原因包括散热风扇停转、散热器与CPU接触不良等。

（3）排除方法：更换或维修CPU风扇，为CPU风扇转轴加润滑油，在散热器和CPU之间均匀涂抹硅脂等。

2）安装故障

（1）主要表现：计算机无法启动。

（2）故障原因：CPU与插槽接触不良。

（3）排除方法：将CPU从插槽中取出，先检查其针脚或触点是否有断裂或氧化现象，如果有，将断裂的针脚焊接上或除去触点上的氧化物，最后重新安装CPU、散热片及风扇。

2．主板故障

常见的主板故障有主板过热和插槽积尘过多两种。

1）主板过热

（1）主要表现：计算机频繁死机。

（2）故障原因：风扇功率不够，板卡与主板接触不良等。

（3）排除方法：重新安装大功率风扇，加强机箱内部通风； 如果是因接触不良造成主板过热，可考虑将各种板卡重新拔插一遍。

2）PCI-E等插槽积尘过多

（1）主要表现：计算机显示屏出现不正常显示（如异常色块等）。

（2）故障原因：插槽中积尘过多，致使接触不良或局部短路。

（3）排除方法：将插槽中积尘清理干净，便可恢复正常。

3．内存故障

内存是计算机中较常出现故障的部件，而且内存故障的表现也比较丰富。

1）兼容性故障

（1）主要表现：开机自检不能通过、不能进入系统或经常死机。

（2）故障原因：不同品牌、不同规格的内存混用。

（3）排除方法：使用品牌和规格相同的内存，至少要确保同色内存插槽中的内存品牌和规格一致。

2）质量故障

（1）主要表现：不能开机、开机自检错误或因内存不足而死机。

（2）故障原因：内存本身的质量有缺陷。

（3）排除方法：更换内存。

3）接触性故障

（1）主要表现：开机黑屏、开机长声报警等。

（2）故障原因：由内存与插槽之间接触不良引起。通常是由内存金手指被氧化或内存插槽中有污垢引起的。

（3）排除方法：清除内存插槽及内存上的灰尘或氧化层。

4. 硬盘故障

硬盘中存储有大量的数据，一旦出现故障，其损失可能是无法估量的。引起硬盘故障的原因主要有接触不良和磁盘出现坏道两种情况。

1）接触性故障

（1）主要表现：计算机启动时找不到硬盘。

（2）故障原因：硬盘的电源线或数据线接触不良，或根本没有连接。

（3）排除方法：重新拔插电源线或数据线。

2）磁盘出现坏道

（1）主要表现：硬盘中的文件不能访问或出现部分数据丢失的情况。

（2）故障原因：硬盘出现坏道或硬件引导扇区出错。

（3）排除方法：如果数据不重要，可以重新分区后格式化来屏蔽坏扇区；如果数据非常重要，则需要请专业人员恢复损坏的数据。

5. 显卡

显卡故障主要有接触不良和驱动安装不正常两种。

1）接触性故障

（1）主要表现：屏幕出现异常杂点（或图案），或出现死机现象。

（2）故障原因：显卡的金手指和插槽接触不良。

（3）排除方法：清除显卡插槽及显卡金手指上的灰尘或氧化层，重新拔插显卡。

2）驱动安装不正常

（1）主要表现：显示花屏、字迹不清晰、颜色不鲜艳或不支持高分辨率。

（2）故障原因：没有安装显卡驱动或驱动程序版本与显卡不符。

（3）排除方法：重新安装显卡驱动程序（驱动程序的安装方法详见第2章）。

6. 光驱故障

光驱常见的故障主要有读盘能力差和接触不良两种。

1）读盘能力差

（1）主要表现：读盘（正常的光盘）速度明显变慢或读盘出错。

（2）故障原因：光驱老化和激光头灰尘太多。

（3）排除方法：擦洗激光头，可能有很好的改观。

2）接触不良

（1）主要表现：检测不到光驱。

（2）故障原因：光驱数据线或电源线连接不良。

（3）排除方法：重新插拔光驱的电源线和数据线便能排除故障。

1.5.4 硬件故障综合分析

1. 计算机不能正常启动

1）计算机启动过程

计算机启动是个很复杂的过程，它有一个非常完善的硬件自检机制。了解计算机启动的具体过程，能够帮助我们迅速地判断计算机故障部位。

当按下电源开关，电源开始供电，计算机的电源指示灯亮。如果这时计算机没有任何反应，电源指示灯、风扇也都没有动静，则先检查一下计算机的供电线路有没有问题。如果线路正常，那很有可能是计算机的电源或是主板出了问题。

当电源稳定供电后，CPU 马上从 BIOS 读取指令，开始启动。其中 BIOS（基本输入输出系统）是一组被"固化"在计算机主板中，直接与硬件打交道的程序，计算机的启动过程就是在 BIOS 的控制下进行的。

BIOS 启动程序首先进行 POST（加电自检），POST 的主要任务是检测系统中的一些关键设备是否存在，能否正常工作，如内存和显卡等。如果这个时候系统的喇叭发出刺耳的警报声，那就有可能是内存条或是显卡出了故障，具体的错误一般可以从警报声的长短和次数来判断。POST 检测过程在显卡初始化之前，在该过程中出现的一些致命错误无法在屏幕上正常显示。

接着 BIOS 将检查显卡，并完成显卡的初始化。通常在这个过程中，会在屏幕上显示出一些信息，如显卡生产厂商、图形芯片类型、显存容量等内容，这也就是我们开机看到的第一个画面。

查找完所有其他设备后，BIOS 将显示自己的启动画面，其中包括有系统 BIOS 的类型、序列号和版本号等内容，同时屏幕左边中上角会出现主板信息代码，包括 BIOS 的日期、主板芯片组型号、厂家的代码等。接着，BIOS 将检测 CPU 的类型和工作频率，并将结果显示在屏幕上，然后 BIOS 开始测试主机的内存容量，并在屏幕上显示内存测试数值。

然后，BIOS 将开始检测系统中安装的一些标准硬件设备，如硬盘、光驱、串行和并行接口设备等。到此所有硬件都已经检测配置完毕，BIOS 会在屏幕上显示出一个系统配置表，简略地列出安装的各种标准硬件设备及相关工作参数。

最后 BIOS 根据用户指定的启动顺序从硬盘或光驱中启动操作系统。

2）启动故障分析与排除

计算机不能通过自检，一般是硬件问题，可分为三种情况处理。

（1）通电后黑屏，也没有自检的"嗒嗒"声和自检出错的响铃，这种情况说明主板系统并没有工作。要检查电源是否正常，CPU 是否松了，还有一种情况就是 BIOS 坏了。故障原因不多，通过排除法和替换法，很容易区分。

（2）自检过程中，当出现内存、显卡、键盘等问题时，系统会响铃提示。不同的 BIOS，其响铃的意义略有不同，可查看主板说明书。

（3）自检通过后无法启动，则可能是硬盘、光驱、扩展卡等的问题。此时可以根据屏幕上的信息分别检查。

（4）CMOS 设置信息不能保存。此类故障一般是由于主板电池电压不足造成的，通常更换电池即可。

有时搬动一下计算机就出现不能启动的故障，一般是硬件松动导致的。拆开机箱，将显卡、扩展卡等硬件插紧，多数情况下故障都会解决。有时把出现问题的部件换个插槽，也能解决故障。

2. 蓝屏错误代码以及解决方案

Windows XP 蓝屏信息非常多，产生的原因往往集中在不兼容的硬件和驱动程序、有问题的软件、病毒等。当遇到蓝屏错误时，可以按照下述方法进行排除。

1）重启

有时只是某个程序或驱动程序一时出错，重启后一般会自动修正。

2）增加了新硬件

首先应该检查新硬件是否插牢，这个被忽视的问题往往会引发许多莫名其妙的故障。此外可以换个插槽，并安装最新的驱动程序。

3）安装了新的软件

如果刚安装完某个硬件的驱动程序，或安装了某个软件（如杀毒软件、CPU 降温软件、防火墙软件等），在重启或使用中出现了蓝屏故障，则可以在安全模式下卸载或禁用它们。

4）检查病毒

比如冲击波和振荡波等病毒有时会导致 Windows 蓝屏死机，因此查杀病毒必不可少。同时一些木马程序也会引发蓝屏，最好用杀毒软件进行扫描检查。

5）检查 BIOS 和硬件兼容性

对于新装的计算机经常出现蓝屏问题，应该检查并升级 BIOS 版本，同时关闭其中的内存相关选项，如缓存和映射等。如果主板 BIOS 不支持大容量硬盘也会导致蓝屏，需要对 BISO 进行升级。

6）最后一次正确配置

一般情况下，蓝屏都出现于更新硬件驱动或新加硬件并安装其驱动后，这时 Windows XP 提供的"最后一次正确配置"选项就是解决这种蓝屏的快捷方式。重启系统，在出现启动菜单时按 F8 键就会出现高级启动选项菜单，接着选择"最后一次正确配置"启动系统。

7）安装最新的系统补丁和 Service Pack

有些蓝屏是 Windows 本身存在缺陷造成的，因此可通过安装最新的系统补丁和 Service Pack 来解决。

3. 开机速度慢

1）CPU 和风扇是否正常运转

当 CPU 风扇转速变慢时，CPU 本身的温度就会升高，为了保护 CPU 的安全，CPU 就会自动降低运行频率，从而导致计算机运行速度变慢。

处理器的种类和型号不同，正常工作温度范围也各不相同，一般应该低于 110℃。

2）USB 设备造成的影响

一般来说，USB 接口速度较慢，会对计算机启动速度有较明显的影响，应该尽量在启动后再连接 USB 设备。如果没有 USB 设备，建议直接在 BIOS 设置中将 USB 功能关闭。

3）网卡造成的影响

如果网卡设置不当，也会明显影响系统启动速度。计算机如果连接在局域网内，安装好网卡驱动程序后，默认情况下系统通过 DHCP 来获得 IP 地址。系统在启动时就会不断在网络中搜索 DHCP 服务器，直到获得 IP 地址或超时，自然影响了启动时间，因此局域网用户最好为自己的计算机指定固定 IP 地址。

4）系统配件配置不当

在组装机器时往往忽略一些设备，从而造成计算机整体配件搭配不当，存在着速度上的瓶颈，比如 CPU 档次很高，显卡却很差。

5）硬件驱动

相同的硬件搭配不同版本的驱动程序或者是不同厂家的驱动程序常常都会造成性能上的极大差异。即使是最先进的显卡，如果未安装驱动程序，那么在播放影碟时不会采用任何显卡的加速功能，而改用软件来模拟加速，其效果自然很差。

6）断开不用的网络连接

为了消除或减少重新建立网络连接的数目，建议禁用不允许使用的网络连接。

7）缺少足够的内存

系统在内存空间不够时自动采用硬盘空间来虚拟主内存，用于运行程序和储存文件，这将导致程序运行的速度大幅度降低。

第2章　　　计算机软件安装与维护

安装好硬件设备，就可以安装软件了。现在的系统软件（如 Windows）、应用软件（如 Office 等）安装十分便捷，也十分简单。为便于一般用户能够系统掌握全套软件安装技术，本章把 CMOS 设置、硬盘的准备、驱动程序的安装也包含进来一并介绍。

本章最后还提供系统维护的技巧和方法，以便在计算机软件系统受到攻击或因人为误操作而损坏时，能够简易而有效地修复。

2.1　计算机软件的类型和安装要领

计算机软件安装是技术性很强的工作，其安装顺序和方法、软件选择、安装位置都有较规范的要求。下面从全局角度出发，着重讲述计算机软安装的内容、总体步骤及其要领，同时给出安装过程中的细节要求。

2.1.1　安装的主要内容和步骤

软件安装的主要内容和操作步骤如下。

（1）CMOS 设置，设置硬件部件的运行状态和规格，以便在计算机开机和运行时，能正确识别和正常使用各个硬件部件。

（2）安装 Windows XP，本章及后续章节所有操作都是在 Windows XP 操作系统上进行的。

（3）硬盘分区设置。

（4）硬件驱动程序安装。

（5）安装应用软件。

2.1.2　系统软件和应用软件

计算机软件分为系统软件和应用软件。

系统软件是为了计算机能正常、高效工作所配备的各种管理、监控和维护系统的程序及其有关资料。系统软件主要包括操作系统、语言处理程序和数据库管理系统等。其中操作系统是计算机软件中最基础的部分，能更好地发挥计算机硬件的效率及方便用户使用计算机，是系统软件的基本任务。

应用软件是为解决各种实际问题而编制的计算机应用程序及其有关资料。应用软件往往都是针对特定用户的需要，利用计算机来解决某方面的任务的，如人事档案管理，财务管理等。计算机的作用之所以如此强大，最根本的原因是计算机能够运行各种各样的应用软件，从而发挥强大的作用。

2.1.3 软件的安装要领

现在的软件安装已经很简单了，通常有界面友好的安装向导帮助用户一步一步地完成安装的全过程。但是，有些时候软件的安装也不是一帆风顺的，一些错误的操作或草率的行为有时会使安装操作失败。下面是一些常用的软件安装要领。

（1）Window XP 操作系统安装一般需要在光盘上运行安装程序，因此不要指望从网络中下载一个备份就能解决问题（除非在系统升级、系统覆盖或安装双系统的情况下）。

（2）在安装 Window XP 或其他应用软件前，应先检查是否有序列号。如果没有序列号，安装可能将无法完成。

（3）在安装应用软件时，应先用杀毒软件对安装程序进行扫描，确定没有病毒后，再执行安装操作。

（4）安装杀毒软件及防火墙前，应保持计算机始终和网络断开，因为这段时间计算机是最脆弱的。

（5）在安装新的软件前，应关闭当前打开的所有程序，这样可以减少因软件之间冲突而出现的问题。

2.2 设 置 BIOS

计算机硬件组装好后，软件配置、安装的第一步就是 BIOS 设置。BIOS 包含可修改和不可修改两部分。厂家固化的程序存放在 BIOS 芯片中，不能修改，可以修改部分存放在 CMOS 芯片中。

BIOS 设置，实际上是设置可修改的 CMOS 部分，因此，通常将 BIOS 设置称为 CMOS 设置。

2.2.1 BIOS 简介

基本输入输出系统（Basic Input and Output System，BIOS）是一组固化到计算机主板 ROM 芯片上的程序，它保存着计算机最重要的基本输入输出程序、系统硬件设置信息、开机上电自检程序和系统启动自举程序。

主板使用闪存记忆芯片（Flash ROM）存放 BIOS 程序，储存 BIOS 的只读存储器只能读取数据而不能写入。

BIOS 中可修改部分，如时间、日期、启动顺序等，都是储存在随机存储器（CMOS RAM）中的，系统提供一个菜单式界面，能够方便地修改某些参数的设置。CMOS 中的信息依靠主板上的电池维持，即使计算机关机后，仍可保存信息。

2.2.2 BIOS 的设置

1. 进入 BIOS

在系统自检的时候，按下 Delete 键（不同计算机可能按键不同，注意屏幕下方的提示），就可以进入 BIOS 设置界面。下面以 Award BIOS 设置为例，讲解 BIOS 的设置方法。

2. BIOS 界面和操作方法

1）BIOS 界面

进入 BIOS 设置程序后，第一个画面就是主菜单，如图 2-1 所示。

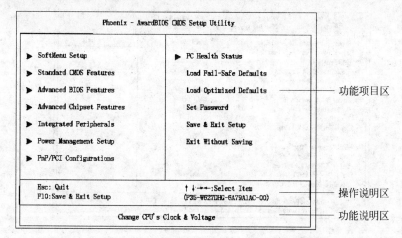

图 2-1　Award BIOS CMOS 的设置界面

2）主要功能

图 2-1 罗列了所有的设置项目，很多项目通常采用厂家提供的默认值，不需要修改。下面重点讲授其中需要修改和设置的一些项目。

Advanced BIOS Features：高级 BIOS 功能设定。

Integrated Peripherals：集成环境设置。

PC Health Status：个人计算机健康状态。

Save & Exit Setup：保存修改并离开 BIOS 设置。

3）操作方法说明

在图 2-1 中，下侧"操作说明区"中显示了程序的键盘操作方法。当在"功能项目区"选择不同的项目时，"功能说明区"将显示当前所选项目的说明信息（随着选中的功能项目不同，操作的按键略有不同，操作说明也随之变化）。

（1）功能菜单切换：按光标上下或左右移动键，可以在"功能项目区"的项目间进行切换，被选中的项目以反色显示。

（2）选中子项目：如果一个项目左侧有三角形标记，则说明其中还有子项目。在带有子项目的项目选中后，按下 Enter 键，就可以进入子项目设置窗口。子项目的选择操作方法与项目类似。

（3）只读项目：在选择项目中，有一些功能项目只是为了告诉使用者目前的运行状态，不能修改，此类项目用淡灰色显示。

（4）设定值：对于可设置项目，如果需要修改项目设定值，则需要先选中要修改的项目，然后按 Enter 键，在项目右边弹出的小窗口中进行设置。

2.2.3　CMOS 常见的设置项目

对于普通用户，学会以下几个重要的 CMOS 设置环节就足够了，其他项目采用厂家默认值即可，以免设置错误导致计算机无法正常启动。

1. 高级 BIOS 设置（Advanced BIOS Features）

高级 BIOS 设置主要用于设置硬盘启动优先顺序，如图 2-2 所示。

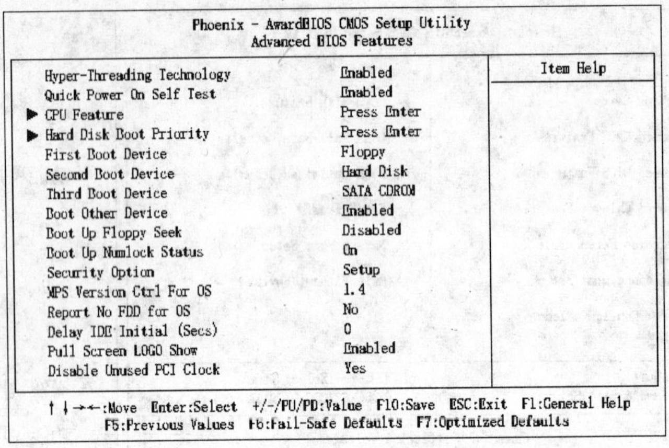

```
              Phoenix - AwardBIOS CMOS Setup Utility
                     Advanced BIOS Features

    Hyper-Threading Technology      Enabled          Item Help
    Quick Power On Self Test        Enabled
  ▶ CPU Feature                     Press Enter
  ▶ Hard Disk Boot Priority         Press Enter
    First Boot Device               Floppy
    Second Boot Device              Hard Disk
    Third Boot Device               SATA CDROM
    Boot Other Device               Enabled
    Boot Up Floppy Seek             Disabled
    Boot Up Numlock Status          On
    Security Option                 Setup
    MPS Version Ctrl For OS         1.4
    Report No FDD for OS            No
    Delay IDE Initial (Secs)        0
    Full Screen LOGO Show           Enabled
    Disable Unused PCI Clock        Yes

 ↑↓←→:Move Enter:Select +/-/PU/PD:Value F10:Save ESC:Exit F1:General Help
     F5:Previous Values F6:Fail-Safe Defaults F7:Optimized Defaults
```

图 2-2　Advanced BIOS Features 窗口

1）硬盘的启动优先顺序

这是在计算机中有双硬盘（即有两块硬盘，而不是多个因硬盘分区形成的逻辑盘）或有 U 盘时，确定启动哪一个。光标移动选中此选项后，按 Enter 键，将要启动的盘排在第一位。

2）启动设备的设置

启动设备的设置特别重要，在不同的时候，需要设置不同的设备作为启动系统的设备，如在安装操作系统时，将光盘驱动器设为第一启动设备。系统在启动时，首先从第一启动设备启动系统，若失败便采用第二启动设备，依此类推，直到采用第三启动设备。如果所有启动设备都不能正常使用，计算机将提示启动失败。

（1）第一启动设备是光驱的情况。

安装操作系统时，应该把光驱设为第一启动设备（参见 2.3 节的内容）。光驱接口现在有 SATA CDROM 和 IDE CDROM 两种，前者比较先进。需要根据计算机中光驱接口的实际情况选择相应的选项。

（2）第一启动设备是光驱、U 盘或者软驱的情况。

在遇到病毒损毁了系统，希望进入 DOS 状态，恢复系统或者重装 Windows 操作系统时，可以设置光盘、U 盘或者软盘作为启动盘（参见 2.7.2 节的内容）。

（3）第一启动盘设备是硬盘的情况。

当系统安装完毕，正常工作时，第一启动盘应设置为第一硬盘。

2. 集成环境设置（Integrated Peripherals）

1）集成环境设置窗口

在图 2-1 中选中 Integrated Peripherals 选项，按 Enter 键，将弹出 Integrated Peripherals 窗口，如图 2-3 所示。

2）设置声卡

在图 2-3 中选择第二个选项 OnChip PCI Device，然后按下 Enter 键，将弹出 OnChip PCI

Device 窗口，如图 2-4 所示。

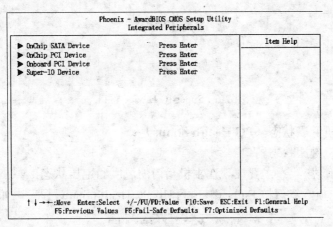

```
              Phoenix - AwardBIOS CMOS Setup Utility
                    Integrated Peripherals
  ▶ OnChip SATA Device           Press Enter     ┌──────────────┐
  ▶ OnChip PCI Device            Press Enter     │  Item Help   │
  ▶ Onboard PCI Device           Press Enter     ├──────────────┤
  ▶ Super-IO Device              Press Enter     │              │
                                                 │              │
                                                 │              │
                                                 │              │
                                                 │              │
                                                 │              │
                                                 │              │
                                                 │              │
                                                 │              │
                                                 │              │
                                                 └──────────────┘
  ↑↓→←:Move  Enter:Select  +/-/PU/PD:Value  F10:Save  ESC:Exit  F1:General Help
       F5:Previous Values  F6:Fail-Safe Defaults  F7:Optimized Defaults
```

图 2-3　Integrated Peripherals 窗口

```
              Phoenix - AwardBIOS CMOS Setup Utility
                      OnChip PCI Device
    OnChip Audio Controller        Enabled       ┌──────────────┐
  ▶ USB Device Setting             Press Enter   │  Item Help   │
                                                 └──────────────┘
```

图 2-4　OnChip PCI Device 窗口

如果计算机是外置声卡（非主板集成声卡），需关闭 OnChip Audio Controller，即将该项设置成 Disabled；如果是主板集成的声卡，则保留 OnChip Audio Controller 默认设置值 Enabled。

3）设置 USB 设备

在图 2-4 中，选中第二个选项 USB Device Setting，然后按下 Enter 键，将弹出 USB Device Setting 窗口，如图 2-5 所示。

```
              Phoenix - AwardBIOS CMOS Setup Utility
                      USB Device Setting
    USB Functions                  Enabled       ┌──────────────┐
    - USB 2.0 Operation Mode       High Speed    │  Item Help   │
    - USB Keyboard Support Via     OS            └──────────────┘
    - USB Mouse Support Via        OS
    - USB Storage Function         Enabled

    *** USB Mass Storage Device Boot Setting ***
```

图 2-5　USB Device Setting 窗口

为了使计算机支持 USB 接口，需要将 USB Functions 选项设置为 Enabled。为了让计算机既支持高速 U 盘，又支持低速 U 盘，需将 USB 2.0 Operation Mode 选项设置为 Full/Low Speed。如果将 USB 2.0 Operation Mode 选项设置为 High Speed，则会使计算机不能打开低速 U 盘。

4）设置软驱

自从流行使用 U 盘之后，很多计算机不配置软驱了。如果计算机配置了软驱，可在图 2-3 中选中 Super-IO Device 选项，然后按 Enter 键，进入 Super-IO Device 窗口，如图 2-6

所示，将 Floppy Disk Controller 选项设置为 Enabled 即可。

```
                  Phoenix - AwardBIOS CMOS Setup Utility
                            Super-IO Device
  ┌─────────────────────────────┬──────────────┬──────────────────┐
  │ Floppy Disk Controller      │   Enabled    │    Item Help     │
  │                             │              │                  │
```

图 2-6　Super-IO Device 窗口

3. 个人计算机健康状态（PC Health Status）

1）个人计算机健康状态窗口

个人计算机的健康状态主要表现在主机箱内的温度和电压状态上。在图 2-1 中，选中 PC Health Status 选项，然后按 Enter 键，将弹出 PC Health Status 窗口，如图 2-7 所示。

```
                  Phoenix - AwardBIOS CMOS Setup Utility
                            PC Health Status
  ┌────────────────────────────────┬──────────────┬──────────────┐
  │ ► ABIT FanEQ Control           │ Press Enter  │  Item Help   │
  │   FAN Fail Alarm Selectable    │ CPU FAN      │              │
  │   Shutdown When FAN Fail       │ Disabled     │              │
  │   CPU Shutdown Temperature     │ 90° C/194° F │              │
  │   CPU Warning Temperature      │ 80° C/176° F │              │
  │   CPU Temperature              │ 40° C/118° F │              │
  │   SYS Temperature              │ 31° C/ 88° F │              │
  │   PWM Temperature              │ 35° C/ 95° F │              │
  │   CPU FAN Speed                │ 3245 RPM     │              │
  │   SYS FAN Speed                │ 4218 RPM     │              │
  │   AUX1 FAN Speed               │ 0 RPM        │              │
  │   AUX2 FAN Speed               │ 0 RPM        │              │
  │   CPU Core Voltage             │ 1.30V        │              │
  │   DDR2 Voltage                 │ 1.80V        │              │
  │   CPU VTT Voltage              │ 1.20V        │              │
  │   MCH 1.25V Voltage            │ 1.25V        │              │
  │   ATX +12V                     │ 12.00V       │              │
  │   ATX +3.3V                    │ 3.30V        │              │
  │                                │              │              │
  ├────────────────────────────────┴──────────────┴──────────────┤
  │ ↑↓→←:Move Enter:Select +/-/PU/PD:Value F10:Save ESC:Exit F1:General Help │
  │ F5:Previous Values  F6:Fail-Safe Defaults  F7:Optimized Defaults │
  └───────────────────────────────────────────────────────────────┘
```

图 2-7　PC Health Status 设置窗口

2）CPU 风扇智能

在图 2-7 中，选中 ABIT FanEQ Control 选项，按 Enter 键，将弹出 ABIT FanEQ Control 窗口，如图 2-8 所示。

```
                  Phoenix - AwardBIOS CMOS Setup Utility
                            ABIT FanEQ Control
  ┌────────────────────────────────┬──────────────┬──────────────┐
  │   CPU FanEQ Control            │ Enabled      │  Item Help   │
  │   - CPU FAN Type               │ 4 Pin        │              │
  │   - FanEQ Target Temp.         │ 50° C/122° F │              │
  │   - FanEQ Temp. Tolerance      │ 5° C/ 41° F  │              │
  │   - FanEQ Start Control        │ 80           │              │
  │   - FanEQ Stop Control         │ 50           │              │
  │   SYS FanEQ Control            │ Disabled     │              │
  │ x - FanEQ Reference Temp.      │ System       │              │
  │ x - FanEQ Target Temp.         │ 35° C/ 95° F │              │
  │ x - FanEQ Temp. Tolerance      │ 5° C/ 41° F  │              │
  │ x - FanEQ Start Control        │ 70           │              │
  │ x - FanEQ Stop Control         │ 50           │              │
  │                                │              │              │
  ├────────────────────────────────┴──────────────┴──────────────┤
  │ ↑↓→←:Move Enter:Select +/-/PU/PD:Value F10:Save ESC:Exit F1:General Help │
  │ F5:Previous Values  F6:Fail-Safe Defaults  F7:Optimized Defaults │
  └───────────────────────────────────────────────────────────────┘
```

图 2-8　ABIT FanEQ Control 窗口

通常情况下，天冷的时候要将 CPU FanEQ Control（CPU 风扇智能控制）选项设置为

Disabled（默认为 Enabled），否则会发生误报警，而导致 CPU 停止运行。

另外，还要观察 CPU 风扇电源的针脚数（通常为 3 或 4），选项 CPU FAN Type 的设置值取决于 CPU 风扇电源的针脚数。

4．保存修改并离开 BIOS 设置（Save & Exit Setup）

在 BIOS 设置程序中通常有两种退出方式：保存退出（Save & Exit Setup）和不保存设置退出（Exit Without Saving）。

1）保存退出

如果 BIOS 设置完成后，需要保存所做的设置，则在 BIOS 设置主窗口（见图 2-1），选择 Save & Exit Setup 选项，按 Enter 键，就会弹出是否保存退出的对话框（通常，按 F10 键也能达到相同的目的）。此时按 Y 键确认，即可保存设置并退出 BIOS 设置程序。

2）不保存设置退出

如果不需要保存对 BIOS 所做的设置，则在 BIOS 设置程序窗口中选择 Exit Without Saving 选项，此时将弹出 Exit Without Saving 对话框，按 Y 键即可。

2.3 安装 Windows XP

设定好 CMOS 后，就可以开始安装 Windows 了。

2.3.1 安装前的准备

在安装 Windows 操作系统前，应先做好如下准备工作。

（1）将硬件组装完好的计算机接上电源。

（2）按下机箱上的电源开关，启动主机，然后根据提示按 Delete 键进入 CMOS 设置窗口。在 CMOS 中将光驱设为第一启动盘。

（3）安装 Windows XP 系统。

2.3.2 Windows XP 的安装过程

Windows XP 安装过程总体上都是按照屏幕提示进行，只有开始阶段创建磁盘分区时需要一点人工干预，后面的安装操作基本上是自动的。

（1）将 Windows XP 系统安装盘放入光驱，接着按下主机箱上的电源按钮接通主机电源，计算机将自动从光盘启动，并执行安装程序，进入文件加载阶段。

（2）文件加载结束后，系统将自动进入创建或选择安装分区界面，如图 2-9 所示。

接下来的操作有如下三种情况可供选择。

① 如果磁盘没有分区，则需要先分区，经过格式化操作后，才能安装系统。

② 如果磁盘已经分区，而又不想改变当前的分区结构，可以选择对即将安装操作系统的分区进行格式化。

③ 如果磁盘已经分区，而又想改变当前的分区结构，则需要删除现有分区，再重新分区，然后格式化。

下面假设在磁盘没有分区的状态下安装系统。

（3）在图 2-9 中，按 C 键选择"要在尚未划分的空间中创建磁盘分区，请按 C."单选按钮，进入创建新的磁盘分区界面，如图 2-10 所示。

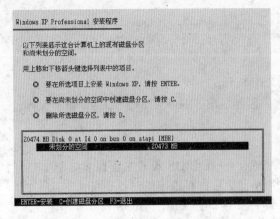 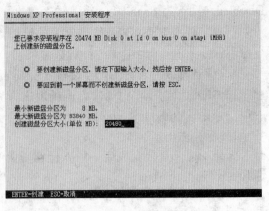

图 2-9　创建或选择安装分区界面　　　　　图 2-10　创建新的磁盘分区界面

在"创建磁盘分区大小（单位 MB）："后面的文本框中输入要创建的第一分区的字节大小。一般输入 20 480，也就是 20GB，不宜设置得过大。第一分区全部分给逻辑盘 C 盘，该盘一般只安装 Windows 操作系统以及一些重要的应用软件。

（4）在输入第一分区大小的数字后，按 Enter 键即可进入安装的下一步，如图 2-11 所示。

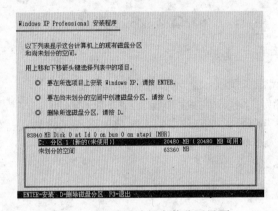

图 2-11　创建或选择安装分区界面

从外观上看，图 2-11 和图 2-9 中显示的界面大致相同，只是图 2-11 中多了一个新创建的分区。

还可以继续划分剩余的空间，但我们把这个操作放在安装完 Windows 以及 Windows 补丁程序之后（由于大于 137GB 的硬盘，需要安装补丁后才能正常识别，如果是 Windows XP SP3 版本，则不用安装大硬盘补丁），才去处理硬盘其他的分区问题（请参考 2.4 节的有关描述）。所以，接下来的操作是格式化 C 盘，并在 C 盘中安装 Windows 操作系统。

（5）在图 2-11 中，用光标上移键选中"C：分区 1［新的（未使用）］"选项，然后按 Enter 键，进入磁盘分区格式化界面，对硬盘进行格式化处理，如图 2-12 所示。

（6）格式化结束后，系统将进入文件复制阶段，如图 2-13 所示。

（7）文件复制结束后，系统将进入系统配置与设备安装阶段，如图 2-14 所示。

（8）系统安装结束后，将首先进入系统自动更新设置界面，如图 2-15 所示。自动更新能够让你的计算机从微软公司网站自动获取最新的软件更新，因此，建议选择"现在通过启用自动更新帮助保护我的电脑"单选按钮，然后单击"下一步"按钮进入网络设置询问界面，如图 2-16 所示。

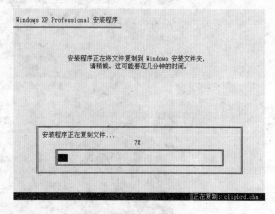

图 2-12 磁盘分区格式化界面   图 2-13 复制文件界面

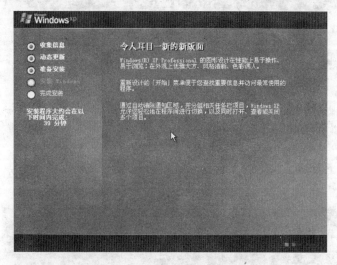

图 2-14 系统配置与设备安装界面

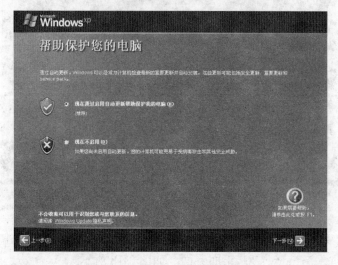

图 2-15 系统自动更新设置界面

第 2 章

计算机软件安装与维护

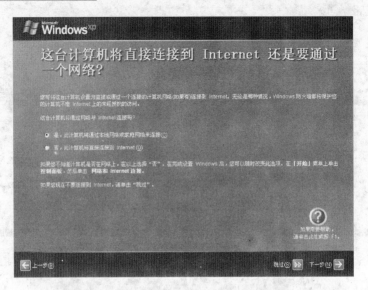

图 2-16　网络设置询问界面

（9）通常在系统安装完成后，才进行网络配置。在图 2-16 中，单击"跳过"按钮进入注册界面。

（10）如果在第（9）步已经配置了网络，可以选择"是，我想现在与 Microsoft 注册"单选按钮立即通过网络进行注册。如果不想马上注册，则选择"否，现在不注册"单选按钮。

（11）单击"下一步"按钮进入新建系统用户界面，如图 2-17 所示，要求至少输入一个用户。

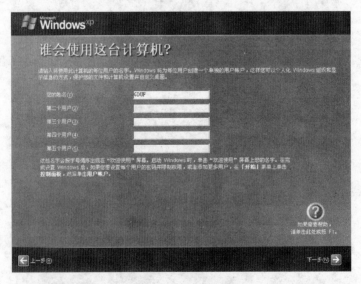

图 2-17　系统注册询问界面

（12）单击"下一步"按钮进入系统安装最后的致谢界面，然后单击"完成"按钮完成系统的安装，进入 Windows XP 桌面界面，如图 2-18 所示。

图 2-18　Windows XP 桌面外观

（13）安装 Windows XP 所有补丁程序，以便提高系统的安全性，减少错误发生。

（14）重新启动计算机，进入 CMOS 设置界面，将当前 Windows XP 系统所在的硬盘设置为第一启动设备。至此，Windows XP 系统已全部安装完成。

2.4　规划硬盘扩展分区、设定逻辑磁盘和逻辑盘格式化

在 Windows 安装初期，只是从硬盘中划分出一块空间，用于安装 Windows XP 操作系统，并没有分配硬盘的其余空间。因此，在 Windows 安装完后，通常需要先对硬盘的其余空间进行分区、逻辑盘符设置和格式化。

对硬盘进行分区操作，实际上就是将硬盘的空间分隔成多个小的区域，如同一套房子被设计成多个小的房间。硬盘分区的目的是为了方便计算机中各种文件的分类存储。

本节首先介绍规划硬盘空间的基本要求，然后逐步给出硬盘划分的操作方法。

2.4.1　硬盘分区类型及其原则

硬盘是计算机长期或临时存放各种信息、安装各种系统软件、应用软件的场所。目前，普通的硬盘通常具有 160GB 或 320GB 的存储空间，而且这个数字还在飞快地增长。面对这么大的存储空间，掌握如何将硬盘划分成多个逻辑盘的方法是十分重要的。

1. 硬盘分区类型

在硬盘分区时，通常先把硬盘分成主分区和扩展分区，然后再把扩展分区进一步划分成多个逻辑分区。

1）主分区

主分区可作为引导分区，以便引导系统启动。一般情况下，操作系统安装在主分区内。一个硬盘可以建立 1～4 个主分区，但如果要建立扩展分区，主分区的个数最多只能有 3 个。

2）扩展分区

一个硬盘只能有一个扩展分区，扩展分区不能作为引导系统的分区。扩展分区不能直

接存放文件资料，只能将扩展分区划分成逻辑分区才能使用。

3）逻辑分区

逻辑分区是从扩展分区进一步划分得到的，可以直接存放文件资料。逻辑分区的个数没有限制，因此，如果硬盘的划分超过 4 个分区，只能采用逻辑分区才能满足要求。

2. 硬盘分区的规划原则

硬盘分区的规划原则就像设计一个房型一样，合理的房间内部结构，会使室内空间获得最佳的使用效能，让房子的主人感觉更加舒适。因此，在分区操作前，掌握一点儿硬盘分区的规划知识，会让你在日后的文件资料存储时，更加轻松、自由。

1）使用 FAT32 格式格式化 C 盘

目前较常用的硬盘格式主要有两种：FAT32（File Allocation Table）和 NTFS（New Technology File System）。NTFS 格式虽然在安全性、稳定性方面具有非常出色的表现，但是对以前的软件兼容性不好，尤其是在 DOS 下运行的很多软件工具，都不认识 NTFS 格式的硬盘分区。FAT32 格式虽然出现较早，但具有良好的兼容性，所以使用 FAT32 有时候更加方便（FAT32 最大分区是 32GB）。例如，当 C 盘的操作系统损坏或者受病毒感染时，我们往往需要用启动工具盘，在 DOS 下进行修复或杀毒。

2）分区要实用、合理

不同的用户对计算机的需求不同，从而对分区的要求也不一样，不能千篇一律。用户可以根据安装软件的数量、数据文件的大小以及特殊文件资料的需求（如视频信息）等特点，合理安排分区的大小和数量。

3）确保操作系统、程序和资料分离

将操作系统、程序和资料分别放在不同的硬盘分区，有利于文件资料的分块管理，有利于操作系统和数据的单独备份，也有利于操作瘫痪后的快速恢复。

值得特别提出的是，Windows 有个很不好的习惯，就是把"我的文档"等一些个人数据资料都默认放到系统分区中。建议将"我的文档"移动到其他分区，这样可以在系统盘遭到破坏时不至于影响到"我的文档"中的重要资料。

移动方法是：事先在"我的文档"所处的位置创建一个文件夹（如在 E 盘中新建文件夹"我的文档"），然后打开资源管理器，将鼠标指向当前的"我的文档"，单击右键，在弹出的快捷菜单中选择"属性"命令，在弹出的"我的文档 属性"对话框中单击"移动"按钮，如图 2-19 所示，在弹出的"选择一个目标"对话框中，用鼠标选中新建的文件夹，单击"确定"按钮。以后，"我的文档"就指向了新建的文件夹。

3. 划分硬盘空间的范例

对于普通计算机用户来说，硬盘分区的规划相对比较简单。表 2-1 中以 160GB 的硬盘为例，给出一个较典型的硬盘规划方案，用户可根据自己计算机的具体情况，作一些细微调整。

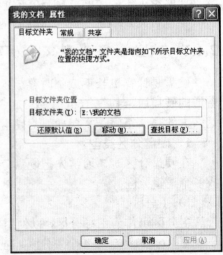

图 2-19 "我的文档 属性"对话框

表 2-1　一种常见的硬盘规划实例

分区类型	盘符	大小（GB）	分区格式	存 放 内 容
主分区	C	20	FAT32	Windows XP 操作系统
扩展分区	D	20	FAT32	将要安装的应用软件
	E	20	FAT32	常见应用软件的备份
	F	20	FAT32	重要的数据文件资料
	G	剩余空间	NTFS	电影、音乐等大文件

2.4.2　硬盘扩展分区、设置逻辑硬盘和磁盘格式化

虽然一个硬盘最多可以划分为 4 个主分区或者 3 个主分区和 1 个扩展分区，但通常都是将硬盘划分为一个主分区和一个扩展分区。

1. 更改光盘驱动器的盘符

在创建扩展分区前，一般先将光盘驱动器的盘符设为 Z 盘，这样做是为了避免后面的逻辑分区盘符被隔断。更改光盘驱动器盘符的操作步骤如下。

（1）双击"控制面板"窗口中的"管理工具"图标，进入"管理工具"文件夹。

（2）双击"管理工具"文件夹中的"计算机管理"图标，启动"计算机管理"程序窗口。在窗口左边选择"磁盘管理"选项，然后在右下窗口中右击 CD-ROM 0 图标，在弹出的快捷菜单中选择"更改驱动器名和路径"命令，如图 2-20 所示。

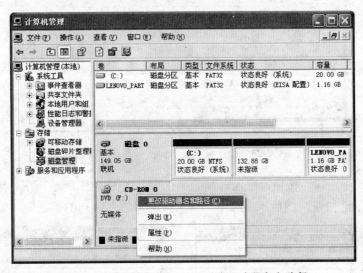

图 2-20　磁盘管理窗口——更改驱动器名和路径

（3）系统弹出"驱动器号和路径"对话框，如图 2-21 所示。在对话框中单击"更改"按钮，弹出"更改驱动器号和路径"对话框，在"指派以下驱动器号："后面的下拉列表中选择 Z 选项，然后单击"确定"按钮关闭对话框，如图 2-22 所示。

2. 创建硬盘扩展分区

在 2.3 节中已经为 Windows XP 操作系统分配了一个分区，实际上主分区的划分已经完成了。接下来的工作就是创建一个扩展分区，然后在扩展分区中进一步划分逻辑分区，最后再对各逻辑分区进行格式化。创建扩展分区时，只需要指定分区大小，操作步骤如下。

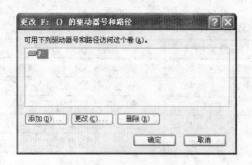
图 2-21 "驱动器号和路径"对话框

图 2-22 "更改驱动器号和路径"对话框

（1）在"计算机管理"程序窗口左边选择"磁盘管理"选项，然后在右下子窗口中右击"未指派"图标，在弹出的快捷菜单中选择"新建磁盘分区"命令，如图 2-23 所示，启动"新建磁盘分区向导"对话框，如图 2-24 所示。

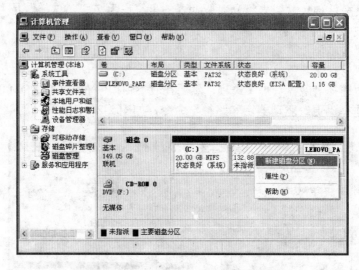
图 2-23 磁盘管理窗口——新建磁盘分区

（2）单击"下一步"按钮，进入向导的第二步，如图 2-25 所示。在对话框中选择"扩展磁盘分区"单选按钮，然后单击"下一步"按钮，进入向导的第三步，如图 2-26 所示。

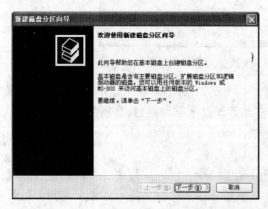
图 2-24 欢迎使用新建磁盘分区向导对话框

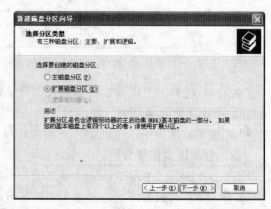
图 2-25 选择分区类型对话框

（3）在"分区大小"数值框中输入分区大小（以 MB 为单位），然后单击"下一步"按钮，进入向导的第四步，如图 2-27 所示。

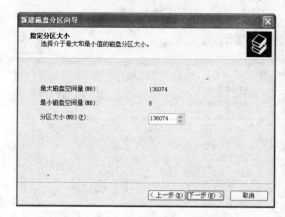

图 2-26　指定分区大小对话框

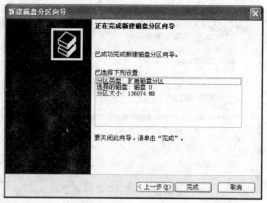

图 2-27　正在完成新建磁盘分区向导对话框

（4）单击"完成"按钮关闭对话框，此时"磁盘管理"窗口右下位置便出现一个新创建的扩展分区，如图 2-28 所示。

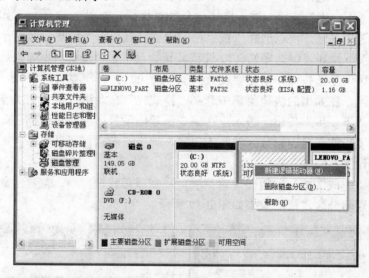

图 2-28　磁盘管理窗口中新建立的扩展分区

3．创建硬盘逻辑分区

扩展分区创建好后，还需要进一步划分逻辑分区。创建逻辑分区前，需要先规划好将扩展分区划分成几个逻辑分区，以及每个逻辑分区的大小。创建逻辑分区的操作步骤如下。

（1）在磁盘管理窗口中，右击新建的扩展分区，在弹出的快捷菜单中选择"新建逻辑驱动器"命令，如图 2-28 所示，启动"新建磁盘分区向导"对话框。

（2）单击"下一步"按钮，进入选择分区类型对话框，如图 2-29 所示。因为是创建逻辑分区，所以"主磁盘分区"和"扩展磁盘分区"两项不可用，只能选择"逻辑驱动器"单选按钮。

（3）单击"下一步"按钮，进入指定分区大小对话框，如图 2-30 所示。在"分区大小"数值框中输入数字 20000（约 20GB）。

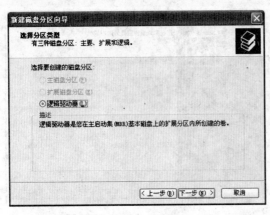

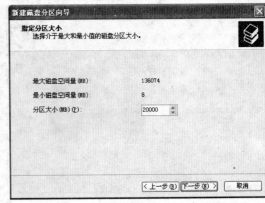

图 2-29　选择分区类型"逻辑驱动器"对话框　　　　图 2-30　指定分区大小对话框

（4）单击"下一步"按钮，进入指派驱动器号或路径对话框，如图 2-31 所示。选择"指派以下驱动器号"单选按钮，并在右侧下拉列表框中选择 D 选项。

（5）单击"下一步"按钮，进入格式化分区对话框，如图 2-32 所示。如果要立即格式化当前创建的逻辑分区，可以选择"按下面的设置格式化这个磁盘分区"单选按钮，然后在"文件系统"下拉列表中选择 FAT32 选项，其他设置采用默认值。如果选择"不要格式化这个磁盘分区"单选按钮，则需要在分区操作结束后，在磁盘管理窗口，用鼠标右击新创建的逻辑分区，在弹出的快捷菜单中选择"格式化"命令进行格式化操作。

（6）单击"下一步"按钮，进入正在完成新建磁盘分区向导对话框，如图 2-33 所示。该对话框显示了当前新建逻辑分区的基本信息，如果不满意，可以单击"上一步"按钮返回到前面重新设置。

（7）单击"完成"按钮关闭向导对话框，回到磁盘管理窗口。重复步骤（1）～（6），继续创建其他逻辑分区，最终效果如图 2-34 所示。

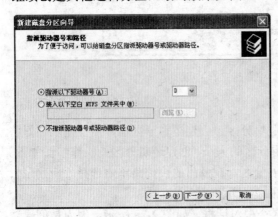

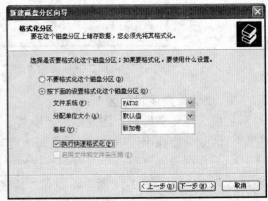

图 2-31　指派驱动器号和路径对话框　　　　图 2-32　格式化分区对话框

注意：在 Windows XP 系统中，未划分磁盘空间以黑色显示，主分区以深蓝色显示，扩展分区以绿色显示，逻辑分区以浅蓝色显示。

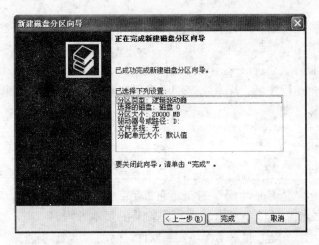

图 2-33　正在完成新建磁盘分区向导对话框

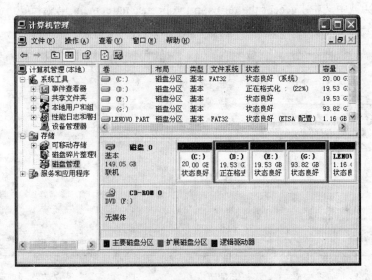

图 2-34　扩展分区中的三个逻辑分区

2.5　安装硬件驱动程序

计算机硬件需要有驱动程序才能正常工作,而且驱动程序与硬件的最佳匹配程度直接影响着硬件性能的发挥。Windows XP 通常能为大部分硬件自动安装驱动程序,只有少量的硬件,因为没有匹配的驱动程序而不能正常安装。

总的来说,有如下两种情况需要在安装好 Windows XP 后重新安装驱动程序。

(1)已经安装的驱动程序和硬件匹配不佳。

(2)硬件的驱动程序没有正常安装。

在 Windows XP 系统平台上,安装硬件驱动程序的方式主要有两种:

(1)直接运行驱动安装程序中的可执行文件(通常是 setup.exe,此时第二种方法不适用),启动安装向导并根据安装向导提示逐步完成。

（2）先在"设备管理器"中选择硬件，然后再为此硬件安装驱动程序，或在"控制面板"窗口中双击"添加硬件"图标。实际上，两种驱动程序的安装方式均较常见，因此，这里介绍主板和显卡的驱动程序采用第一种安装方式，而声卡和网卡采用第二种安装方式。

每安装完一个驱动程序后，若系统提示要重新启动系统，则应立即重新启动系统一次，以便让系统完成安装过程。

2.5.1 安装显卡驱动程序

对于大部分计算机用户来说，显示器显示的画面效果，是评价计算机工作状态优劣的一个重要指标，因此，显卡驱动程序的安装通常是必要的。下面以 NVIDIA 显卡驱动程序为例，讲解 Windows XP 环境下显卡驱动程序安装的基本过程。

（1）运行显卡附带光盘上的驱动程序安装软件，启动显卡驱动程序安装向导，如图 2-35 所示。

（2）在对话框中选中 I accept the terms in the license agreement 单选按钮，然后单击 Next 按钮，进入安装向导第二步对话框，如图 2-36 所示。

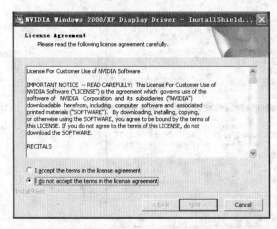
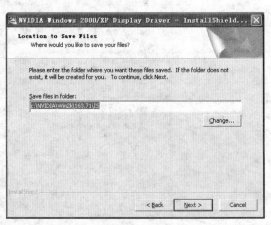

图 2-35　NVIDIA 显卡驱动安装向导第一步对话框　　　图 2-36　选择安装路径对话框

（3）在对话框中，可以单击 Change 按钮选择一个新的安装路径，通常采用默认安装路径。然后不断单击 Next 按钮，进入最后一个对话框，如图 2-37 所示。

（4）选择"是，立即重新启动计算机"单选按钮，然后单击"完成"按钮，重新启动系统。当系统重新启动之后，显卡驱动程序就安装成功了。也可以选择"否，稍后再重新启动计算机"单选按钮，结束显卡驱动安装向导，稍后再重新启动计算机，以完成显卡驱动程序的安装。

2.5.2 安装网卡驱动程序

如果 Windows XP 不能为网卡正确安装驱动程序，则需要手动安装网卡驱动程序。下面讲解在 Windows XP 的"设备管理器"中，安装网卡驱动程序的方法。

（1）在 Windows XP 桌面上，用鼠标右击"我的电脑"图标，在弹出的快捷菜单中选择"属性"命令，弹出"系统属性"对话框。在对话框中选择"硬件"选项卡，如图 2-38

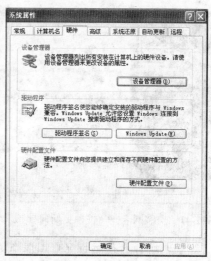

图 2-37　NVIDIA 显示驱动安装最后一步对话框　　　　图 2-38　"系统属性"对话框

所示。

（2）单击"设备管理器"按钮，弹出"设备管理器"窗口，如图 2-39 所示。"设备管理器"用树形方式（类似于"资源管理器"左侧的树形目录）显示当前计算机中的所有硬件项目，如果项目前面有图标，则表示该硬件在计算机中不能正常工作，即此硬件的驱动程序未能正确的安装。

（3）在"其他设备"选项下，右击"以太网控制器"选项，在弹出的快捷菜单中选择"更新驱动程序"命令，弹出"硬件更新向导"对话框，如图 2-40 所示。

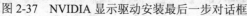
"？"表示不能正常工作的设备

图 2-39　"设备管理器"窗口　　　　图 2-40　安装网卡——硬件更新向导第一步对话框

（4）如果驱动程序在光盘或硬盘中，不需要从网络中搜索驱动程序，应该选择"否，暂时不"单选按钮。

（5）单击"下一步"按钮，进入向导的第二步，如图 2-41 所示。选择"从列表或指定位置安装（高级）"单选按钮，然后单击"下一步"按钮，显示向导的第三步，如图 2-42 所示。

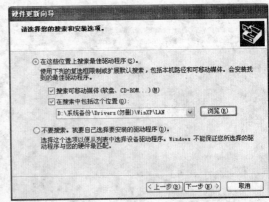

图 2-41　安装网卡——硬件更新向导第二步对话框　　图 2-42　安装网卡——硬件更新向导第三步对话框

　　（6）选择"在这些位置上搜索最佳驱动程序"单选按钮。如果网卡驱动程序存放在光盘中，则选择"搜索可移动媒体（软盘、CD-ROM...）"复选框。如果网卡驱动程序存放在硬盘中的某个位置，则选择"在搜索中包括这个位置"复选框，并单击"浏览"按钮，选择网卡驱动程序所在的文件夹。

　　（7）单击"下一步"按钮，系统将在指定位置搜索驱动程序，如图 2-43 所示。如果找到匹配的驱动程序，则系统将自动安装。最后在弹出的对话框中单击"完成"按钮，完成网卡驱动程序的安装。

2.5.3　安装声卡驱动程序

　　在 Windows XP 安装成功后，如果系统不能播放音频文件或视频文件，则表示声卡不能正常工作，需要安装声卡驱动程序。下面以 Advance AC 97 Audio 为例介绍声卡驱动程序安装的基本过程。

　　（1）按照 2.5.2 节给出的方法，打开"设备管理器"窗口，如图 2-39 所示。在"其他设备"选项下用鼠标右击"多媒体音频控制器"子项，在弹出的快捷菜单中选择"更新驱动程序"命令，启动声卡驱动程序安装向导，与图 2-40 所示一样。

　　（2）选择"否，暂时不"单选按钮，然后单击"下一步"按钮，显示向导第二步，如图 2-44 所示。

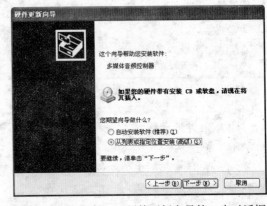

图 2-43　安装网卡——硬件更新向导第四步对话框　　图 2-44　安装声卡——硬件更新向导第二步对话框

（3）选择"从列表或指定位置安装（高级）"单选按钮，然后单击"下一步"按钮，显示向导的第三步，如图 2-45 所示。

（4）选择"在这些位置上搜索最佳驱动程序"单选按钮和"在搜索中包括这个位置"复选框，并单击"浏览"按钮，选择声卡驱动程序所在的文件夹。

（5）单击"下一步"按钮，系统将在指定位置搜索驱动程序，如图 2-46 所示。如果找到匹配的驱动程序，则系统将自动安装。最后在弹出的对话框中单击"完成"按钮，完成声卡驱动程序的安装。

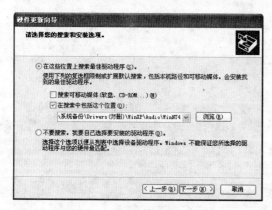
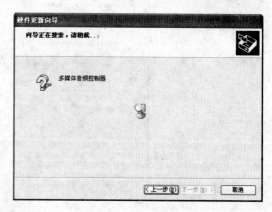

图 2-45　安装声卡——硬件更新向导第三步对话框　　图 2-46　安装声卡——硬件更新向导第四步对话框

可以看出，使用"设备管理器"更新网卡和声卡驱动程序的操作方法类似，实际上其他硬件设备的驱动程序安装也大致相同。此外，对于某些工作正常的硬件设备，也可以采用上述方法更新更好的驱动程序。

2.6　应用软件的安装与卸载

在 Windows XP 环境下，应用软件的安装和卸载几乎都是在向导的提示下逐步完成的，其操作过程非常简单，而且大部分软件的安装和卸载操作方法基本相似。因此，本节试图重点介绍应用软件安装和卸载的基本过程，而不是详细罗列各个具体应用软件的安装和卸载。实际上无法列举所有应用软件的安装和卸载方法（因为各种软件的安装和卸载操作确实存在着某些差异），即使是最常见的应用软件，其数量也非常庞大。下面借助 Microsoft Office 2007 软件来介绍应用软件安装和卸载的基本步骤。

1．应用软件安装的基本步骤

虽然不同的应用软件，其安装步骤存在着部分差异，但其基本步骤是一致的，下面列出应用软件安装的常见步骤。

（1）启动开始画面。

（2）软件使用协议。

（3）提示软件产品序列号输入。

（4）选择安装部件（有些软件安装没有此步骤）。

（5）选择安装位置。

（6）文件复制和注册，这一步时间通常较长（视软件大小而定）。

（7）提示安装成功。

2．Microsoft Office 2007 的安装步骤

（1）从光盘或硬盘中，运行 Microsoft Office 2007 的安装程序文件组中的文件 setup.exe，启动安装程序向导，弹出"输入您的产品密钥"对话框，输入产品序列号，如图 2-47 所示。如果没有产品密钥，安装程序将无法继续。

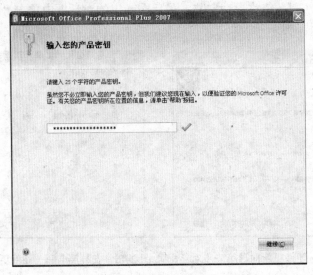

图 2-47 "输入您的产品密钥"对话框

注意：不同的安装程序，启动画面通常是不一样的。

（2）如果输入的产品密钥正确，单击"继续"按钮，进入下一个"阅读 Microsoft 软件许可证条款"对话框。

（3）选择"我接受此协议的条款"复选框，单击"继续"按钮，将进入"选择所需的安装"对话框，如图 2-48 所示。单击"升级"按钮，可对 Office 以前的版本进行升级，单击"自定义"按钮可进行更多的选择。

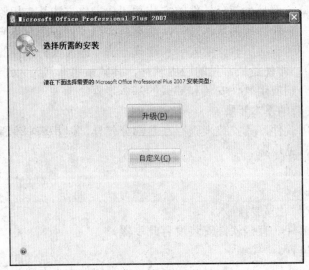

图 2-48 "选择所需的安装"对话框

（4）单击"自定义"按钮，进入安装向导的下一个对话框，如图 2-49 所示。在"升级"选项卡中，可以选择删除当前计算机中的早期 Office 版本，也可以选择保留以前已安装的版本。

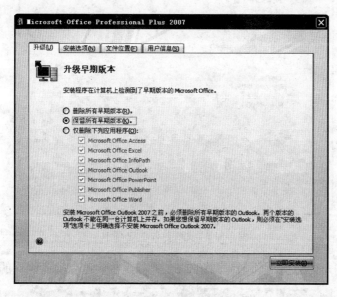

图 2-49 "升级"选项卡

（5）选中"保留所有早期版本"单选按钮，然后选择"安装选项"选项卡，如图 2-50 所示。在此可以选择哪些部件安装，哪些部件不安装。

注意：这一步一般只在包含多个独立运行软件的安装程序中才会出现。

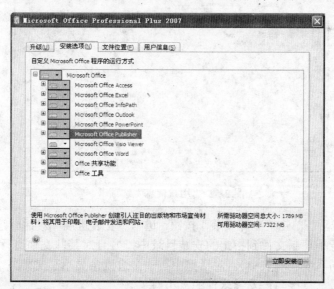

图 2-50 "安装选项"选项卡

（6）选择"文件位置"选项卡，如图 2-51 所示。如果需要改变安装位置，可以单击"浏览"按钮，选择一个新的文件夹位置。

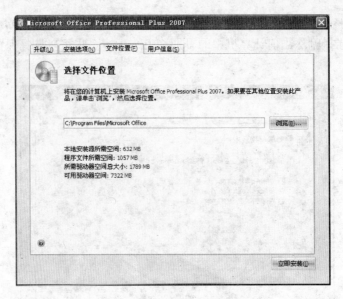

图 2-51 "文件位置"选项卡

（7）选择"用户信息"选项卡，如图 2-52 所示。在此可以输入用户的基本信息。

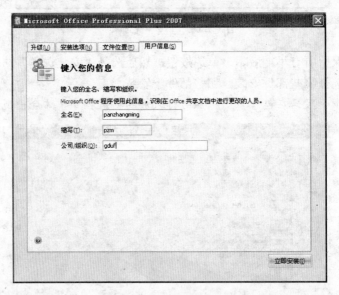

图 2-52 "用户信息"选项卡

（8）设置完成后，单击"立即安装"按钮，进入"安装进度"对话框，如图 2-53 所示。该步骤的主要功能是复制文件到指定的安装目录中，并且对某些文件进行注册（即将文件的一些信息记录到系统注册表中）。对话框中有一个进度条显示了文件复制和注册的进度，本步骤时间的长短，直接与被安装软件的大小有关。

（9）文件复制和注册完成后，按照安装程序提示，重新启动系统便可完成 Microsoft Office 2007 的安装。

3．Microsoft Office 2007 的卸载步骤

（1）打开"控制面板"窗口，单击"添加/删除程序"图标（如果是经典视图，则需要

双击"添加或删除程序"图标），启动"添加或删除程序"窗口，如图 2-54 所示。

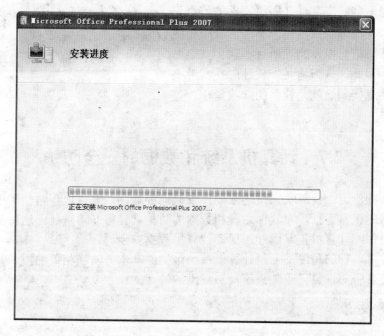

图 2-53 "安装进度"对话框

图 2-54 "添加或删除程序"窗口

（2）选择 Microsoft Office Professional Plus 2007 选项，然后单击右侧的"删除"按钮，弹出"添加或删除程序"对话框，如图 2-55 所示。单击"是"按钮，系统将开始卸载 Microsoft Office 2007。卸载完成后，自动退出卸载程序。

计算机软件安装与维护

软件卸载实际上是软件安装的逆操作。安装程序完成的功能主要包括复制文件到指定的位置和注册一些共享文件（即将文件的信息记录到注册表中），而卸载过程就是从注册表中删除相应文件的注册信息以及删除所有在软件安装时复制的文件。因此，认为将某一软件所在文件夹中的所有文件直接删除就是软件的卸载操作，是不正确的。

图 2-55 "添加或删除程序"对话框

2.7 计算机系统和数据的安全防护

经过前面的学习，计算机系统的软硬件安装已经成功，并可以正常使用了。但是，为了维护计算机的正常运行，对软件系统和数据的防护就显得非常重要。这种防护主要体现在两个方面：保障计算机正常运行；保证计算机数据安全。

本节主要从软件的角度，介绍计算机系统维护的基本方法和相关的技术，具体包括病毒防治、系统备份与恢复、重装系统及磁盘维护等。

2.7.1 病毒防治

目前，比较流行的杀毒软件有很多，如瑞星、卡巴斯基、江民及诺顿等。对这些杀毒软件的评价各有优劣，而使用方法却大同小异。下面以免费的 360 杀毒软件、360 安全卫士介绍计算机系统病毒防治的基本方法。360 安全查杀套餐是当前计算机病毒防护措施中很好的选择，其官方下载网址为 http://www.360.cn。

1. 360 杀毒

通过 360 杀毒官方网站下载最新版本。下载完成后，运行下载的安装程序，将会看到如下的欢迎窗口，如图 2-56 所示。

图 2-56 360 杀毒安装向导

按照常规软件安装方法，采用默认设置即可。正确安装好 360 杀毒软件之后就可以正常运行了。

360 杀毒具有实时病毒防护和手动扫描功能，为系统提供全面的安全防护。实时防护功能在文件被访问时对文件进行扫描，及时拦截活动的病毒。在发现病毒时会通过提示窗口给出警告。

360 杀毒提供 4 种手动病毒扫描方式：快速扫描、全盘扫描、指定位置扫描及右键扫描。

快速扫描：扫描 Windows 系统目录及 Program Files 目录。

全盘扫描：扫描所有磁盘。

指定位置扫描：扫描指定的目录。

右键扫描：集成到右键菜单中，当在文件或文件夹上单击鼠标右键时，可以选择"使用 360 杀毒扫描"对选中文件或文件夹进行扫描。

其中前三种扫描都已经在 360 杀毒主界面中列出，只需单击相关任务就可以开始扫描，如图 2-57 所示。

图 2-57　360 病毒查杀界面

启动扫描之后，会显示扫描进度窗口。在这个窗口中可看到正在扫描的文件、总体进度，以及发现问题的文件。

如果希望 360 杀毒软件在扫描完后自动关闭计算机，则选中"扫描完成后关闭计算机"选项。

注意：只有将发现病毒的处理方式设置为"自动清除"时，此选项才有效。如果选择了其他病毒处理方式，扫描完成后不会自动关闭计算机。

360 杀毒软件对文件提供了实时防护功能，在 360 杀毒主界面单击"实时防护"标签，进入实时防护界面，开启所有的防护功能，如图 2-58 所示。

360 杀毒具有自动升级功能，如果开启了自动升级功能，360 杀毒会在升级可用时自动下载并安装升级文件，自动升级完成后会通过气泡窗口提示。如果手动进行升级，则在 360 杀毒主界面单击"产品升级"标签，进入升级界面，并单击"检查更新"按钮进行升级。

计算机软件安装与维护

图 2-58　实时防护

2．360 安全卫士的优化设置

下载并安装好 360 安全卫士后，建议进行如下设置。

（1）选中"常用"按钮，然后单击"查杀木马"标签，对木马进行"快速扫描"，并定期进行"电脑体检"、"清理插件"、"修复漏洞"等操作，如图 2-59 所示。

图 2-59　查杀木马

（2）选中 360 安全卫士中的"木马防火墙"按钮，弹出 360 木马防火墙窗口，开启所有的功能，如图 2-60 所示。

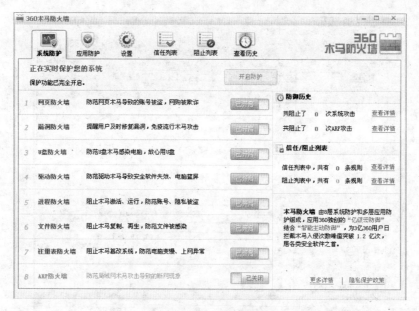

图 2-60　360 木马防火墙

2.7.2　系统备份和恢复

千辛万苦安装、配置好的软件系统，会在一瞬间被病毒、错误操作所破坏。万全之策是将安装好的系统和重要数据做好备份。一旦系统被毁或数据不能修复，立即用以前的备份快速恢复系统或数据，既简捷易行，又安全可靠。

目前最常用的备份和恢复工具是 Ghost。下面以 Ghost 8.2 版本为例讲解备份、恢复系统的方法。

1．制作 U 盘启动盘

首先，必须制作一个可以启动系统，并带有 Ghost 软件的 U 盘或光盘。这样，在系统损坏无法进入 Windows 操作系统时，就可以用这个 U 盘或光盘启动系统，然后再用盘中的 Ghost 软件和事先备份的系统文件、数据文件恢复整个系统。

当然，最理想的是用 DVD 刻录机刻录一个带有启动系统功能，并存有 ghost.exe 和 ghostexp.exe 文件，以及系统的备份文件（因为备份整个软件系统时，备份文件所占空间一般达到几个 GB）的光盘。如果没有 DVD 或 CD 刻录机，也可将 U 盘制作成系统启动盘。

制作 U 盘启动盘的方法比较简单，先从网上下载 UltraISO.exe 软件和 WinPE_U.iso。其中 UltraISO.exe 是 U 盘制作软件，WinPE_U.iso 是 WinPE（Windows Preinstallation Environment）的 U 盘镜像文件。WinPE 是一个基于保护模式下运行的 Windows XP Professional 的工具，不需要安装就可以直接启动系统。

由于制作启动 U 盘时，会自动格式化 U 盘，因此操作前须做好 U 盘的数据备份。下面给出具体的操作步骤。

（1）双击 UltraISO.exe 软件，启动制作软件。

（2）单击菜单中的"文件"→"打开"，选择下载的 WinPE_U.iso 文件，如图 2-61 所示。

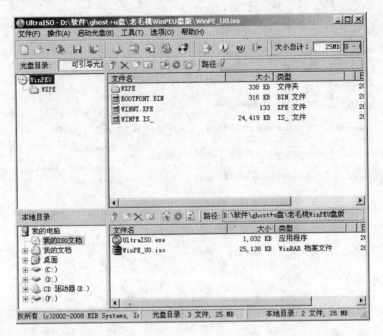

图 2-61　加载 WinPE.iso 镜像文件

（3）单击菜单中的"启动光盘"→"写入硬盘映像"，如图 2-62 所示。

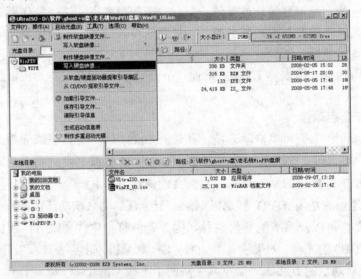

图 2-62　选择"写入硬盘映像"

（4）在"写入硬盘映像"对话框的"硬盘驱动器"项目中，选择要制作成启动盘的 U
盘盘符。在"写入方式"项目中选择 USB-HDD+或者 USB-ZIP+，建议选择兼容性较好的
USB-ZIP+方式，如图 2-63 所示。

（5）最后，单击"写入"按钮，进入烧写阶段。程序提示制作成功后，单击"返回"
按钮后就可以了。

使用 U 盘启动计算机时，先在 BIOS 中选择第一引导设备为 USB，并对应选择

USB-HDD 或者 USB-ZIP 方式。插入 U 盘启动盘便可以启动系统进入 WinPE。

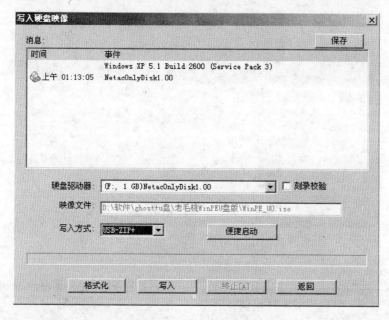

图 2-63　写入硬盘映像

2. 备份系统和数据

Ghost 在备份过程中，生成的备份文件应存放在一个安全的位置，通常放在移动存储设备中（如移动硬盘、DVD 光盘等），也可以存放在当前计算机的不同分区中（例如，如果备份的是 C 盘分区，可以将备份文件存放在 C 盘分区以外的分区中），以备将来一旦软件系统损坏后恢复系统用。下面以备份 Windows XP 系统所在分区为例，介绍 Ghost 进行备份操作的步骤和方法。

（1）用前一小节制作的启动盘，启动系统进入 WinPE 系统。

（2）双击启动盘中预先保存的 ghost.exe 程序，进入 Ghost 的窗口，如图 2-64 所示。

（3）在左下角的菜单中，依次选中 Local（本地）→Partition（分区）→To Image（保存备份的镜像文件）命令，如图 2-64 所示。Ghost 8.2 版本既可以用鼠标操作，也可以用键盘操作。采用键盘操作菜单的具体方法是：按"↑"键或"↓"键可以上下选择不同的菜单项；如果需要进入某菜单的级联菜单，可以按"→"键，也可以按 Enter 键；如果想回到上一层菜单，可以按"←"键，也可以按 Esc 键。此外，也可以按快捷键启动菜单功能，方法是先按下 Alt 键不松开，然后再按下菜单项中带下划线的字符。

（4）弹出 Select local source drive by clicking on the drive number 对话框，如图 2-65 所示。在对话框中，可以选择要备份的分区所在的硬盘（如果计算机只有一个磁盘，这一步不会出现）。

（5）按 Alt+O 键，进入 Select source partition（s）from Basic drive 对话框，需要你选中要备份的分区。由于要备份 Windows XP 系统所在的分区，故选中 Primary（即主分区）分区，如图 2-66 所示。

计算机软件安装与维护

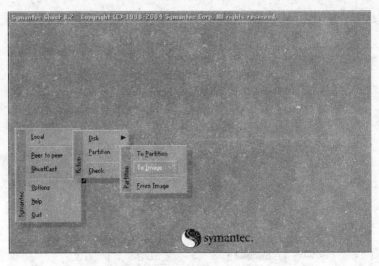

图 2-64　Ghost 程序的主窗口

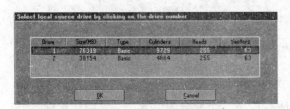

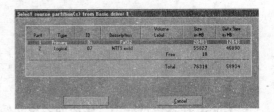

图 2-65　Select local source drive　　　　图 2-66　Select source partition（s）
by clicking on the drive number 对话框　　　　　from Basic drive 对话框

（6）当选中一个分区后，OK 按钮便变得可用，此时按 Alt+O 键，便可进入 File name to copy image to 对话框，如图 2-67 所示。

（7）在对话框中的 Look in 下拉列表中选择备份文件将要保存的位置；在 File name 文本框中输入备份文件的名字（可随意取名，但建议起一个能够让你联想到这台计算机的名字，这样，当该计算机软件系统被损坏时，从名字，你就可以找到恢复计算机系统的备份文件。注意，由于 Ghost 8.2 不能正常显示汉字，故不要用汉字取名）。

（8）按 Alt+S 键，关闭对话框。此时，无论磁盘空间够不够存放备份文件，图 2-68 所示的对话框都会弹出来，询问"要不要压缩备份？"。在这里，最理想的是单击 High 按钮，采用高压缩的方式进行备份，使备份文件减小，能保存在一张 DVD 光盘中。

（9）按 Alt+F 键，关闭对话框后，Ghost 系统会弹出询问：真的要创建分区镜像吗？（分区镜像，就是分区的完整备份）的对话框，单击 Yes 按钮。接下来，系统就会按部就班地将指定的分区，备份到设定的文件名之下，这可能要花几分钟到十几分钟，主要取决于要备份的分区中包含内容的多少。

3．恢复系统和数据

在系统遭到病毒或人为破坏，不能进入 Windows 系统的现象发生时，只要事先做了备份，就可以在几分钟之内使系统恢复正常。使用 Ghost 备份恢复系统的操作步骤如下。

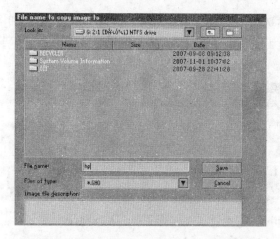

图 2-67　File name to copy image to 对话框　　　　图 2-68　Compress Image 对话框

（1）采用前面创建的启动盘，启动系统进入 WinPE 系统。

（2）双击启动盘中的 ghost.exe 程序，进入 Ghost 的窗口。

（3）在左下角的菜单中，逐级选中 Local（本地）→ Partition（分区）→ From Image（用备份的镜像文件恢复）命令，如图 2-69 所示。

（4）弹出 Image file name to restore from 对话框，如图 2-70 所示。通过 Look in 下拉列表，找到备份文件所在的位置，然后在中间文件列表中选择备份文件名。

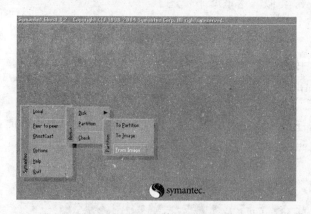

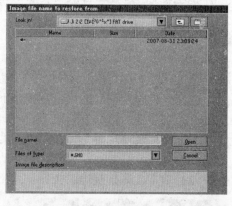

图 2-69　Ghost 程序的主窗口　　　　图 2-70　Image file name to restore from 对话框

（5）按 Alt+O 键打开文件，进入 Select local destination drive by clicking on the drive number 对话框，如图 2-71 所示。在对话框中选中要恢复的磁盘（如果计算机只有一个磁盘，这一步就自动省略），然后按 Alt+O 键。

（6）弹出 Select destination partition from Basic drive 对话框，如图 2-72 所示。在对话框中，选择要将备份恢复到哪个分区。由于假设恢复 Windows XP 系统分区，故选 Primary 分区。

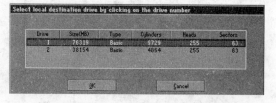

图 2-71　Select local destination drive by clicking on the drive number 对话框

（7）按 Alt+O 键，系统会弹出对话框询问："真要进行分区恢复吗？"，并会提醒："目标分区会被永久性地覆盖"。因为系统被破坏了才会进行恢复，所以单击 Yes 按钮，如图 2-73 所示。经过几分钟至十几分钟（取决于备份文件的大小），系统就会恢复到备份文件时所处的状态了。

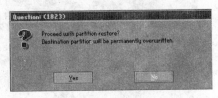

图 2-72 Select destination partition from Basic drive 对话框　　　　图 2-73 Question 对话框

2.7.3 重装 Windows 系统

如果不幸没有进行系统备份，或者备份文件丢失损坏，那么只好重装 Windows 操作系统了。重新安装系统时，安装在原来操作系统的软件将不能使用，即使安装在操作系统分区以外的软件也一样。

在重新安装操作系统前，应留意桌面和"我的文档"（如果其存放在 C 盘中）中是否有有价值的文件，如果有则需先将这些文件移动（或复制）到其他分区。

重装系统的过程和首次安装 Windows 类似，这里就不赘述了。

2.7.4 磁盘整理

就像书架一样，使用的时间长了，书的位置会变得比较混乱，如果整理一下，将能够明显提高图书的查找速度。定期进行磁盘的碎片整理，对提高磁盘访问速度也有很大的好处。

进行磁盘碎片整理的操作步骤如下。

（1）在"我的电脑"窗口中，右击任意一个磁盘分区盘符（如 D 盘），在弹出的快捷菜单中选择"属性"命令，弹出"本地磁盘（D:）属性"对话框。选择"工具"选项卡，如图 2-74 所示。

（2）单击"开始整理"按钮，弹出"磁盘碎片整理程序"对话框，如图 2-75 所示。

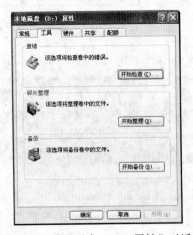
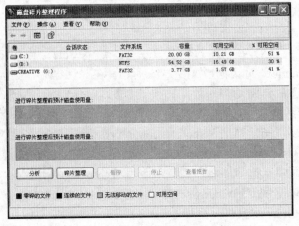

图 2-74 "本地磁盘（D:）属性"对话框　　　　图 2-75 "磁盘碎片整理程序"对话框

（3）在对话框上部列表中，选择一个待整理的卷（即分区），然后单击"碎片整理"按钮，开始进行磁盘整理，如图 2-76 所示。

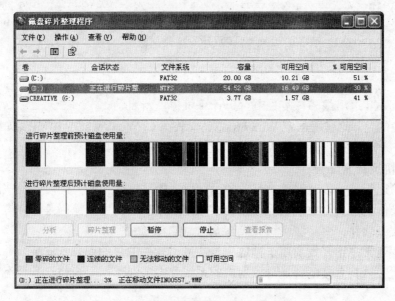

图 2-76　磁盘碎片整理时的状态

通常经过磁盘碎片整理，能有效提高磁盘文件的访问速度，对于文件变化比较频繁的分区，尤其如此。但是，由于磁盘碎片整理操作对磁盘寿命有一定的负面影响，因此，不要过于频繁地做磁盘碎片整理操作，建议每隔三个月或半年进行一次。

2.7.5　软件故障综合分析

1. 系统文件丢失

当系统开机提示："WINDOWS\SYSTEM32\CONFIG\SYSTEM\文件损坏或丢失"时，可以利用安装光盘修复了 XP 系统，免去了重装系统的麻烦，修复的操作步骤如下。

（1）将 Windows XP 安装光盘插入 CD-ROM 驱动器，然后重新启动计算机。按照提示，从 CD-ROM 驱动器启动计算机。

（2）出现"欢迎使用安装程序"屏幕时，按 R 键启动故障恢复控制台。

（3）根据提示，输入管理员密码。如果管理员密码为空，则按 Enter 键。

（4）在故障恢复控制台的命令提示符处，输入下面几行命令，并在每行之后按 Enter 键：

```
md tmp
copy c:\windows\system32\config\system c:\windows\tmp\system.bak
copy c:\windows\system32\config\software c:\windows\tmp\software.bak
copy c:\windows\system32\config\sam c:\windows\tmp\sam.bak
copy c:\windows\system32\config\security c:\windows\tmp\security.bak
copy c:\windows\system32\config\default c:\windows\tmp\default.bak
delete c:\windows\system32\config\system
delete c:\windows\system32\config\software
delete c:\windows\system32\config\sam
```

计算机软件安装与维护

```
delete c:\windows\system32\config\security
delete c:\windows\system32\config\default
copy c:\windows\repair\system c:\windows\system32\config\system
copy c:\windows\repair\software c:\windows\system32\config\software
copy c:\windows\repair\sam c:\windows\system32\config\sam
copy c:\windows\repair\security c:\windows\system32\config\security
copy c:\windows\repair\default c:\windows\system32\config\default
```

（5）输入 exit 退出故障恢复控制台，计算机将重新启动。

需要注意的是，此过程假定 Windows XP 安装在 C:\Windows 文件夹中。如果 Windows XP 安装在另一个位置，请将 C:\Windows 更改为相应的目录。

2．计算机运行速度慢

当计算机运行了一段时间后，启动和运行程序的速度会减慢。同时，有些网页也出现了无法正常操作的情况。出现上面现象的根本原因很多，其主要原因是计算机上安装了浏览器插件或流氓软件。

流氓软件通常是指开发商用于播放广告或推广软件的目的而强制安装，并运行在用户计算机上的程序。其直接危害是导致用户的系统变慢、弹出网页窗口，甚至盗窃、破坏用户资料。

浏览器插件通常用于增强浏览器功能，但目前被各个公司用于推广其软件。其目的类似于流氓软件。其直接危害是用户浏览页面速度变慢，部分网页无法正常访问。

这里不针对单独的流氓软件或浏览器插件进行处理，而采用一种普遍有效的工具和解决方式。通过网络下载最新的 360 安全卫士，并安装运行。然后查杀恶意软件和浏览器插件，一般能解决导致系统变慢和网页错误的故障。

此外还有一些系统优化的技巧，最常见的有：

1）删除常驻程序

常驻程序就是在开机时加载的程序。常驻程序不但拖慢开机时的速度，而且消耗计算机资源以及内存。如果想删除常驻程序，可在"启动"菜单中删除。如果不能删除的话则在系统注册表中删除。

2）桌面上不要摆放桌布

在桌面上空白处右击，再选择"属性"命令，然后在"背景"的对话框中，选择"无"。

3）定期进行硬盘碎片整理

计算机硬盘中最细小的单位是扇区，一个文件通常会占用若干扇区，当硬盘用久了，无数次的新增、更改和删除文件后，会造成很多断断续续的扇区。非连续性扇区的文件愈来愈多，硬盘磁头便需要花更多时间跳来跳去来读取数据，导致硬盘读写速度减慢。经过碎片整理后，所有非连续性的文件都会被重新编排得整整齐齐，系统运行速度也会增快。

3．上网经常掉线

1）感染了病毒所致

这种情况往往表现在打开浏览器时，在浏览器界面的左下框里提示"正在打开网页"，但半天没响应。在任务管理器里查看进程，如果 CPU 的占用率是 100%，则肯定是感染了病毒。接着检查是哪个进程占用了 CPU 资源，把名称记录下来，然后单击"结束"按钮。

如果不能结束，则到安全模式下删除和该进程相关的文件。

然后进入系统注册表，方法是单击"开始"→"运行"，输入"regedit"命令。在注册表中查找病毒程序名，找到后，单击右键删除，然后再进行几次搜索，往往能彻底删除干净。有很多的病毒，杀毒软件无能为力时，唯一的方法就是这样手动删除。

2）与设置代理服务器有关

出于某些方面考虑，在浏览器里设置了代理服务器（依次选择"开始"→"控制面板"→"Internet 选项"→"连接"→"局域网设置"→"为 LAN 使用代理服务器"进入），设置代理服务器不影响 QQ 联网。因为 QQ 用的是 4000 端口，而访问互联网使用的是 80 或 8080 端口，这就是 QQ 能上，而网页不能打开的原因。而代理服务器一般不是很稳定，把代理取消就可以了。

3）DNS 服务器解释出错

所谓 DNS，即域名服务器（Domain Name Server），它把域名转换成计算机能够识别的 IP 地址。如果 DNS 服务器出错，则无法进行域名解释，自然就不能上网了。

如果是这种情况，有时候是网络服务接入商（ISP）的问题，可打电话咨询 ISP。有时候是路由器或网卡的问题，无法与 ISP 的 DNS 服务连接，可以重启路由器或者重新设置路由器。

4．U 盘木马

使用 U 盘时遇到双击打不开的情况，尝试右键打开却发现右键菜单中出现一些比较奇怪的菜单。出现这种情况，一般是 U 盘中毒了，通过下面的方法清除 U 盘病毒，此方法同样适用于移动硬盘。

这种病毒通过 U 盘或移动硬盘进行传播，并在受感染计算机系统目录下生成病毒主程序，在注册表中加载自启动键值。被感染的 U 盘在根目录下有三个文件：RavMonE.exe、msvcr71.dll、autorun.inf。上述三个文件被设置了"系统"、"隐藏"属性以隐藏自己。病毒发作后，U 盘或移动硬盘将无法正常拨出。

1）手动清除方法

（1）查看 Windows 任务管理器，将进程名称为 RavMonE.exe 的进程结束。

（2）到系统目录下（一般为 C:\Windows）查找 RavMonE.exe 文件，然后删除。

（3）插上 U 盘，打开"我的电脑"，查看盘符，如 H、G 等，以"H"为例。

（4）在"命令提示符"窗口（可通过单击"开始"→"运行"，输入 cmd 命令打开此窗口）下输入以下命令：

```
attrib -s -h H:\ravmone.exe
attrib -s -h H:\autorun.inf
attrib -s -h H:\msvcr71.dll
del H:\ravmone.exe
del H:\autorun.inf
del H:\msvcr71.dll
```

然后退出 U 盘，重新插上，再看右键菜单，一般会正常。

2）使用专杀工具清除

这种方法也是最简单的一种方法，如使用 AntiAutorun.exe 软件等。

第 2 章

计算机软件安装与维护

5. 自动重启故障的综合分析

1）软件方面故障导致系统重启

（1）"冲击波"病毒发作时会提示系统将在 60s 后自动启动。木马程序从远程控制计算机的一切活动，包括让计算机重新启动。一般清除病毒、木马，或重装系统就能解决。

（2）系统文件被破坏，如 Win2K 下的 KERNEL32.DLL 等系统运行时基本的文件被破坏，系统在启动时会因此无法完成初始化而强迫重新启动，解决方法是覆盖安装或重新安装。

（3）定时软件或计划任务软件起作用。如果在"计划任务栏"里设置了重新启动，当定时时刻到来时，计算机也会再次启动。对于这种情况，可以打开"启动"项，检查里面有没有自己不熟悉的执行文件或其他定时工作程序，将其关闭后再开机检查。

当然，也可以直接输入"Msconfig"命令选择启动项。

2）硬件方面故障导致系统重启

（1）机箱电源功率不足，直流输出不纯，动态反应迟钝。用户或装机商往往不重视电源，采用价格便宜的电源，因此是引起系统自动重启的最大嫌疑之一。

电源输出功率不足，当运行大型的 3D 游戏等占用 CPU 资源较大的软件时，CPU 需要大功率供电，电源功率不够而超载引起电源保护，停止输出。电源停止输出后，负载减轻，此时电源再次启动。由于保护/恢复的时间很短，外在表现就是主机自动重启。

（2）内存热稳定性不良、芯片损坏或者设置错误。内存出现问题导致系统重启的概率也比较大。

内存热稳定性不良，开机可以正常工作，当内存温度升高到一定值时，就不能正常工作，导致死机或重启。此外内存不匹配也会导致蓝屏和重启。

（3）CPU 的温度过高。

CPU 温度过高常常会引起保护性自动重启。温度过高的原因基本是由于机箱、CPU 散热不良导致的。

（4）AGP 显卡、PCI 卡引起的自动重启。

外接卡不标准或品质不良，引发 AGP/PCI 总线的 RESET 信号，错误动作导致系统重启。还有显卡、网卡松动也会引起系统重启。

（5）并口、串口、USB 接口接入有故障或不兼容的外部设备时也会引起自动重启。

外设有故障或不兼容，比如打印机的并口损坏，某一脚对地短路，USB 设备损坏对地短路、针脚定义、信号电平不兼容等也会导致系统重启。

（6）机箱前面板 RESET 开关问题。

机箱前面板 RESET 键是一个常开开关，按下按钮时触发系统重启，RESET 开关回到常开位置。如果 RESET 键损坏，开关始终处于闭合位置，系统就无法加电自检。当 RESET 开关弹性减弱，按钮按下去不易弹起时，就会出现开关稍有振动就易于闭合，从而导致系统复位重启。解决办法是更换 RESET 开关。还有机箱内的 RESET 开关引线短路，也会导致主机自动重启。

3）其他原因导致系统重启

（1）市电电压不稳。

计算机的开关电源工作电压范围一般为 170～240V，当市电电压低于 170V 时，计算机会自动重启或关机，解决方法是加稳压器或采用 130～260V 的宽幅度开关电源。

计算机和空调、冰箱等大功耗电器共用一个插线板时，这些电器启动的瞬间，供给计算机的电压就会受到很大的影响，往往也会导致系统重启。

（2）强磁干扰。

许多时候计算机死机和重启也是因为电磁干扰造成的，这些干扰既有来自机箱内部 CPU 风扇、机箱风扇、显卡风扇的干扰，也有来自外部的动力线，变频空调甚至汽车等大型设备。

（3）插排或电源插座的质量差，接触不良。

电源插座在使用一段时间后，簧片的弹性慢慢丧失，导致插头和簧片之间接触不良，供电不稳定，一旦达不到系统运行的最低要求，计算机就重启。

第2篇 网页设计

随着计算机与网络的普及，Internet 不仅成为人们生活中的重要组成部分，而且也是现代企业及个人商业信息展示和信息交流的重要平台。当今社会对网页设计的需求量越来越大，网页制作已成为网络时代大学生必备的技能之一。

值得庆幸的是，大量界面友好、简单易用的网页制作软件的出现，使得网页设计工作就像制作一般 Word 文档一样简单。即使是非计算机专业的初学者，也能制作出布局优美、风格别致、内容充实的站点。

Adobe 公司推出的最新版网页设计软件 Dreamweaver CS4 是目前最优秀的网页设计软件之一。利用 Dreamweaver CS4 的可视化编辑功能，可以快速创建非常专业的网页而无须编写任何程序代码。

本篇以 Dreamweaver CS4 作为网页设计工具，介绍网页设计的基本方法和技巧，是网页设计初学者重要的入门篇，主要包括站点建设、网页的基本编辑操作、网页布局、多媒体网页制作、行为的使用、表单设计以及网页格式化等内容。为帮助非计算机专业初学者尽快把握网页设计的方法，本篇避开了 HTML 标签细节及脚本等较为繁杂的内容。

本篇在内容安排上，第 3 章是基础，必须先掌握，第 4~9 章各章节虽然在内容和操作方法方面基本独立，没有承前启后的关系，但每一个章节的实例包含了前面章节的内容，故建议按照章节顺序阅读本篇内容。各个章节在内容组织上，通常是先简单介绍相关的概念和基本的操作方法，然后给出一个操作详细的综合实例，综合实例是对本章概念和操作方法的总结和升华。各章所有实例基本上都是围绕"个人求职站点"制作这个主题展开的，这样安排的目的是想通过本篇的学习，让读者在掌握网页设计方法的基础上，进一步领会站点制作的基本思路和技巧。

第3章　网页设计基础

本章主要介绍网页设计过程中必须掌握的基础知识，除了介绍一些基本概念之外，着重介绍网页的基本编辑操作。为了使制作好的网页能够放在因特网上供别人访问，本章也介绍一些站点及站点建设的基础知识，同时给出了利用 Dreamweaver CS4 上传和下载站点的详细操作步骤。本章内容是学习本篇后续章节的基础。

3.1　网页和 HTML 语言

3.1.1　认识网页

1．什么是网页

网页（Web Page）又称网页文档，一般由 HTML 文件组成，包含文本、图像、超链接、动画、音频、视频、表格及表单等，位于计算机的特定目录中，其位置可以根据 URL（统一资源定位地址）确定。在上网浏览网站时，只要在浏览器的地址栏输入某网页文件的 URL，便可在浏览器中显示该网页。图 3-1 显示了网页中常见基本元素的外观。

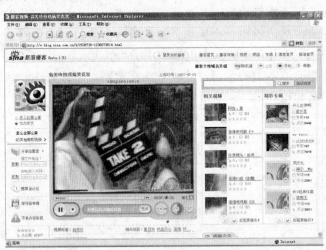

图 3-1　浏览器中的网页

2．浏览器和 Web 服务器

浏览器是用于显示网页文档的应用软件，常见的浏览器有 Netscape Navigator（NN）和 Microsoft Internet Explorer（IE）。

Web 服务器是指安装了 Web 服务软件的计算机，它使用 HTTP 或 FTP 等协议来响应 TCP/IP 网络上的 Web 客户（即浏览器）请求。Web 服务器中存放了大量的网页文件及相关的文件资源（如图像、音频、视频及动画等），每个文件资源都有唯一的 URL。

Web 服务器通过 Web 服务软件向外提供 Web 服务，即响应来自浏览器的各种请求。浏览器发送请求与 Web 服务器响应请求构成一次完整的交互过程，图 3-2 显示了浏览器和 Web 服务器之间的交互关系。

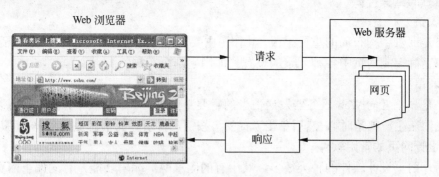

图 3-2　浏览器和 Web 服务器之间的网页通信过程

用浏览器访问 Web 站点，要经过浏览器和 Web 服务器之间的网页通信。浏览器和 Web 服务器的网页通信过程，可简单地描述如下。

（1）启动浏览器，在浏览器的地址栏输入某网页的 URL（如 http://www.sohu.com），然后按 Enter 键。

（2）浏览器将地址栏输入的 URL 作为主要的请求信息，通过网络发送给由 URL 指定的 Web 服务器。

（3）Web 服务器收到来自浏览器的请求后，根据 URL 从 Web 服务器中找到指定的网页，然后将该网页文件作为响应，通过网络传给发送请求的浏览器。

（4）浏览器接收并显示来自 Web 服务器的网页文件。

3．网页中的基本元素

网页文档中的元素类型非常丰富，而且随着 Web 技术的发展，将不断有新的元素加入到网页文档中。限于篇幅，下面只简单介绍一些较常见的网页元素。

1）文本

文本是构成网页文档的重要内容。虽然在外观上文本不像图像和动画等元素那样易于吸引浏览者的注意力，但它能够准确、有效地表达信息的内容和含义。

2）图像和动画

网页支持多种格式的图像和动画，图像主要有 JPEG、GIF 和 PNG 三种格式，动画主要有 GIF 和 Flash 两种格式。网页中的图像和动画以文件形式独立保存的。

3）声音和视频

声音是多媒体网页的一项重要内容，可以将声音添加到网页中来增加其观赏效果（如背景音乐等）。网页支持的声音文件格式主要有 MIDI、WAV、MP3 和 AIF 等。

通过网页在线欣赏视频信息（如电影、新闻短片等），已深受众多浏览者的青睐。网页支持的视频文件格式主要有 RM、ASF、MPEG、AVI 和 DivX 等。

与图像和动画类似，声音和视频也是以文件的形式独立保存的。

网页设计基础

4）超级链接

超级链接（简称超链接）是指站点内不同网页之间、站点与站点之间的链接关系，它可以使站点内的多个网页构成有机的整体，也可以在不同站点之间建立联系。超级链接是超文本信息的重要特征。

5）表格

表格是网页结构布局的重要手段，其作用主要有两个方面：一是用于表格化显示信息；二是用来精确控制网页中各种元素的位置（即用于网页布局）。

6）表单

表单是浏览者向 Web 服务器发送信息的重要手段之一。通过表单，浏览者可以填写一些信息（如在注册邮箱时），然后单击"提交"按钮，将填写的信息提交到 Web 服务器上。

4．设计网页的常用软件

目前，网页设计软件的种类很多，其中有的侧重网页编辑功能，有的偏重网页素材的制作。Adobe 公司于 2008 年正式发布设计开发软件套装 Creative Suite 4（简称 CS4），Adobe CS4 一共提供了 13 种独立软件，现对其中与网页设计有关的产品作简要介绍。

1）平面设计工具 Photoshop CS4

Photoshop CS4 是 PC 上最为流行的图像编辑软件。它广泛应用于广告设计、包装设计、彩色印刷、网页设计和多媒体制作等许多领域，有着强大的平面图像处理功能，是目前专业图像编辑的标准。

2）网页图像处理工具 Fireworks CS4

Fireworks CS4 是另一个功能强大且专业的网页图像编辑软件。Fireworks CS4 不仅整合了位图编辑、矢量图形处理和 GIF 动画制作等诸多优秀的功能，而且可以轻松实现网页中的很多特效。

3）动画制作工具 Flash CS4

随着网络技术的发展，Flash 动画已经成为网页必不可少的组成部分。Flash CS4 制作的动画具有生动活泼、容量小、表现力丰富及网络功能强大等特点，它能结合声音、文字和图像等多种信息综合表现作者的创意，制作出高品质的网页动画效果。

4）网页编辑工具 Dreamweaver CS4

Dreamweaver CS4 是当今最流行的网页编辑工具之一，使用 Dreamweaver CS4，可以轻松地设计、管理和发布站点。Dreamweaver CS4 中具有一个崭新、简洁、高效的界面，而且性能相对于以前版本也有了很大改进。它已成为专业人员及广大网页设计者的首选工具。

3.1.2 HTML 语言

1．什么是 HTML 语言

超文本置标语言（Hyper Text Markup Language，HTML）是一种描述网页文档结构的语言，使用标签符来描述网页文档的结构，这些标签是区分网页文档各个部分的分界符，它们将网页文件分成不同的结构，如标题、段落及表格等。

利用 HTML 生成的文件在任何操作系统上使用任何浏览器进行浏览时，效果都一样，因此具有很强的通用性。

采用 HTML 语言编写的网页文档是普通的文本格式文件，文件包含两部分信息：文本和标签符。网页文档可以采用纯文本编辑器来编写，例如，使用 Windows 中的记事本或写字板，甚至可以使用 Microsoft Word 等字处理软件，但保存文件的扩展名必须是 htm 或 html。

HTML 编写的网页文档结构包括头部（Head）和主体（Body）两个部分，其中头部描述浏览器所需的信息，而主体则包含浏览器中显示的具体内容。

2．HTML 的优点

尽管使用 HTML 编写网页文件，会让人觉得十分笨拙，但对于网络这一特殊的环境，HTML 有着非常明显的优势。

（1）用 HTML 编写的网页文档很小，非常适合在网络中传输。

（2）用 HTML 编写的网页文档是独立于平台的，只要有一个可以阅读和解释 HTML 的浏览器，就能在任何操作系统上浏览。

（3）HTML 是一种标签语言，简单易学。

（4）制作 HTML 文档并不需要特殊的软件，只要一个文本编辑器就可以完成，如记事本、写字板或 Word 等。

3.1.3　一个由 HTML 语言编写的网页

1．认识标签

1）标签的基本结构

标签是网页格式化的基础，HTML 语言通过使用标签来格式化网页元素。一个标签由"<"开始，以">"结束，中间是标签名（见图 3-3），如
、<p />等。

标签可分为单独标签和成对标签。

2）单独标签

单独标签本身代表着一种格式，只需单独使用就能完整地表达意思。单独标签的语法格式为：

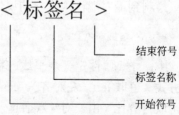

图 3-3　标签的基本结构

<标签名称 />

最常用的单独标签是
，它代表一个换行符。

注意： 虽然单独标签名右侧的"/"不是必须的，但为了和成对标签中的开始标签区分，新的 HTML 语言版本中，建议在单独标签中右侧加入空格和斜杠"/"。

3）成对标签

成对标签由开始和结束两个子标签构成，需要成对使用。其中，开始标签告诉浏览器从此处开始执行标签所表示的功能，而结束标签则表示在这里结束该功能。开始标签前加一个斜杠（/）便成为结束标签。成对标签的语法格式为：

<开始标签名称>被标识或格式化的内容<结束标签名称>

开始标签和结束标签中间是被格式化的网页元素，如：

经济管理专业

是一个成对标签，被格式化的网页元素是"经济管理专业"文本，意思是告诉浏览器，居中显示这段文本。

通常，单独标签应放在成对标签中。成对标签可以嵌套使用，其嵌套层数没有限制。但要注意，成对标签不能交叉嵌套。

正确的嵌套格式：

<标签名 1 >···<标签名 2 > ···</标签名 2>···</标签名 1>

错误的嵌套格式：

<标记名 1 >···<标记名 2 > ···</标记名 1>···</标记名 2>

4）标签的属性

许多单独标签或成对标签的开始标签内可以包含一些属性设置，这些属性控制着标签的基本特征。标签的属性都有自己的默认值，如果不想使用这些默认值，可以对它们的值进行修改。不管是单独标签还是成对标签，它们的属性设置格式都是一样的。标签属性设置的语法格式为：

<标签名称 属性名 1="属性值" 属性名 2="属性值" ···> [···</标签名称>]

同一标签可以一次设置多个属性，每个属性采用"属性名＝"属性值""的方式设置。不同属性之间用空格隔开，各属性之间无先后次序，即任意交换位置效果一样。例如，单独标签<hr />表示在文档当前位置画一条水平线，默认是从浏览器窗口中当前行的最左端一直绘制到最右端，现将它的属性设置如下：

<hr size="3" align="left" width="75%">

其中，size 属性定义水平线的粗细，属性值取整数，默认值为 1；align 属性表示水平对齐方式，可取 left（左对齐）、center（居中）、right（右对齐）；width 属性定义水平线的宽度，可取百分比（由一对""号括起来的百分数，表示相对于整个浏览器窗口宽度的百分比），也可取像素值（用整数表示的屏幕像素点的个数，如 width="300"），默认值是"100%"，浏览结果如图 3-4 所示。

5）使用标签时应注意的问题

（1）标签不区分大小写，但必须使用半角字符（即英文字符）。

（2）成对标签可以写在一行，也可以写在不同行（即开始子标签与结束子标签处在不同的行），其效果相同。

（3）标签本身不能拆写到不同行上。

2．HTML 文档的基本结构

HTML 文档（即网页文档）分为文档头（Head）和文档主体（Body）两部分，如图 3-5 所示。文档头定义了整个网页文档的一些基本信息，文档主体包含了在浏览器窗口中显示的各种信息。

HTML 文档的结构说明如下。

（1）整个 HTML 文档放在成对标签<html>···</html>中，该标签标识了 HTML 文档的开始和结束。

图 3-4　标签<hr />的属性设置效果　　　　图 3-5　HTML 文档的基本结构

（2）HTML 文档头信息放在成对标签<head>…</head>中。

（3）HTML 文档主体信息放在成对标签<body>…</body>中。

3．一个简单的 HTML 网页

在了解标签和 HTML 文档的基本结构后，现在开始着手建立一个简单的网页。操作步骤如下。

（1）从"开始"菜单启动"记事本"程序。

（2）在"记事本"中输入如下文本。

```
<html>
<head>
<title>一个简单的 HTML 网页</title>
</head>
<body>
<center>
<h3>少年行</h3>
王维<br /><hr color="red" width="160" align="center" />
新丰美酒斗十千，<br />咸阳游侠多少年。<br />相逢意气为君饮，<br />系马高楼垂柳边。
</center>
</body>
</html>
```

（3）以扩展名为.htm 或.html 保存"记事本"里的内容。操作步骤如下。

① 选择"文件"→"另存为"菜单命令，打开"另存为"对话框，在"保存在"下拉列表中选择文件保存的磁盘位置。

② 在"文件名"下拉列表框中输入""MyFirstWebPage.htm""（英文双引号""""不能丢），然后单击"保存"按钮，如图 3-6 所示。也可以在"保存类型"下拉列表中选择"所有文件"选项，然后在"文件名"下拉列表框中输入"MyFirstWebPage.htm"，再单击"保存"按钮关闭"另存为"对话框，如图 3-7 所示。

图 3-6　用记事本保存网页的第一种方法　　　　图 3-7　用记事本保存网页的第二种方法

（4）双击打开 HTML 文档 MyFirstWebPage.htm，如图 3-8 所示。

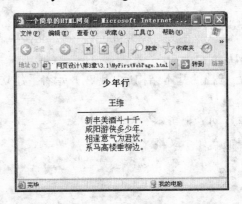

图 3-8　"一个简单的 HTML 网页"效果

有关标签的含义如表 3-1 所示。

表 3-1　"一个简单的 HTML 网页" HTML 文档中的标签说明

标签名称	说　　明
<html>…</html>	标识 HTML 文档的开始和结束
<head>…</head>	标识 HTML 文档头的开始和结束
<title>…</title>	网页标题标签，作用是将开始和结束标签之间的文本放在浏览器的标题栏中
<body>…</body>	标识 HTML 文档主体的开始和结束
<h3>…</h3>	标题标签，作用是将开始和结束标签之间的文本按照指定的标题格式显示
<p>…</p>	分段标签，作用是将开始和结束标签之间的文本形成一个独立的段落
<hr color="red" width= "160" align="center" />	水平线标签，作用是在当前位置插入一条水平线。水平线的特征是：水平居中，宽度为 160 像素，红色

	换行标签，作用是在当前位置插入一个换行符，使标签后的文本在下一行的开始位置显示
<center>…</center>	水平居中标签，作用是将开始和结束标签之间的文本在浏览器窗口中，以水平居中的方式显示

采用 HTML 语言编写网页文档的方法，是网页设计中最基本的方法，在后面的章节中将会感受到可视化网页编辑工具（即 Dreamweaver CS4）带来的方便和高效。但是，无论什么样的网页编辑工具，它们制作的网页文档都是由 HTML 标签组织的，因此，想要成为一个优秀的网页设计人员，了解一些常用的 HTML 标签及其编程的基础知识是非常必要的。

3.2 Web 站点及其建设流程

3.2.1 Web 站点简介

1. 什么是 Web 站点

通常，Web 站点是由一组相关的网页文件和相关文件（如构成网页的图像、动画等）组成的，这些文件存储在 Web 服务器上，由 Web 服务器管理并对外提供 Web 服务。

站点中的文件是一个相互联系的集合体，它们通过超级链接关联起来，通常具有相似的特征。例如，描述相关联的主体，采用类似的风格设计，或实现相同的目的等。通常，每个站点有一个被称为主页（或首页）的网页，浏览者可借助主页中的超级链接实现对整个站点的浏览。

2. 本地站点

在站点建设过程中，站点通常包含两部分：本地计算机（即网页设计人员使用的计算机）上的一个文件夹（本地站点）和远程 Web 服务器上的一个文件夹（远程站点）。

为了便于对站点中的网页文档进行统一管理，在制作网页前，通常在本地计算机上建立一个站点用于存放网页文档及相关的文件。本地站点只是为了在制作网站过程中，方便统一管理，对外不提供 Web 服务，但本地站点文件夹中的目录结构和远程站点是一致的。如果本地站点中的网页设计工作已经完成并测试无误，我们可以将本地站点上传到远程站点上，以便对外提供 Web 服务，如图 3-9 所示。

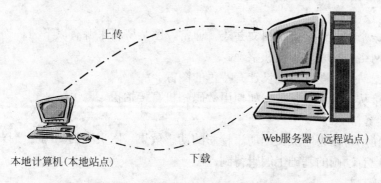

图 3-9　本地站点和远程站点的关系

3. 远程站点

远程站点是本地站点的复制，是存于 Web 服务器上的网页文档及相关文件的集合。远程站点通过 Web 服务器对外提供 Web 服务。

对于网页设计者来说，并不需要知道远程服务器的具体地理位置，只需要知道远程服务器的 IP 地址、用户名和密码。通过这些信息，网页设计者便可以将制作好的网页上传到远程站点，或者从远程站点下载网页到本地站点进行编辑。

3.2.2 网站建设的一般流程

无论什么类型的网站建设都应该遵循一个基本的工作流程。虽然有些站点在某些阶段表现得比较特殊，但掌握网站建设的一般流程（见图 3-10），必将为网站建设者提供一个较清晰的工作思路。

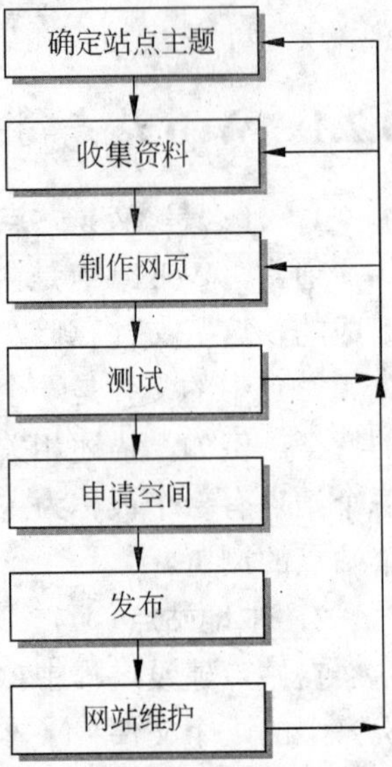

1. 确定网站主题

网站主题是网站所展示的主要内容。好的网站不仅言词有美感、有个性、有创意，更要有实质性的内容。内容是网站的根本，更是灵魂。一个成功的网站在内容方面定有独到之处，如新华网的新闻、网易的游戏、华军软件园的软件等。

通常情况下，一个受人喜爱的网站应该具备定位准确、内容精致、主题鲜明、题材新颖及思路精巧等特征。如果站点内容过于繁杂，则意味着没有主题。因此，想通过制作一个包罗万象的站点，以提高网络的访问量，则往往会事与愿违。

2. 收集资料

确定好网站主题后，接下来要为站点中的网页文档收集和制作素材。通常，收集和制作的资料主要有以下几种。

1）文字资料

图 3-10　网站建设的一般流程

文字是网站的核心，无论什么类型的网站，都离不开叙述性文字。例如，如果要制作企业网站，则应收集企业介绍、产品信息以及其他一些相关资料；如果要制作学校网站，则需要学校提供一定量的文字材料，如学校简介、招生对象说明以及师资情况等；如果要制作个人网站，则应收集个人简历、爱好等方面的资料。

2）图片资料

网页的一个重要特征就是图文并茂。通常，图片资料来源有以下三种途径。

（1）从网络中搜索、下载和整理。

（2）根据站点主题，自己设计有特色的图像。

（3）直接从第一现场获取，如使用数码相机直接拍摄。

3）动画资料

动画的使用可以为网页文档增添精彩的动感效果。网页中的动画主要以制作为主，当然也可以在现有动画的基础上编辑得到。

4）其他资料

其他资料主要是网站提供下载的资料，如免费软件、音乐、电影及电视等。

3. 制作网页

网站是由多个网页链接构成的，在做好网页素材的收集或制作后，便可以选择一个自己熟悉的网页制作工具，建立本地站点，开始制作网页了。

网页设计是一个复杂而细致的过程，通常要涉及很多的方法和技巧，在后续章节中将会陆续介绍有关内容。

4．测试

网站制作完成后，为确保站点在上传到 Web 服务器后能够正常运行，需要对站点进行全面的测试。网站测试可以根据网站浏览者意愿、网站规模以及浏览器种类等要求进行。测试时，可以将网站移到一个本地模拟 Web 服务器上，这样既可以模拟真实的 Web 服务器环境，也可以在发现问题后能够及时修改。

网站测试前，应该事先做好一个完整的测试计划，尽可能多地考虑可能出现的问题。通常下列问题应该在网站测试过程中优先考虑。

1）超链接检查

在网页制作过程中，有可能会对网页中的超链接进行调整，或者删除、移动网页文件，这些操作常常会导致某些超链接的指向目标不存在或链接到错误的目标。若有问题，则需要修复或重新调整这些链接。

2）检查"死"文档

网站中的"死"文档是指通过站点首页不能浏览到的网页文档，即这些文档和站点中的其他文档没有链接关联。如果这些"死"文档有用，则须重新建立链接指向它；如果暂时没用，可以删除，也可以把它们集中放在一个单独的文件夹，以备后用。

3）检测下载速度

网页文档的下载速度会直接影响浏览者的情绪。影响网页文档下载速度的主要因素有网页大小、网速、Web 服务器的性能及网页文档中应用程序的执行时间等，其中网页大小是最主要的主观因素。影响网页大小的因素主要是网页的图像、动画和背景音乐等。对于太大的网页（如达到 300KB），可以通过拆分的方法，将一个网页分解为多个网页；也可以使用专门的工具软件对图像、动画和音乐等素材进行适当的压缩处理。

4）检查浏览器兼容性

对于一些特殊的 HTML 标签或网页插件，可能有的浏览器因不支持而显示错误。要解决这类问题，一方面可以通过调整或更换标签元素或插件来满足要求；另一方面也可以通过重定向方法解决，即当浏览者访问到一个浏览器不支持的网页时，立即定向到另外一个内容相似的网页。

5．申请空间

网站制作并测试完毕后，在站点上传之前首先应该在 Internet 上申请一个空间，存放 Web 站点。申请个人空间的方法有很多，应根据自己的实际要求来确定选择什么样的方法。

1）申请专线空间

这种方案要求：单独向电信部门申请一条专线；专门购置路由器、服务器和相关的网络管理软件；建立机房，通常还要配备专职网管人员。显然，这种方案投资大，费用高，一般只适合大型企事业单位或政府部门。

2）服务器托管

这种方案需要专门购置一台服务器（主要用于存放站点），然后把这台服务器交给 ISP（Internet Server Provider，Internet 服务提供商）网络中心托管，由 ISP 网络中心安排专业人员管理和维护站点相关的所有设备，确保 Web 服务器正常运行。这种方案可以解决数据量比较大的站点空间问题，但由于要支付购买服务器设备的费用、系统运行的维护和管理费用，所以只适合那些对站点空间要求较高的中小型企业。

3）虚拟主机

虚拟主机是指使用软硬件技术，将一台主机分成多台"虚拟"的主机，每台虚拟的主机可以提供一个独立的 Web 站点服务。这些虚拟服务器虽然共用一台主机和一套网络通信设备，但它们运行时就像多台服务器同时工作一样，因此可以显著降低网站建设的费用。这种方案可以提供一定规模的服务资源，但由于收费比较低，所以是很多中小型企业的首选方案。

4）免费空间

有一些网站为了提高知名度或点击率，对外提供免费空间。这些免费空间只须填写一些简单的资料便可以获得。这种方案提供的空间大小和相关的资料虽然很有限，但由于是免费使用，故深受广大网民的喜爱。

6．发布

发布是指将测试无误的网站通过网络上传到 Web 服务器上预先申请或购买的空间中，供网页浏览者访问。目前用于发布的方法有很多，对于规模比较大的网站，为了提高速度一般采用 FTP 工具将站点上传到 Web 服务器中的指定空间，对于规模较小的站点通常使用 Dreamweaver CS4 来完成。

7．网站维护

网站在运行期间，为确保运营质量，一般需要定期对网站中的内容进行及时更新或对网页中某些不合理地方作必要的调整。

3.3 Dreamweaver CS4 简介

Dreamweaver CS4 是美国 Adobe 公司最新推出的优秀的网页设计工具，用于站点和应用程序设计。Dreamweaver CS4 既提供了比较专业的编码窗口，也提供了所见即所得的可视化编辑窗口。使用可视化编辑功能，可以快速地创建网页而无需编写任何代码。因此，Dreamweaver CS4 不仅是专业人员制作网站的首选工具，而且也深受广大网页制作爱好者的青睐。

3.3.1 Dreamweaver CS4 的启动和退出

1．启动 Dreamweaver CS4

在 Windows 操作系统中，Dreamweaver CS4 程序安装完毕后，将在桌面的"开始"→"所有程序"选项中创建启动的快捷方式，如图 3-11 所示。

依次单击"开始"→"所有程序"→Adobe Dreamweaver CS4 菜单项，将启动 Dreamweaver CS4，并显示程序的初始窗口，如图 3-12 所示。

2．退出 Dreamweaver CS4

与 Windows 中的其他软件类似，要想退出 Dreamweaver CS4，可以单击窗口右上角标题栏中的"关闭"按钮，也可依次选择"文件"→"退出"命令。

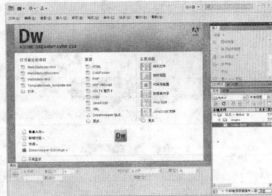

图 3-11　Dreamweaver CS4 的菜单组　　　　　图 3-12　Dreamweaver CS4 初始界面

3.3.2　Dreamweaver CS4 的工作环境

在 Dreamweaver CS4 初始界面中，单击"新建"下的第一个条目 HTML，便可新建一个网页文档，并进入该网页文档的编辑主窗口，如图 3-13 所示。

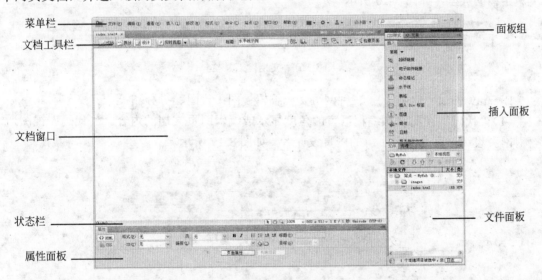

图 3-13　Dreamweaver CS4 文档编辑主窗口

Dreamweaver CS4 文档编辑主窗口各部分的基本功能和基本操作分述如下。

1）菜单栏

Dreamweaver CS4 的菜单栏汇集了各种功能，设计 Web 站点的所有命令都可以在菜单中找到。此外，在菜单栏右侧还提供了窗口布局、站点管理及关键字在线检索等功能。

2）插入面板

插入面板包含用于在当前网页文档中创建和插入对象（如表格、图像）的按钮。按钮是分类存放的，通过单击插入面板左上侧的"常用"按钮，便可弹出一个菜单，如图 3-14 所示，在菜单中选择一个需要的类别，即可在面板中显示该类别的按钮组。

当把鼠标放在面板的某按钮上时，将有一个工具提示窗口显示该按钮的名字，如图 3-15

网页设计基础

所示。

图 3-14　插入面板中的类别选择菜单　　　　　　图 3-15　面板按钮提示窗口

3）文档工具栏

文档工具栏包括"代码"、"拆分"和"设计"三个视图切换按钮，用于切换网页文档编辑窗口的类型，如图 3-16 所示。

图 3-16　"文档"工具栏

Dreamweaver CS4 提供了三种网页文档编辑视图：代码、拆分和设计。

（1）"代码"视图：从编程语言的角度显示或编辑网页文档的内容。"代码"视图适合对网页设计语言有一定了解的网页设计者，如图 3-17 所示。

图 3-17　代码视图

（2）"设计"视图：以所见即所得的方式显示或编辑网页文档中的元素，如图 3-18 所示。"设计"视图非常适合初学者使用。

（3）"拆分"视图：将文档窗口拆分成上下两个窗口，上面是"代码"视图，下面是"设计"视图，如图 3-19 所示。"拆分"视图可以将同一网页文档内容同时以两种不同的形式显示，这对于一些特殊的网页编辑操作非常实用。此外，在"拆分"视图中可以把网页元素和 HTML 标签对应起来，便于我们在网页制作过程中理解和学习某些标签的含义和用法。

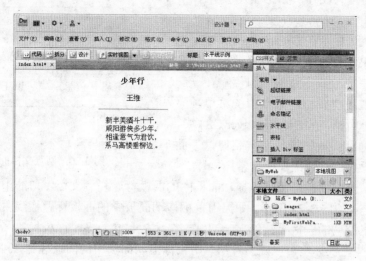

图 3-18　设计视图

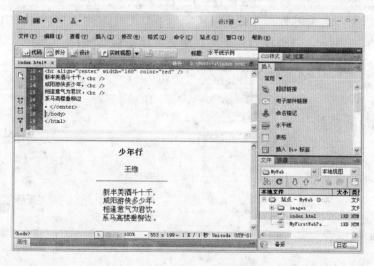

图 3-19　拆分视图

说明：在 Dreamweaver CS4 中共有 3 个工具栏，分别是样式呈现、文档和标准。选择"查看"→"工具栏"中的子菜单项，便可显示或隐藏这些工具栏，也可以在已显示的工具栏中单击右键，在弹出的快捷菜单中做相同的显示或隐藏工具栏的操作。

4）文档窗口

文档窗口用于编辑和显示网页文档。Dreamweaver CS4 可以同时打开多个网页文档，网页文档在文档窗口中能以"最大化"、"还原"和"最小化"显示，当网页文档最大化时只有标签（见图 3-20），没有标题栏。如果有多个网页文档则有多个标签，用鼠标单击标签，可以将一个不活动的网页文档变为活动的。

网页设计基础

用鼠标右击网页文档的标签，可以显示和网页文件操作有关的快捷菜单。

网页文档标签中显示了网页的文件名，如果文件名后面有星号（"*"），则表示该网页已经过修改，但没有保存，如图 3-20 所示。

5）面板组

面板组是默认显示在 Dreamweaver CS4 主界面右边（如果工作区采用的是"编码器"布局方式，则在左边）或下边的一组停靠在一起的面板。可以通过"窗口"菜单中的菜单项显示或隐藏某一个面板。在 Dreamweaver CS4 中，展开、折叠和隐藏面板的操作基本相似，下面以"文件"面板为例，介绍面板的常用操作。

图 3-20　网页文档的标签

（1）浮动和停靠面板：用鼠标拖动面板中的面板标题栏到文档窗口的中部，可以将面板变成浮动状态，如图 3-21 所示。如果用鼠标拖动面板中的面板标题栏到主窗口的两侧或下侧边缘，可将浮动的面板重新停靠。通常一个面板包含有多个面板标签（位于面板标题栏的左侧），这些面板标签可以随意重组。用鼠标拖动面板中的面板标签，可以浮动、重组标签。

（2）展开或折叠面板：单击面板标题栏可以展开或折叠面板。

（3）控制菜单：在面板的右上角显示"控制菜单"按钮 ，单击 按钮可以弹出控制菜单，如图 3-22 所示，通过控制菜单可以进行关闭面板等操作。

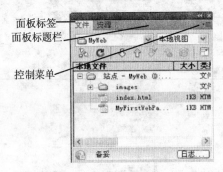

图 3-21　浮动的"文件面板"

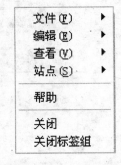

图 3-22　"文件"面板的控制菜单

6）状态栏

状态栏位于文档窗口的底部，是显示代码标签的主要位置，在状态栏中可以选择文档中的代码标签。状态栏右侧还包含"选取工具" 、"手形工具" 、"缩放工具" 、"设置缩放比率"、"窗口大小"和"下载时间"等功能。

7）属性面板

属性面板可以检查和编辑当前选定页面元素（如文本）的最常用属性。"属性"面板中的内容根据文档编辑窗口选定的元素会自动改变。

这里对 Dreamweaver CS4 窗口框架有了初步的了解，后续章节将陆续介绍 Dreamweaver CS4 的各个功能和用法。

3.4 站点的创建和管理

3.4.1 创建站点

利用站点可以对制作的网页文件进行管理和测试，甚至后期网页的上传和发布都离不开站点，因此在开始网页制作之前创建站点是非常必要的。

在 Dreamweaver CS4 中提供了"基本"和"高级"两种方法创建站点，这两种方法的操作相似，只要熟悉其中一种，便会很轻易地掌握另一种方法。现以"高级"为例，介绍创建站点的主要操作。操作步骤如下。

（1）启动 Dreamweaver CS4，选择"站点"→"管理站点"命令，或者单击"文件"面板中的"管理站点"按钮，弹出"管理站点"对话框。在对话框中单击"新建"按钮，在弹出的菜单中选择"站点"命令，如图 3-23 所示。

（2）在弹出的"未命名站点 1 的站点定义为"对话框中切换至"高级"选项卡，在"分类"列表框中选择"本地信息"选项，如图 3-24 所示。

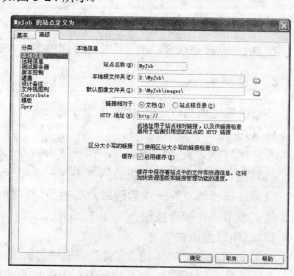

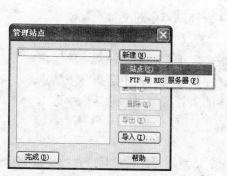

图 3-23 "管理站点"对话框　　　　图 3-24 "本地信息"设置

（3）在"站点名称"文本框中输入站点名称，如 MyJob。

（4）在"本地根文件夹"文本框中输入本地站点文件夹的路径（如 D:\MyJob），或者单击文件夹图标 进行浏览。

（5）在"默认图像文件夹"文本框中输入此站点的默认图像文件夹的路径（如 D:\MyJob\images），或者单击文件夹图标 进行浏览。当在站点网页中插入图像时，该图像文件将自动复制到这个文件夹内。

（6）在"高级"选项卡的"分类"列表框中选择"远程信息"选项，在"访问"下拉列表框中可以设置访问远程文件夹的方法，如果暂时还没有申请站点空间，则在下拉列表中选择"无"选项，如图 3-25 所示。

网页设计基础

（7）单击"确定"按钮，关闭"MyJob 的站点定义为"对话框。此时，在列表框中显示了新建的 MyJob 站点，如图 3-26 所示。

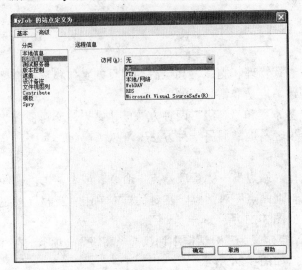

图 3-25 "远程信息"设置   图 3-26 "管理站点"对话框

在 Dreamweaver CS4 中，可以同时创建多个站点。

3.4.2 管理站点

站点创建完成后，还可以使用 Dreamweaver CS4 管理站点中的文件。

1．打开站点

要管理站点必须先打开站点，打开站点的方法很多，下面列举两种常用的操作方法。

（1）在"文件"面板中切换到"文件"选项卡，在其下拉列表中选择一个站点。

（2）选择"站点"→"管理站点"命令，在弹出的"管理站点"对话框中选中一个站点，然后单击"完成"按钮，如图 3-26 所示。

2．编辑站点属性

在 Dreamweaver CS4 的"文件"面板中打开了一个站点后，若要对其进行编辑或修改，可以在"文件"面板中双击下拉列表框中的站点名称（如 MyJob），在弹出的"MyJob 的站点定义为"对话框中，便可参照创建站点时的操作对站点属性进行修改。

3．删除站点

如果不需要某个站点，可将该站点从站点列表中删除，操作步骤如下。

（1）选择"站点"→"管理站点"命令，打开"管理站点"对话框。

（2）在"站点名称"列表框中选中一个站点（如 MyJob），然后单击"删除"按钮。

（3）稍后将弹出一个提示对话框，单击"是"按钮删除该站点。

（4）单击"完成"按钮关闭"管理站点"对话框。

4．操作站点文件

操作站点文件操作，通常在"文件"面板中完成。

1）新建文件或者文件夹

在"文件"面板中新建文件夹的操作步骤如下。

（1）选择"窗口"→"文件"命令，或按 F8 键显示"文件"面板（如果"文件"面板已经打开，则省略此步）。

（2）在"文件"面板中打开一个站点，如 MyJob。

（3）展开站点文件的树形目录，选择一个文件夹并单击鼠标右键，从弹出的快捷菜单中选择"新建文件夹"命令。

（4）Dreamweaver CS4 将自动在所选择的目录下创建一个名为 untitled 的文件夹，文件夹名称处于改写状态。

（5）根据需要输入文件夹名，然后按下 Enter 键确认。

在"文件"面板中新建网页文件的操作步骤如下。

（1）选择"窗口"→"文件"命令，或按 F8 键显示"文件"面板（如果"文件"面板已经打开，则省略此步）。

（2）在"文件"面板中打开一个站点，如 MyJob。

（3）展开站点文件的树状目录，选择一个网页文件夹并单击鼠标右键，从弹出的快捷菜单中选择"新建文件"命令。

（4）Dreamweaver CS4 将自动在所选择的目录下创建一个名为 untitled.html 的文件，文件名称处于改写状态。

（5）根据需要输入文件名（要保留扩展名），然后按 Enter 键确认。

2）重命名文件或者文件夹

在网页编辑过程中，有时要修改文件或文件夹的名称。重命名文件或文件夹操作步骤如下。

（1）在"文件"面板中，打开将要操作的站点（如果重命名当前站点的文件或文件夹，可省略此步）。

（2）选中需要重命名的文件或文件夹，按 F2 键（或者单击鼠标右键，在弹出的快捷菜单中选择"编辑"→"重命名"命令；也可以再单击一次已经被选中的文件名或文件夹），文件名或者文件夹名便进入改写状态，然后输入新的名称，按 Enter 键确认。

3）删除文件或者文件夹

如果站点中有一些文件或文件夹不需要了，可以将它们删除。删除文件或文件夹的操作步骤如下。

（1）在"文件"面板中，打开将要操作的站点（如果删除当前站点的文件或文件夹，可省略此步）。

（2）选中需要删除的文件或者文件夹，直接按下 Delete 键（或者单击鼠标右键，在弹出的快捷菜单中选择"编辑"→"删除"命令），然后在弹出的确认对话框中单击"是"按钮。

4）编辑文件

若要编辑某个网页文件，在站点文件目录中双击需要编辑的文件图标，Dreamweaver CS4 将在文档窗口中打开该文件并进入文档编辑状态。

3.4.3 上传站点

如果已经在远程服务器上成功地申请了站点空间，就可以使用 Dreamweaver CS4 将建好并测试无误的站点上传到指定的空间。

1．设置远程信息

设置远程信息是指定上传站点的目标位置和相应的权限，如果已经在 Internet 上申请了站点空间，你至少获得了以下信息：服务器 IP 地址、FTP 账户名和 FTP 账户密码。有了这些信息就可以设置远程服务器了。在 Dreamweaver CS4 中设置远程服务器信息操作步骤如下。

（1）选择"站点"→"管理站点"命令，打开"管理站点"对话框，如图 3-26 所示。

（2）在"管理站点"对话框中选择要上传的站点（如 MyJob），然后单击"编辑"按钮，弹出"MyJob 的站点定义为"对话框。

（3）在"MyJob 的站点定义为"对话框中选择"高级"选项卡。

（4）在"高级"选项卡的"分类"列表框中选择"远程信息"选项，然后在"访问"下拉列表中选择 FTP 选项，如图 3-27 所示。

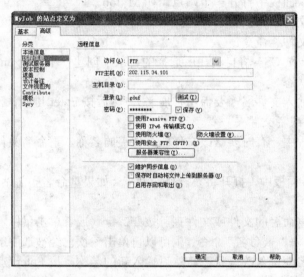

图 3-27　"远程信息"配置对话框

（5）在"FTP 主机"文本框中输入服务器 IP 地址（这个地址是在申请空间时获得的，如 202.115.34.101）。

（6）在"登录"文本框中输入 FTP 账号名称（如 gduf），在"密码"文本框中输入 FTP 账号密码。

（7）此时单击"测试"按钮可以对上传位置及账号进行有效性测试，如图 3-28 所示。若随后出现图 3-29 所示的提示对话框，则表示设置成功。单击"确定"按钮关闭提示对话框。

图 3-28　测试进行提示窗口

图 3-29　测试结果提示窗口

（8）在"MyJob 的站点定义为"对话框中，单击"确定"按钮完成设置。

远程服务器的配置方法请参考《大学计算机应用高级教程习题解答与实验指导》中的实验 4 和实验 4（补充）内容。

2．上传站点

远程服务器信息设置完成后，就可以执行站点的上传操作了。上传站点的操作步骤如下。

（1）在"文件"面板中打开 MyJob 站点，然后单击"文件"面板中的"展开以显示本地和远程站点"按钮，展开站点管理器，如图 3-30 所示。

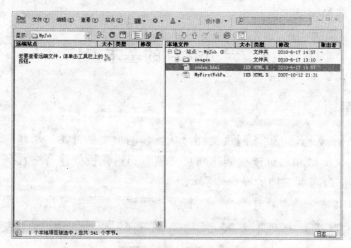

图 3-30　站点管理器（未连接到远端主机）

（2）在站点管理器中单击"连接到远端主机"按钮，便自动开始连接 FTP 主机，图 3-31 显示了连接成功后的界面。

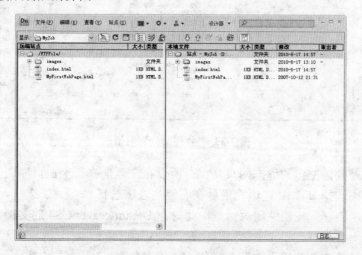

图 3-31　站点管理器（已连接到远端主机）

（3）在站点管理器中单击"上传文件"按钮，将弹出图 3-32 所示的提示对话框，单击"确定"按钮，Dreamweaver CS4 将自动开始上传站点中的文件。若要上传某个文件或

网页设计基础

文件夹，则只需要在图 3-31 所示窗口右边"本地文件"列表中选中该文件或文件夹，然后再单击按钮 ⬆ 即可。

（4）如果要将站点文件上传到"远程站点"中的某个目录下（如 Job），则可以先复制"本地站点"中的文件和文件夹，然后选中"远程站点"中的 Job 文件夹，执行粘贴操作便可。

（5）上传完成后，关闭站点管理器，回到 Dreamweaver CS4 的主窗口。

完成上述上传操作后，就可以通过 Internet 服务商提供的域名浏览我们制作的网站了。

图 3-32　上传站点确认窗口

3.5　网页文件的基本操作

3.5.1　新建网页

采用 Dreamweaver CS4 制作网页文档，从新建网页文档开始。新建网页通常有两种方法：创建空白网页文档和通过模板创建网页文档。通过模板创建有格式网页的方法将在第 9 章介绍，创建空白网页文档的操作步骤如下。

（1）选择"文件"→"新建"命令，打开"新建文档"对话框，如图 3-33 所示。

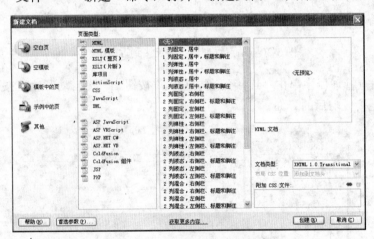

图 3-33　"新建文档"对话框

（2）由于是创建空白的静态网页文档，所以在左侧选择"空白页"选项，然后在"页面类型"列表中选择 HTML 选项，最后在右侧列表中选择"<无>"选项。

（3）单击"创建"按钮关闭对话框，此时在 Dreamweaver CS4 的文档窗口中已经创建了一个空白网页文档。

也可以在站点中新建网页文档，操作方法请参考 3.4.2 节有关内容。

3.5.2　打开网页

要想在 Dreamweaver CS4 中编辑和查看已有的网页文档，须先打开网页文档。

Dreamweaver CS4 可同时打开多个网页文档，打开网页文档的操作步骤如下。

（1）选择"文件"→"打开"命令，弹出"打开"对话框，如图 3-34 所示。

图 3-34 "打开"对话框

（2）在"查找范围"下拉列表中选择网页文档位置，然后选中要打开的网页，单击"打开"按钮。

如果是打开某站点中的网页文档，除了使用上述方法外，也可以先打开站点再打开网页文档。通过站点打开网页的操作方法请参考 3.4.2 节有关内容。

3.5.3 保存网页

保存网页文档时，不要在文件名和文件夹名中使用特殊符号或空格；否则，在站点上传或测试时可能会出错。

1. 直接保存

对已经保存过的网页文档进行编辑或者修改之后，可以将网页的修改信息直接保存到相应的位置。具体操作方法是：单击"标准"工具栏（选择"查看"→"工具栏"→"标准"命令可显示）中的"保存"按钮，或者选择"文件"→"保存"命令。

选择"文件"→"全部保存"命令，或单击"标准"工具栏中的"全部保存"按钮，可以保存所有打开的网页文档。

2. 另存文档

如果对已经保存过的网页文档进行换名存盘，或者新建文档首次保存，就需要对文档进行另存为操作。另存网页文档的操作步骤如下。

（1）选择"文件"→"另存为"命令，打开"另存为"对话框，如图 3-35 所示。

（2）在"保存在"下拉列表中选择文件保存的位置，在"文件名"下拉列表框中输入保存文档的名称，然后单击"保存"按钮。

3.5.4 预览网页

在网页编辑过程中，可以使用浏览器对网页的编辑效果进行预览。要想在浏览器中预

网页设计基础

览正在编辑的网页，可执行如下操作之一。

图 3-35 "另存为"对话框

（1）单击"文档"工具栏中的"在浏览器中调试\预览"按钮，在弹出的菜单中选择"预览在 IExplore"命令。

（2）按 F12 键。

（3）选择"文件"→"在浏览器中预览"→IExplore命令。

在预览过程中，如果网页没有保存或已经被修改，将弹出是否保存对话框，如图 3-36 所示。在提示对话框中，单击"是"按钮，先保存再预览；单击

图 3-36 网页预览过程中的提示对话框

"否"按钮，则不保存，只预览修改前的网页内容；单击"取消"按钮，则取消预览操作。

3.6 网页的基本编辑操作

3.6.1 设置网页的页面属性

通常，对于新建的网页文档，应该先进行"页面属性"设置。通过"页面属性"对话框可以指定页面的页面字体、字体大小、背景颜色、边距及超链接样式等。在"页面属性"对话框中的设置，将对整个网页文档有效，例如设置了"文本颜色"为红色，则整个网页中所有字体的默认颜色皆为红色。

要显示"页面属性"对话框，可以执行以下操作之一。

（1）选择"修改"→"页面属性"命令。

（2）在"属性"面板中单击"页面属性"按钮。

（3）按 Ctrl+J 键。

下面详细介绍"页面属性"对话框。

1. 外观

打开"页面属性"对话框，从"分类"列表框中选择"外观（CSS）"选项，在窗口右侧可以对网页文档外观进行设置，如图 3-37 所示。

图 3-37 页面"外观（CSS）"设置对话框

注意：在"分类"列表框中还有一个"外观（HTML）"选项，该选项提供了修改<body>标签属性的可视化方式，其功能与"外观（CSS）"和"链接（CSS）"选项中的部分功能相同，由于在 Dreamweaver CS4 中提倡使用 CSS 格式化网页，因此一般不对"外观（HTML）"选项进行设置。

1）页面字体

在"页面字体"下拉列表中可以选择网页中的默认字体。在"页面字体"下拉列表右侧单击"加粗"按钮 **B** 或者"斜体"按钮 *I*，可以设置页面字体的加粗或斜体样式。

2）大小

在"大小"下拉列表中可以选择合适的字体大小，也可以直接输入字体的大小。在被激活的"单位"下拉列表中选择一个单位（有关单位的详细内容，请参考 3.6.2 节），如"像素（px）"。

3）文本颜色

单击"颜色"按钮，可以在调色板中设置颜色，也可以在文本框中输入一个颜色，如#0033CC（有关颜色的详细内容请参考 3.6.2 节）。

4）背景颜色

设置网页背景颜色与设置"文本颜色"的方法相同。

5）背景图像

当单一的背景颜色不能满足网页制作者的要求时，可以为网页添加背景图像。单击"浏览"按钮打开"选择图像源文件"对话框，查找并选中所需要的图像后，单击"确定"按钮即可，如图 3-38 所示。如果所选择的图像文件不在当前站点根目录下，则会弹出一个提示对话框，单击"是"按钮，在弹出的"复制文件为"对话框中选择图像文件在站点中的位置，如图 3-39 所示。

6）重复

在"重复"下拉列表中可以选择背景图像在网页文档中的重复方式，如图 3-40 所示。

网页设计基础

每个选项的含义如下。

图 3-38 "选择图像源文件"对话框   图 3-39 "复制文件为"对话框

（a）no-repeat

（b）repeat

（c）repeat-x

（d）repeat-y

图 3-40 网页背景图像的 4 种重复外观

（1）no-repeat：仅显示背景图像一次。

（2）repeat：横向和纵向重复或平铺图像（是默认值）。

（3）repeat-x：横向平铺图像。

（4）repeat-y：纵向平铺图像。

7）左边距、右边距、上边距和下边距

用来设置网页中的内容与浏览器四周边界的距离。首先在文本框中输入数据，可激活"单位"下拉列表，并可以选择边距的单位。

设置好"外观（CSS）"后，单击"页面属性"对话框中的"应用"按钮可使设置生效。

2．链接

在"页面属性"对话框的"分类"列表框中选择"链接（CSS）"选项，在窗口右侧可以对网页文档超链接样式进行设置，如图 3-41 所示。

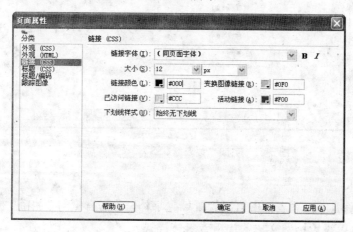

图 3-41 页面"链接（CSS）"设置对话框

1）链接字体

在"链接字体"下拉列表中可以选择网页中超链接文本的字体，默认采用"同页面字体"。单击右侧的"加粗"按钮 **B** 或者"斜体"按钮 *I*，可以设置超链接文本的加粗或斜体样式。

2）大小

在"大小"下拉列表中可以选择超链接文本的字体大小，也可以直接输入字体大小。在被激活的"单位"下拉列表中选择一个单位。

3）链接颜色

设置超链接文本的颜色。

4）变换图像链接

当鼠标指向超链接时，超链接文本显示的颜色。

5）已访问链接

被访问后的超链接文本颜色。

6）活动链接

当鼠标指向超链接并按下鼠标左键时的超链接文本颜色。

7）下划线样式

设置超链接文本的下划线样式。

3．标题

在"页面属性"对话框的"分类"列表框中选择"标题（CSS）"选项，可以对 Dreamweaver

CS4 中的 6 种默认标题（即 HTML 标签<h1>，<h2>，…，<h6>的默认字体格式）进行设置，如图 3-42 所示。

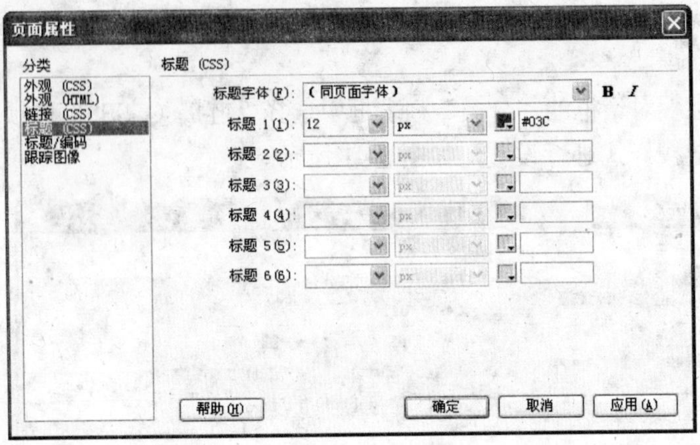

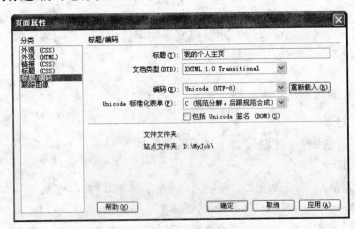

图 3-42　页面"标题（CSS）"设置对话框

1）标题字体

在"标题字体"下拉列表框中可以设置标题字体，单击右侧的"加粗"按钮 **B** 或者"斜体"按钮 *I*，可以设置标题文本的加粗或斜体样式。

2）标题 1～标题 6

可以分别设置 1～6 级标题的字体大小和颜色。

4．标题/编码

在"页面属性"对话框中的"分类"列表框中选择"标题/编码"选项，在窗口右侧可以对网页文档的标题/编码进行设置，如图 3-43 所示。

图 3-43　页面"标题/编码"设置对话框

1）标题

可在"标题"文本框中输入或者修改网页文档的标题，该标题将显示在浏览器标题栏中。

2）文档类型

"文档类型"用于指定文档类型定义，通常选择默认选项 XHTML 1.0 Transitional，使 HTML 文档与 XHTML 兼容。

3）编码

设置页面使用的文本编码类型，中国内地一般为"简体中文（GB2312）"或 Unicode （UTF-8）编码。

5．跟踪图像

在"页面属性"对话框中的"分类"列表框中选择"跟踪图像"选项，如图 3-44 所示。

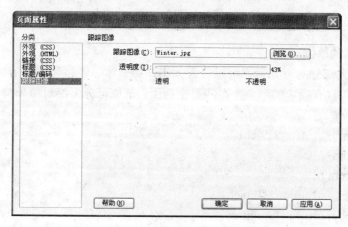

图 3-44　页面"跟踪图像"设置对话框

1）跟踪图像

指定用作网页设计时的参考图像，通常用在网页布局阶段。该图像只供参考，当网页文档在浏览器中显示时不可见。

2）透明度

设置跟踪图像的透明度，可以通过手动滑块进行设置。

通常，在制作一个网页前，可以先用图像编辑软件（如画图、Photoshop 等）设计网页的布局轮廓图像。在制作网页时，可用这个布局轮廓图像作为跟踪图像，以便在设计网页时参考其布局。

3.6.2　网页中的颜色和单位

1．网页中的颜色

在网页制作过程中，我们经常会设置网页元素的颜色，如文本颜色、背景颜色和表格边框颜色等。网页文档中的颜色表示有两种方法：使用颜色名称，如红色、绿色和蓝色分别用 red、green 和 blue 表示；使用十六进制格式数值#RRGGBB 表示，其中 RR、GG 和 BB 分别表示颜色中的红、绿、蓝三基色的两位十六进制数据，每种基色的范围是 00～FF，如红色、绿色和蓝色分别用#FF0000、#00FF00 和#0000FF 表示。表 3-2 列出了网页文档中的 16 种标准颜色。在 Dreamweaver CS4 中，标准色通常使用三位十六进制数的缩写形式，如#00FFFF，可缩写为#0FF。

表 3-2　标准颜色的名称和十六进制值

颜色	名称	十六进制值	颜色	名称	十六进制值
淡蓝	aqua	#00FFFF	海蓝	navy	#000080
黑	black	#000000	橄榄色	oliver	#808000
蓝	blue	#0000FF	紫	purple	#800080
紫红	fuchsia	#FF00FF	红	red	#FF0000
灰	gray	#808080	银色	silver	#C0C0C0
绿	green	#008000	淡青	teal	#008080
橙	lime	#00FF00	白	white	#FFFFFF
褐红	maroon	#800000	黄	yellow	#FFFF00

2．网页元素的单位

网页文档中大部分网页元素都可以设置大小，如文本、表格和图像等。网页元素的大小用数值表示，并且有确定的单位。在网页文档中，单位可分为绝对值单位和相对值单位。

1）绝对值单位

（1）英寸（in）：1inch=2.54cm。

（2）厘米（cm）。

（3）毫米（mm）。

（4）点数（pt）：1point=1/72inch。

（5）12pt（pc）：1pica=12point。

2）相对值单位

（1）字体高（em）：在特定的范围内以有效的字符高度为 1 个单位。

（2）字母 x 的高（ex）：在特定的范围内以有效的小写字母 x 的高度为 1 个单位。

（3）像素（px）：将一个像素点（即 1 Pixel）视为一个单位。

（4）百分号（%）：相对于某个基准（如浏览器窗口大小或表格中的单元格大小）的比例。

3.6.3　文本编辑

文本是网页文档中的重要元素，文本编辑也是网页制作过程中最常见的操作。Dreamweaver CS4 提供了多种向网页中添加文本和设置文本格式的方法。

1．文本输入

Dreamweaver CS4 提供的各种文本编辑功能，可在页面上构建丰富的字体、多种段落样式以及赏心悦目的文本效果。在网页中输入文本的操作很简单，只要用过 Word 软件，都可以轻松地使用 Dreamweaver CS4 中的文本编辑功能在网页中输入文本。

1）普通文本

在文档编辑窗口中可直接通过键盘输入文本，也可以将其他应用程序中的文本直接粘贴到编辑窗口中。

2）特殊字符

在 Dreamweaver CS4 中编辑文本时，有时可能会遇到一些无法通过键盘直接输入的特殊字符，如版权符号©、人民币符号￥等，这就需要使用 Dreamweaver CS4 的特殊字符添加功能进行输入，操作步骤如下。

（1）将光标定位于插入特殊符号的位置，单击插入面板中的"常用"按钮，在菜单中选择"文本"菜单项，切换到"文本"插入面板，如图 3-45 所示（为便于显示，已将"插入"面板停靠在窗口的上侧）。

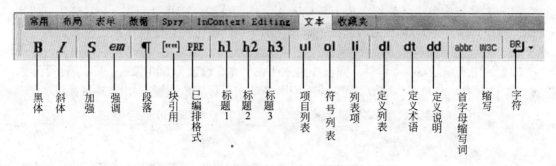

图 3-45 "文本"插入面板

（2）单击"字符"按钮🔲 ▾（插入面板右侧第一个按钮），在弹出的菜单中选择所需要的符号，如图 3-46 所示，或者在"插入"→HTML→"特殊字符"命令中选择相应的子项插入特殊字符。

（3）如果没有所需的字符，可以选择"其他字符"菜单项，如图 3-46 所示最后一项。

（4）此时弹出"插入其他字符"对话框，选中要插入的字符，然后单击"确定"按钮，如图 3-47 所示。

图 3-46 "特殊字符"菜单项

图 3-47 "插入其他字符"对话框

3）空格字符

在 Dreamweaver CS4 的文档窗口添加空格时，无论按多少次空格键只会出现一个空格。这是因为 Dreamweaver CS4 中的文档格式都是以 HTML 形式存在的，而 HTML 文档只允许字符之间包含一个空格。

可以采用如下方法之一，在网页文档中连续输入空格字符。

（1）将输入法切换到中文全角状态下，连续按空格键 Space。

（2）按 Ctrl+Shift+Space 键。

（3）选择"插入"→HTML→"特殊字符"→"不换行空格"命令。

（4）在"文本"插入面板中，单击"字符"按钮🔲 ▾中的下箭头按钮，在弹出的菜单中选择"不换行空格"命令。

网页设计基础

（5）单击"文本"插入面板中的"已编排格式"按钮 PRE，然后连续按 Space 键。

4）水平线

水平线可以分隔文档的内容，而且能使文档结构清晰、层次分明、便于浏览。在网页中合理地插入水平线，可以取得非常好的视觉效果。添加和编辑水平线的操作步骤如下。

（1）在文档窗口中将光标定位于要插入水平线的位置，选择"插入"→HTML→"水平线"命令，或者在 HTML 插入面板中单击"水平线"按钮 ▤ ，便可在指定位置插入一条水平线。

（2）选中水平线，在"属性"面板中将水平的"宽"设置为 600 像素，"高"设置为 2，"对齐"设置为"左对齐"，然后在文档编辑区中单击鼠标完成设置，如图 3-48 所示。

图 3-48　水平线"属性"面板

2．文本格式设置

在文档编辑窗口中输入文本后，通常要对文本的字体、字号、颜色以及对齐方式等进行设置。设置文本格式时，一般按照"先选中后设置"的原则。设置文本格式有两种操作方法：使用"属性"面板和使用菜单功能。两种操作方法基本相似，下面主要介绍使用"属性"面板设置文本格式的方法。

使用"属性"面板设置文本格式，设置的格式将立即反映在所选择的文本上。如果窗口中没有显示"属性"面板，可选择"窗口"→"属性"命令显示。

文本的"属性"面板分为两个部分，可以通过 HTML 和 CSS 按钮切换，其中 HTML 选项主要用于设置超链接、列表、编号、缩进、对齐方式以及选择类样式等格式，如图 3-49 所示；CSS 选项主要用于设置文本样式，如图 3-50 所示。

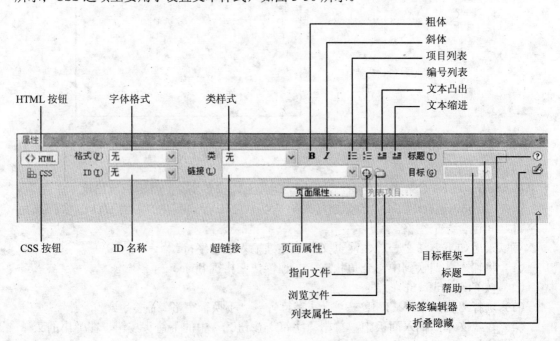

图 3-49　文本"属性"面板中的 HTML 选项

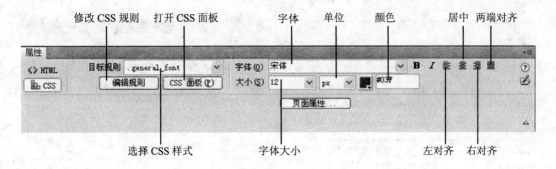

图 3-50　文本"属性"面板中的 CSS 选项

在 Dreamweaver CS4 中，文本格式设置采用层叠样式表（CSS）方式，当初次选择文本，在 CSS 选项中设置文本格式时，将弹出"新建 CSS 规则"对话框，如图 3-51 所示。

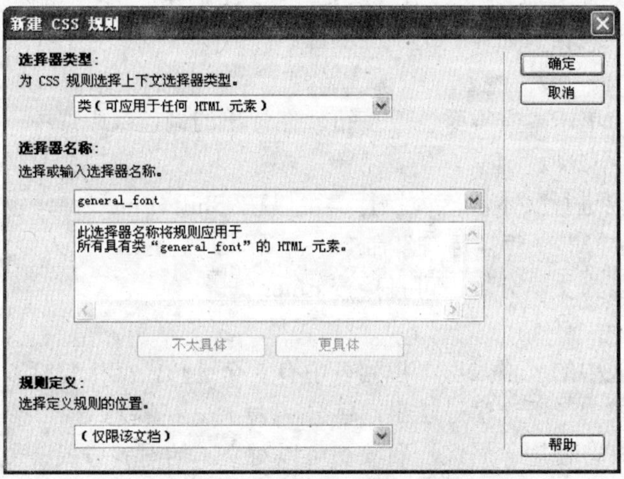

图 3-51　"新建 CSS 规则"对话框

在"新建 CSS 规则"对话框中的"选择器名称"文本框中输入名称 general_font，其他选择均采用默认设置，然后单击"确定"按钮，关闭对话框，输入的名称将出现在 CSS 选项的"目标规则"下拉列表中。

值得说明的是，名称 general_font 是层叠样式表的名称，命名规则使用半角的英文字符，不能使用标签名称，也不能和已有的样式名称重名，提倡使用"见其名而知其意"名称。有关层叠样式表的详细内容可参见第 9 章。

1）字体

选中文本，在 CSS 选项中的"字体"下拉列表中选择一个选项，该选项中可能包含一个或者多个字体组合，中间用逗号分隔，如图 3-52 所示。选择该选项后，浏览器先按组合中的第 1 种字体显示，若系统中没有这种字体则按第 2 种字体显示，依此类推。如果系统中没字体组合中的任何一种字体，则按照浏览器默认字体显示。

用户还可以选中该下拉列表中的"编辑字体列表"命令，来添加、删除字体以及修改已经存在的字体组合，如图 3-53 所示。

图 3-52　多个字体组合情况

图 3-53　"编辑字体列表"对话框

2）大小

选中文本，在 CSS 选项中的"大小"下拉列表中可以选择不同的字号，也可以直接输入字号的大小值，然后按 Enter 键或在"文档"窗口的空白处单击鼠标。设置字体大小时，可以在"单位"下拉列表中选择一个单位度量。

3）字体颜色

选中文本，然后单击"文本颜色"按钮，在弹出的调色板中选中一种颜色。

4）文本的换行与分段

在网页文档中要进行文本段落内换行，可以按 Shift+Enter 键，也可以选择"插入"→HTML→"特殊字符"→"换行符"命令。

在网页文档中要为文本分段，可直接按 Enter 键。

5）段落格式

在"属性"面板中的"格式"下拉列表中有 8 个选项，其中包括 6 个标题样式选项。在 6 个默认标题样式中，所选序号越小，字号越大。

除了上述格式外，使用"属性"面板还可以对文本的对齐方式、加粗和斜体等效果进行设置。另外，文本格式也可以通过选择"文本"菜单中的各菜单项来设置。

3.6.4　使用列表

Dreamweaver CS4 提供了项目列表和编号列表两种列表项格式，其中，编号列表是一种有序的文本编排方式，而项目列表则是无序的文本编排方式。列表格式常用在条款或者列举等类型的文本中，用列表的方式进行编排文本可使内容更直观。

1．设置项目列表

在 Dreamweaver CS4 中设置项目列表的操作步骤如下。

（1）在编辑窗口中把光标放在要设置项目列表的位置（或选中需要的多行文本）。

（2）单击"属性"面板的 HTML 选项中的"项目列表"按钮 ≔，或单击"文本"插入面板中的"项目列表"按钮 ul，光标所在行将自动变成项目列表样式。

（3）如果光标位置已经设置了项目列表，则单击"项目列表"按钮 ≔ 将取消项目列表样式。

2．设置编号列表

在 Dreamweaver CS4 中设置编号列表的操作步骤如下。

（1）在编辑窗口中把光标放在要设置编号列表的位置（或选中需要的多行文本）。

（2）单击"HTML"选项中的"编号列表"按钮 ≒≡，或单击"文本"插入面板中的"编号列表"按钮 ol，光标所在行将自动变成编号列表样式。

（3）如果光标位置已经建立了编号列表，则单击"编号列表"按钮将取消编号列表样式。

3.7　综合实例——一个简单的网页

3.7.1　基本目标

学完网页设计的基本知识，应该对网页制作过程和基本操作方法有一个初步了解。接下来将以一个页面制作为例，进一步巩固本章的内容。

这是一个以个人信息展示为主题的网页文档，页面力求简单，只涉及简单的文本元素。网页文档的最终效果如图 3-54 所示。

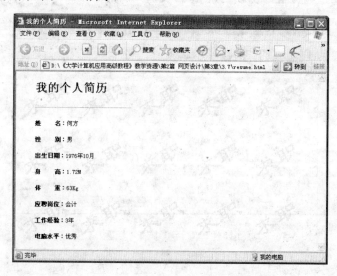

图 3-54　"我的个人简历"效果

3.7.2　工作目录及素材准备

（1）在 D 盘根目录下新建一个文件夹 resume，作为本次综合实例的工作目录。

（2）将位于"《大学计算机应用高级教程》教学资源 \ 第 2 篇 网页设计 \ 第 3 章 网页设计基础 \ 3.7 \ "目录下的文件夹 images 复制到文件夹 D: \ resume \ 下。

3.7.3　操作步骤

（1）启动 Dreamweaver CS4，新建一个空的网页文档。

（2）单击"属性"面板中的"页面属性"按钮，打开"页面属性"对话框。

（3）在"分类"列表框中选择"外观（CSS）"选项，然后按图 3-55 所示进行设置。

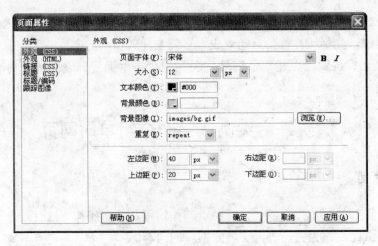

图 3-55 "页面属性"对话框中的"外观（CSS）"设置

（4）在"分类"列表框中选择"标题（CSS）"选项，然后按图 3-56 所示进行设置。

图 3-56 "页面属性"对话框中的"标题（CSS）"设置

（5）在"分类"列表框中选择"标题/编码"选项，在"标题"文本框中输入文本"我的个人简历"，如图 3-57 所示。单击"确定"按钮关闭"页面属性"对话框。

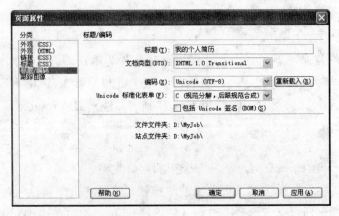

图 3-57 "页面属性"对话框中的"标题/编码"设置

（6）在网页文档的第一行输入文字"我的个人简历"，选中该段文字，在 HTML 选项的"格式"下拉列表框中选择"标题 1"。

（7）把光标放在第一行的末尾，然后依次选择"插入"→HTML→"水平线"命令，在页面中插入一条水平线。选中水平线，然后在"属性"面板中设置水平线的"宽度"为 240 像素，"高度"为 1，左对齐，无阴影。

（8）在水平线下方输入文字"姓　　名：何方"（"空格"的输入方法可参照 3.6.3 节）。选中文字"姓　　名"，单击 HTML 选项中的"粗体"按钮，将所选文字设置为粗体。把光标放在文字"何方"的后面，按下 Enter 键另起一段。

（9）按照第（8）步的操作，按图 3-54 所示依次输入并格式化后续文本。

（10）选择"文件"→"保存"（如果是首次保存，则弹出"另存为"对话框）命令，将网页文档以路径 D:＼resume＼resume.html 存储在磁盘中。

（11）按 F12 键，可在浏览器中预览到网页效果，如图 3-54 所示。

网页设计基础

第4章 使用表格布局网页

制作网页时，通常需要将网页元素放在网页中的合适位置，这就是网页定位。网页定位是网页布局的重要手段之一，Dreamweaver CS4 提供了如表格、框架和层等网页定位技术。

本章着重介绍使用表格进行网页布局的基本方法和技巧，内容主要包括创建表格、编辑表格和格式化表格等操作。使用表格布局网页，可使网页在不同平台、不同分辨率的浏览器中都能保持其原有的布局，具有良好的兼容性。

4.1 创 建 表 格

4.1.1 表格概述

表格是网页文档不可缺少的组成元素，它以简洁明了和高效快捷的方式将图片、文本、数据、动画和表单等网页元素有序地显示在页面上，可以设计出布局非常美观的网页文档。使用表格排版的页面在不同平台、不同分辨率的浏览器中都能保持其原有的布局，有很好的兼容性，所以，表格是网页中最常用的布局手段之一。

表格由一行或多行组成，每行又由一个或多个单元格组成，如图 4-1 所示。

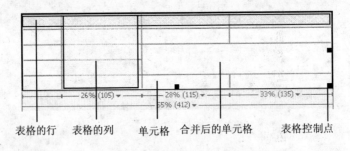

表格的行　表格的列　单元格　合并后的单元格　表格控制点

图 4-1　网页文档中的表格结构

4.1.2 插入表格

1. "表格"对话框

在 Dreamweaver CS4 中，通常使用"常用"插入面板中的"表格"按钮 。单击"常用"插入面板中的"表格"按钮 ，弹出"表格"对话框，如图 4-2 所示。"表格"对话框中各选项的说明如下：

1）行数

设置新建表格的行数。

2）列数

设置新建表格的列数。

3）表格宽度

设置表格的宽度，其中右边的下拉列表中包含"百分比"和"像素"两个选项。若设置为"像素"值，其取值通常在 0～1024 范围内；若设置为"百分比"值，其取值在 0～100 范围内。两者的区别在于设置"像素"值时，表格在浏览器中显示的宽度是固定不变的，当浏览器窗口特别小（即其宽度不足以显示一个完整的表格）时，浏览器窗口就会出现水平滚动条；而设置"百分比"值时，表格的宽度随浏览器窗口的大小（如果新建表格嵌入在单元格中，则随单元格的大小）按设置的比例自动调整。

4）边框粗细

用于设置表格边框的宽度，如果设置为 0，则在浏览时看不到表格的边框。

5）单元格边距

单元格内容和单元格边框之间的像素数。

6）单元格间距

相邻单元格之间的像素数。

7）标题

设置表头样式，可以在 4 种样式（无、左、顶部和两者）中任选一种。

8）标题（辅助功能）

设置表格的标题（在表格上方）。

9）摘要

用于对表格进行注释，注释信息在浏览器中不显示。

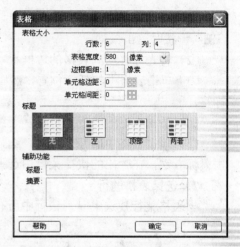

图 4-2 "表格"对话框

2．插入表格

在网页文档中插入表格可以按照如下方法进行操作。

（1）打开将要插入表格的网页文档。

（2）将光标放置在插入表格的位置（该位置可以是表格中的单元格），然后选择"插入"→"表格"命令，或者单击"常用"插入面板中的"表格"按钮。

（3）弹出"表格"对话框，在对话框中将"行数"设置为 6，"列数"设置为 4，"表格宽度"设置为 580 像素，边框粗细为 1 像素。

（4）单击"确定"按钮插入表格。

4.2 编 辑 表 格

4.2.1 选中表格

对表格进行编辑操作之前，首先要选中表格。可以一次选择整个表格、单元格、整行或整列，也可以在表格中选择一个连续或不连续的单元格区域。

1. 选择整个表格

当一个表格被选中后，表格的周围会出现一个边框，在边框的右侧和底部还会出现黑色矩形控制点，如图4-3所示。选中整个表格的常用方法有如下几种。

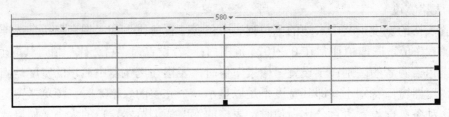

图4-3　表格选中时的状态

（1）将光标移动到表格的左上角、上边框或下边框之外的附近区域，当光标下方出现"⊞"形状时单击鼠标。

（2）将光标移动到表格的边框上，当光标变成"⇟"或"⟷"形状时单击鼠标。

（3）单击表格中的任意位置，然后在文档窗口状态栏的左边，单击该表格对应的table标签。

（4）单击表格中的任意位置，连续按两次Ctrl+A键。

（5）单击表格中的任意位置，选择"修改"→"表格"→"选择表格"命令（或者单击鼠标右键，在弹出的快捷菜单中选择"表格"→"选择表格"命令）。

2. 选择表格的行

当表格某行被选中时，该行中所有的单元格四周都带有黑色粗边框，如图4-4所示。

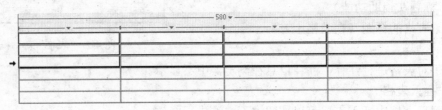

图4-4　表格中前三行被选中时的状态

1）选择表格中的一行

选择表格中一行的常见操作有以下两种。

（1）单击要选中的表格行中任意一个单元格，然后在文档窗口状态栏的左边，单击该表格行的<tr>标签。

（2）将鼠标移到要选中的表格行的左边框附近，当鼠标指针变成形状"➡"时单击鼠标。

2）选择表格中多个连续的行

将鼠标移到要选中的表格行左边框附近，当鼠标指针变成"➡"形状时，按下鼠标左键并上下拖动。

3）选择表格中不连续的行

按住Ctrl键，将鼠标移到要选中的表格行左边框附近，当鼠标指针变成"➡"形状时，依次按下鼠标左键或上下拖动鼠标。

3．选择表格的列

和选择表格行的操作相似，当表格某列被选中时，该列中所有的单元格四周都带有黑色粗边框，如图 4-5 所示。

1）选择一列

将鼠标移到要选中的表格列上边框附近，当鼠标指针变成"↓"形状时单击鼠标。

2）选择多个连续的列

将鼠标移到要选中的表格列上边框附近，当鼠标指针变成"↓"形状时，按下鼠标左键并且左右拖动。

3）选择不连续的列

按住 Ctrl 键，将鼠标移到要选中的表格列上边框附近，当鼠标指针变成"↓"形状时，依次按下鼠标左键或左右拖动鼠标。

图 4-5　表格中第 2～3 列被选中时的状态

4．选择单元格或单元格区域

表格中的某个单元格被选中时，该单元格的四周也将出现黑色边框，如图 4-6 所示。

图 4-6　表格中单元格和单元格区域被选中的状态

1）选择一个单元格

选中一个单独的单元格通常有以下几种方法。

（1）按住 Ctrl 键，单击某个单元格。

（2）将光标放到想要选择的单元格内，然后单击文档窗口状态栏左边的\<td\>标签。

（3）在要选中的单元格中，连续单击鼠标 3 下（即三击鼠标左键）。

（4）将光标放到想要选择的单元格内，按 Ctrl+A 键。

（5）将光标放到想要选择的单元格内，选择"编辑"→"全选"命令。

2）选择单元格区域

在表格的某个单元格内，按下鼠标左键并开始拖动鼠标。

3）选择不连续的单元格或单元格区域

按住 Ctrl 键，依次单击要选中的单元格或选中单元格区域，便可选中多个不相邻的单元格。

4.2.2 改变表格或单元格的大小

在编辑表格属性时，可以根据需要调整整个表格或单个行和列的大小。

1．调整表格大小

当调整整个表格的大小时，表格中所有单元格将按比例调整大小。但是，如果表格有单元格指定了明确的宽度或高度，则调整表格大小时，该单元格所在行列的高度或宽度不会变化。

1）用鼠标调整

用鼠标调整表格大小的操作如下。

（1）选择整个表格。

（2）拖动表格右侧（当仅改变表格宽度时）、底部（当仅改变表格高度时）或右下角（当要求同时改变表格的宽度和高度时）的控制点，来调整表格的大小。

2）通过"属性"面板调整

使用"属性"面板调整表格大小的操作如下。

（1）选择整个表格。

（2）打开"属性"面板，在"宽"和"高"文本框中分别输入宽度和高度值，然后按Enter 键。

2．调整单元格的行高和列宽

1）用鼠标方式调整

将鼠标指向某行或某列的边框上，当光标变成 ╪（调整行高）或 ╬（调整列宽）形状时，拖动鼠标。

在调整列宽时，如果拖动的不是最右边一列的右边框，则相邻列的宽度也随之改变，而表格总宽度保持不变，否则表格的总宽度将发生变化。

2）通过"属性"面板调整

使用"属性"面板调整表格行高或列宽的操作如下。

（1）选择某一列或行。

（2）选择"窗口"→"属性"命令，打开"属性"面板。

（3）在"高"或"宽"文本框中输入相应的值，然后按 Enter 键。

3．清除已设置的宽度或高度

若想清除表格中已设置的列宽或行高值，可以按如下操作进行。

（1）选择整个表格。

（2）执行下列操作之一：

① 若要清除所有指定的宽度，选择"修改"→"表格"→"清除单元格宽度"命令，或单击"属性"面板中的"清除列宽"按钮 。

② 若要清除所有指定的高度，选择"修改"→"表格"→"清除单元格高度"命令，或单击"属性"面板中的"清除行高"按钮 。

4.2.3 表格行、列的增加和删除

在 Dreamweaver CS4 中，添加或删除表格的行和列，通常使用"修改"→"表格"命令中的子项功能。

1．添加行或列

在表格中添加行或列的操作步骤如下。

（1）用鼠标单击一个单元格，将光标放置在单元格中。

（2）执行下列操作之一：

① 若要在当前单元格的上面添加一行，选择"修改"→"表格"→"插入行"命令；或单击鼠标右键，在弹出的快捷菜单中选择"表格"→"插入行"命令。

② 若要在当前单元格的左边添加一列，选择"修改"→"表格"→"插入列"命令；或单击鼠标右键，在弹出的快捷菜单中选择"表格"→"插入列"命令。

③ 若要一次添加多行或多列，或者在当前单元格的下面添加行或在其右边添加列，选择"修改"→"表格"→"插入行或列"命令。

或单击鼠标右键，在弹出的快捷菜单中选择"表格"→"插入行或列"命令，在弹出的"插入行或列"对话框中进行设置，如图4-7所示，然后单击"确定"按钮。

2．删除行或列

在表格中删除行或列的操作步骤如下。

（1）单击要删除行或列中的一个单元格。

（2）执行以下操作之一：

① 若要删除行，选择"修改"（或单击鼠标右键）→"表格"→"删除行"命令。

② 若要删除列，选择"修改"（或单击鼠标右键）→"表格"→"删除列"命令。

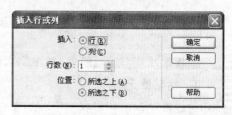

图4-7 "插入行或列"对话框

③ 选中要删除的行或列（可以是多行或多列），然后按下 Delete 键即可删除。

此外，通过（1）和（2）中的方法，如果执行菜单功能前选中了多行或多列，也可以一次删除多行或多列。

4.2.4 单元格的拆分与合并

使用"属性"面板或"修改"→"表格"命令中的子项功能，可以拆分或合并单元格。合并单元格是将单元格区域合并成一个矩形；拆分单元格是将一个单元格拆分成由多行或多列构成的单元格区域。

1．单元格合并

将相邻单元格合并为一个单元格，操作步骤如下。

（1）选择单元格区域，要求所选单元格必须是连续的，并且形状为矩形。

（2）选择"修改"（或单击鼠标右键）→"表格"→"合并单元格"命令；或者单击"属性"面板中的"合并所选单元格，使用跨度"按钮 ▥。

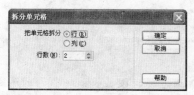

图4-8 "拆分单元格"对话框

2．单元格拆分

拆分单元格的操作步骤如下。

（1）单击单元格。

（2）选择"修改"（或单击鼠标右键）→"表格"→"拆分单元格"命令；或者单击"属性"面板中的"拆分单元格"按钮 ▥，弹出"拆分单元格"对话框，如图4-8所示。

（3）在"拆分单元格"对话框中，设置拆分方式，然后单击"确定"按钮。

4.2.5 单元格的复制、粘贴、移动和清除

Dreamweaver CS4 提供了剪切、复制或粘贴单个单元格或多个单元格中内容的功能，并保留单元格的格式设置。可以在插入点或现有表格中的所选区域粘贴单元格。

1. 剪切单元格

剪切单元格的操作步骤如下。

（1）选择表格中的一个或多个单元格，要求所选的单元格必须是连续的，并且形状必须为矩形。

（2）选择"编辑"（或单击鼠标右键）→"剪切"命令；或者按 Ctrl+X 键。

2. 复制单元格

复制单元格操作步骤如下。

（1）选择表格中的一个或多个单元格，要求所选的单元格必须是连续的，并且形状必须为矩形。

（2）依次选择"编辑"（或单击鼠标右键）→"复制"命令，或者按 Ctrl+C 键。

3. 粘贴单元格

通过复制或剪切将表格中的数据存入剪贴板上，接下来可以将剪贴板上的数据通过粘贴操作放入目标单元格中。粘贴单元格的操作步骤如下。

（1）选择要粘贴单元格的位置。

① 如果要用剪贴板上的单元格内容替换目标单元格的内容，需要选择一组与剪贴板上的单元格相同布局的单元格（例如，如果复制或剪切了一块 3×2 的单元格，则可以选择另一块 3×2 的单元格通过粘贴进行替换），也可以将鼠标光标放置在目标区域左上角单元格中。

② 若要在特定单元格上方粘贴一整行单元格（如果剪贴板上放的是表格的整行数据，并且与粘贴位置表格的列数相同），需要单击该单元格。

③ 若要在特定单元格左侧粘贴一整列单元格（如果剪贴板上放的是表格的整列数据，并且与粘贴位置表格的行数相同），需要单击该单元格。

④ 若要用粘贴的单元格创建一个新表格，需要将光标放置在表格外面。

（2）选择"编辑"（或单击鼠标右键）→"粘贴"命令，或者按 Ctrl+V 键。如果将整个行或列粘贴到现有的表格中，则这些行或列将被添加到该表格中。如果粘贴的是单元格（或单元格区域），则将替换所选单元格的内容。

4. 删除单元格内容

若要删除单元格内容，并且使单元格保持原样，操作步骤如下。

（1）选择一个或多个单元格。

（2）选择"编辑"→"清除"命令，或者按下 Delete 键。

注意：当选中的是表格的整行或整列时，如果执行上述删除单元格内容操作，则删除的是表格的行或列。读者可参考 4.2.3 节的有关内容。

4.2.6 表格的嵌套

所谓表格嵌套，就是在一个表格的某个单元格中，再插入另一个表格。表格嵌套在网页布局时非常有用，通常在使用表格布局网页时，先用一个简单的表格定义网页文档的总体格局，然后在所需位置再嵌入一个表格作详细布局，如图4-9所示。

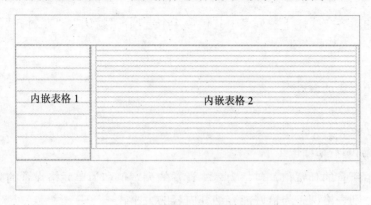

图4-9　表格嵌套效果

插入表格前，如果将光标放置在某个表格的单元格中，便可插入嵌套表格。

4.3　格式化表格

4.3.1 设置表格属性

在 Dreamweaver CS4 中，通常采用"属性"面板对表格属性进行设置，如果熟悉"属性"面板的用法，就可以自由地对表格进行格式化了。选中表格，依次选择"窗口"→"属性"命令，打开"属性"面板，如图4-10所示。

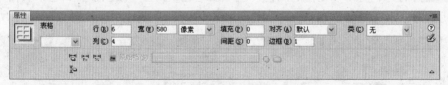

图4-10　表格的"属性"面板

表格的"属性"面板中，各元素含义如下。

1）表格
用于指定表格的名称。

2）行
用于设置表格的行数。

3）列
用于设置表格的列数。

4）宽
用于设置表格的宽度，可以选择像素或百分比为单位。

5）填充

设置单元格内容和单元格边框线之间的像素数。

6）间距

设置相邻单元格之间的像素数。

7）对齐

设置表格的对齐方式，下拉列表中共包含4个选项："默认"、"左对齐"、"居中对齐"和"右对齐"。

8）边框

设置表格边框线的宽度。

9）类

设置表格的样式。

10）"清除列宽"按钮

清除表格中所有的列宽值，包括为表格设置的列宽值和为单元格设置的列宽值。如果表格中有内容，则表格调整为恰好能容纳其内容的大小。

11）"清除行高"按钮

清除表格中所有的行高值，包括为表格设置的行高和为单元格设置的行高值。如果表格中有内容，则有内容的单元格的高度调整为恰好能容纳其内容的大小。

12）"将表格宽度转换为像素"按钮

根据当前窗口的大小和原来的百分比，将表格宽度以像素值的形式表示。

13）"将表格宽度转换为百分比"按钮

根据当前窗口的大小和原来的宽度像素值，将表格宽度以百分比值的形式表示。

4.3.2 设置行、列和单元格的属性

对于表格的行、列和单元格的属性，也可以通过"属性"面板设置。选中表格中的行、列或单元格，依次选择"窗口"→"属性"命令，打开"属性"面板，如图4-11所示。

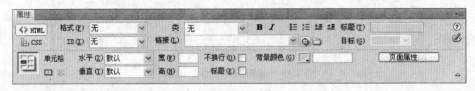

图4-11 行、列和单元格"属性"面板

"属性"面板中的内容可以分为上下两部分。上半部分用于对单元格中文本格式进行设置，详细信息请参考第 3 章的 3.6.3 节有关内容；下半部分是对表格行、列和单元格的设置。下面着重介绍下半部分各元素的含义。

1）"合并所选单元格，使用跨度"按钮

单击该按钮可以合并选中的单元格区域。

2）"拆分单元格"按钮

单击该按钮可以将单元格拆分成多行或多列。

3）水平

在"水平"下拉列表中，可以设置单元格内容在水平方向上的对齐方式，包括默认对齐、左对齐、居中对齐和右对齐，其中默认通常是左对齐（与浏览器的版本有关）。

4）垂直

在"垂直"下拉列表中，可以设置单元格内容在垂直方向上的对齐方式，包括默认、顶端、居中、底部和基线，其中默认通常为居中对齐（与浏览器的版本有关）。

5）宽

设置单元格的宽度。在文本框中可以输入表示像素大小的具体数字；也可以输入带有百分号的数字（如50%），设置单元格宽度相对整个表格宽度的百分比。

6）高

设置单元格的高度。在文本框中可以输入表示像素大小的具体数字；也可以输入带有百分号的数字（如20%），设置单元格高度相对整个表格高度的百分比。

7）不换行

选中该复选框，当单元格中输入的文本长度超过单元格宽度时，单元格的宽度会随之改变，文本不换行。如果取消对该复选框的勾选，则当单元格中输入的文本长度超过单元格宽度时，文本会自动换行，以保持单元格的宽度不变。

8）标题

通常情况下将表格的第一行和第一列单元格设置为标题单元格，也称表头。如果选中"标题"复选框，则将所有选中的单元格设置为标题单元格。一般而言，标题单元格中的内容将加粗居中显示。

9）背景颜色

单击"背景颜色"旁边的"颜色"按钮 ■，可以为所选行、列和单元格背景选择合适的颜色。

4.3.3　设置表格的边框格式

在 Dreamweaver CS4 中，通常使用层叠样式单（即 CSS）设置表格的边框、背景等格式，由于 CSS 涉及的内容较多，为简单起见，我们先通过修改表格标签的属性，完成对表格边框及背景格式的设置。下面给出具体的操作方法。

（1）启动 Dreamweaver CS4，依次选择"插入"→"表格"命令，弹出"表格"对话框，按图 4-12 所示填好相应的选项后，单击"确定"按钮关闭对话框，在文档中插入一个表格。

（2）单击"文档"工具栏中的"拆分"按钮，同时显示网页的设计和代码窗口，在代码窗口中找到表格的标签<table width="580" border="1" cellpadding="0" cellspacing="0" >，然后在表格开始标签的后面加入背景颜色、边框颜色和细边框样式，最后结果为<table width="580" border="1" cellpadding="0" cellspacing="0" bgcolor="#FFFFCC" bordercolor="#0066FF"　style="border-collapse:collapse">。

其中，属性 bgcolor 用于设置背景颜色，属性 bordercolor 用于设置边框颜色，属性 style 用于设置细边框线样式。每个属性包括属性名、"="和属性值三部分组成，属性之间用空格分开。输入时，可以在输入位置先按下空格键 Space，系统将弹出输入提示窗口，如图 4-13 所示。根据输入提示窗口，可以快速正确地输入有关属性。

 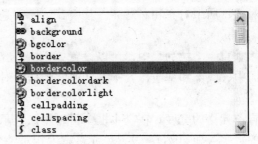

图 4-12 "表格"对话框　　　　　　　图 4-13 输入提示窗口

4.4 综合实例——个人简历页面

4.4.1 基本目标

在认识表格的功能及操作以后，制作一个用表格进行网页布局的实例是非常有益的。

下面这个例子是对 3.7 节中网页的扩充，即引入表格布局功能。虽然页面内容比较单调，但其展示了使用表格布局网页的基本方法。网页文档的最终效果如图 4-14 所示。

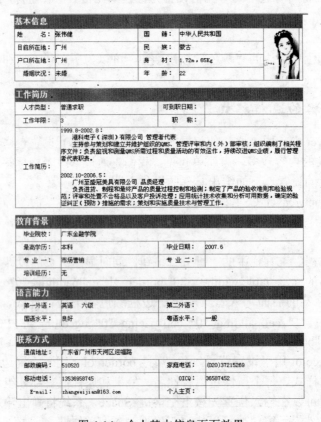

图 4-14 个人基本信息页面效果

4.4.2 工作目录及素材准备

（1）在 D 盘根目录下新建一个文件夹 resume，作为本次综合实例的工作目录。

（2）将位于"《大学计算机应用高级教程》教学资源＼第 2 篇 网页设计＼第 4 章 使用表格布局网页＼4.4＼"目录下的文件夹 images 复制到 D:＼resume＼文件夹下。

4.4.3 操作步骤

（1）启动 Dreamweaver CS4，新建一个空的基本 HTML 网页。

（2）在"属性"面板中单击"页面属性"按钮，弹出"页面属性"对话框。

（3）选择"分类"列表框中的"外观（CSS）"选项，按图 4-15 所示设置有关属性。

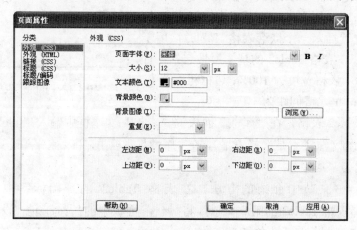

图 4-15 设置页面的"外观（CSS）"

（4）在"属性"面板的"分类"列表框中选择"标题/编码"选项，设置"标题"为"个人基本信息"，如图 4-16 所示。单击"确定"按钮关闭"页面属性"对话框。

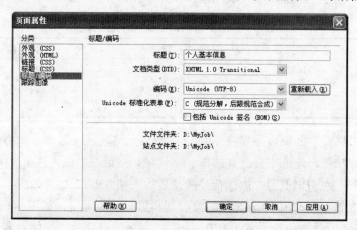

图 4-16 设置页面的"标题/编码"

（5）在"常用"插入面板中，单击"表格"按钮，在弹出的"表格"对话框中对新建的表格属性进行设置，如图 4-17 所示。单击"确定"按钮，在文档窗口创建一个表格

Table1（取名 Table1，是为了叙述方便，后文中的表格名称可作类似理解），以确定网页的总体布局。

（6）选中 Table1 表格，打开"属性"面板，在"表格"文本框中输入 Table1，将"对齐"设置为"居中对齐"，使表格在文档窗口居中显示。选中 Table1 表格的所有行，将"水平"设置为"左对齐"，将"垂直"设置为"顶端对齐"。

注意：为了使单元格中内容的对齐方式在所有浏览器中都保持一致，不宜采用"默认"方式。

（7）将光标定位在 Table1 表格的第 1 行第 1 列单元格中，单击"常用"插入面板中的"表格"按钮，在当前位置插入一个嵌套表格 Table2，用于输入"基本信息"。表格 Table2 的基本属性包括：行数为 5；列数为 6；表格宽度为 100%；边框粗细为 0；单元格边距为 0；单元格间距为 1。

图 4-17　Table1 表格基本属性

（8）选中 Table2 表格，在"属性"面板的"表格"文本框中输入 Table2；选择 Table2 表格的所有单元格（注意不是选择表格），在"属性"面板中，将"水平"设置为"左对齐"，将"垂直"设置为"居中"。

（9）按照 4.3.3 节中介绍的方法，在表格 Table2 的开始标签中加入 bgcolor="#4D71BF"。选择表格 Table2 的第 2～5 行，将"属性"面板中的"背景颜色"设置为#FFFFFF。

（10）选择"基本信息"表格 Table2 的第一列（也可以选择其他列），在"属性"面板中的"高"文本框中输入 20，然后按下 Enter 键。

（11）选择表格 Table2 的第 1 列，在"属性"面板中的"宽"文本框中输入 16%，然后按下 Enter 键。其他列宽的设置方法相同，每一列的宽度值如表 4-1 所示。

表 4-1　表格 Table2 中各列的宽度值

列号	列宽值	列号	列宽值
第 1 列	16%	第 4 列	28%
第 2 列	27%	第 5 列	12%
第 3 列	16%	第 6 列	1%

（12）使用"属性"面板合并表格 Table2 中的单元格区域（即第 5 列中的第 2～5 单元格）。合并操作方法是：先选中要合并的单元格区域，然后在"属性"面板中单击"合并所选单元格，使用跨度"按钮。执行合并操作后的表格 Table2 效果如图 4-18 所示。

（13）选择表格 Table2 中第 2~5 行的第一列和第三列单元格，如图 4-19 所示，在"属性"面板中，将"背景颜色"设置为#EBF8FC，"水平"设置为"居中对齐"。

（14）在表格 Table2 中的第一行输入文本"基本信息"，然后选择输入的文本，在"属性"面板中，设置"大小"为 16 像素，粗体，"文本颜色"为#FFFFFF。

（15）在表格 Table2 中，按照图 4-20 的格式输入其他文本。

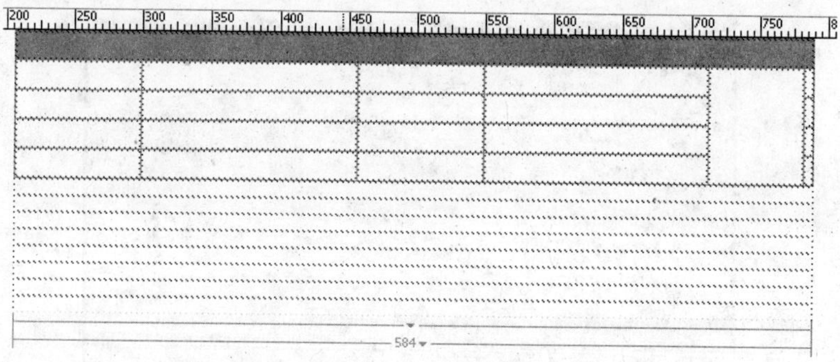

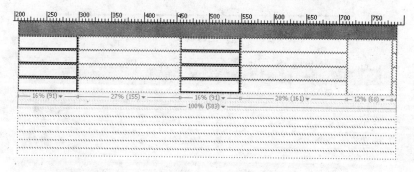

图 4-18　表格 Table2（实线部分）合并后的效果

图 4-19　表格 Table2 中的选中区域

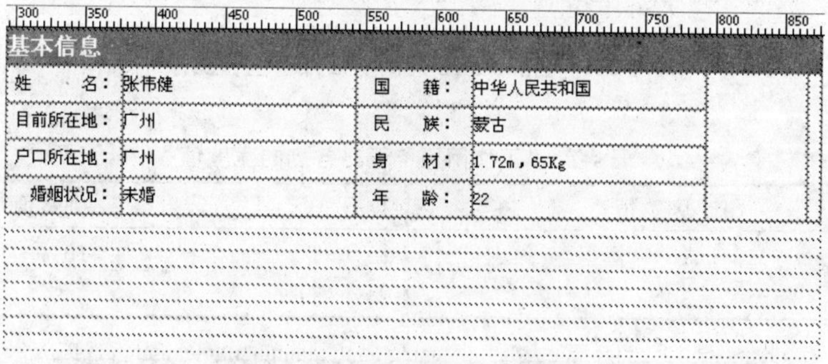

图 4-20　表格 Table2 的浏览效果

（16）把光标放置在表格 Table2 右侧合并后的矩形块中，依次选择"插入"→"图像"命令，弹出"选择图像源文件"对话框，如图 4-21 所示。

选择图像文件 a.jpg，单击"确定"按钮关闭对话框。选中刚插入的图像，在"属性"面板中，设置"宽"为 71 像素，"高"为 100 像素。如图 4-22 所示。

（17）将光标定位在表格 Table1 的第 3 行单元格中，单击"常用"插入面板中的"表格"按钮▦，在当前位置插入一个嵌套表格 Table3，用于输入"工作简历"。表格 Table3 的基本属性包括：行数为 4；列数为 4；表格宽度为 100%；边框粗细为 0；单元格边距为 0；单元格间距为 1。

（18）选中 Table3 表格，打开"属性"面板，在"表格"下拉列表框中输入 Table3。按照步骤（8）～（15）的操作和图 4-14 所示内容，编辑并输入文本信息。表格各列宽度值如表 4-2 所示。图 4-23 显示了 Table3 表格制作完成后的效果。

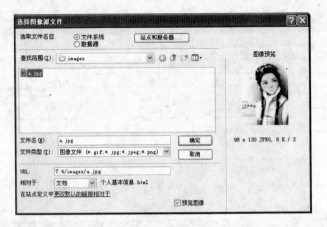

图 4-21 "选择图像源文件"对话框

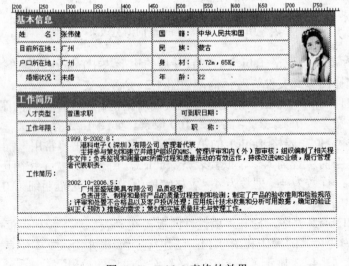

图 4-22 表格 Table2 的浏览效果（包含图像）

表 4-2 "工作简历"表格各列的宽度值

列号	列宽值	列号	列宽值
第 1 列	16%	第 3 列	16%
第 2 列	34%	第 4 列	34%

图 4-23 Table3 表格的效果

（19）按照相同的步骤，分别在表格 Table1 的第 5 行、第 7 行和第 9 行单元格中插入"教育背景"（Table4）、"语言能力"（Table5）和"联系方式"（Table6）三个表格。

（20）依次选择"文件"→"保存"命令，将网页文档以路径 C:\resume\resume.html 存储。

（21）按 F12 键，在浏览器中预览网页效果，如图 4-14 所示。

第5章   创建多媒体网页

本章主要介绍在网页中使用图像、动画和声音等元素，这些元素是多媒体网页的重要标志。本章内容包括多媒体的概念、常见多媒体信息的文件格式和网页图像的常用编辑操作，最后，通过一个综合实例介绍在网页中使用多媒体信息的方法和技巧。

5.1   多媒体概述

"多媒体"英文为 Multimedia，由 multiple 和 media 复合而成，其含义是"多种媒体"。在计算机领域，对"媒体"通常有两种理解：一种是把媒体看作信息的载体，如文字、声音、图形、图像及动画等；另一种是把媒体看作信息存储的实体，如纸张、磁盘和光盘等。

多媒体技术从不同的角度有着不同的定义。本章将多媒体技术定义为：多媒体技术是指把文字、音频、视频、图像及动画等多媒体信息，通过计算机数字采集、获取、压缩、解压缩、编辑及存储等加工处理，使多种信息建立逻辑链接，集成为一个系统并具有交互性的技术。集成性、多样性和交互性是多媒体技术的关键特征。

由于网页文档能够将独立的文本、图像、声音、动画和视频等多种媒体信息融合起来，如图 5-1 所示，因此成为 Internet 上最流行的多媒体信息展示和应用平台。

图 5-1   网页文档的文件组成

除文本外，图像、声音、动画及视频等多媒体信息是独立于网页文档的，即这些信息以文件的形式单独保存在站点的目录中。在网页文档中插入多媒体信息，只是将多媒体文件的站点路径写入网页文档，因此浏览器显示带有多媒体信息的网页文档时，会从指定路径找到多媒体信息并在网页中显示。

下载网页时，网页中的音频文件、视频文件、动画文件、图像文件和网页文件一起被下载。

5.2　网页中图像的常见格式

为了制作出图文并茂的网页，往往要在网页中插入图像。常用的网页图像格式包括 JPEG（联合图像专家组）、GIF（图像交换格式）和 PNG（可移植的网络图形）等。

5.2.1　JPEG 格式

JPEG 是一种高效率的压缩格式，能够将人眼不易觉察的图像颜色变化删除，以节省存储空间。JPEG 格式通过选择性地去掉图像中的信息来压缩文件，是有损压缩。它比 GIF 格式包含更多类别的颜色，优点是色彩比较逼真，文件也较小。网页中的照片最适合采用 JPEG 格式。JPEG 图像文件的扩展名是 jpg。

5.2.2　GIF 格式

GIF 是一种压缩的 8 位图像文件，广泛用于网络传输。GIF 图像文件中每个像素点最多只有 256 色（即 2^8 色），因此不适合用作照片类的网页图像。GIF 图像文件背景可以设置为透明，并且可以将数张图存成一个文件，形成动画效果（即 GIF 动画）。GIF 是第一个支持网页的图像格式，它可以使图像文件变得相当小，在对图像质量（特别是颜色数量）要求不高的场合非常适用，如网页中的 Logo 图像。

5.2.3　PNG 格式

PNG 格式是便携网络图像，是一种集 JPEG 和 GIF 格式优点于一身的图片格式。它既有 GIF 能透明显示的特点，又具有 JPEG 处理精美图像的优点，并可以包含图层等信息，用于制作网页图像效果非常理想，目前已逐渐成为网页图像的主要格式。

5.3　在网页中使用图像

图像是网页中最主要的元素之一，不但能美化网页，而且与文本相比能够更加直观地展示一些信息，使表达的意思一目了然。本节实例图像素材位于 "《大学计算机应用高级教程》教学资源\第 2 篇 网页设计\第 5 章 创建多媒体网页\5.3" 中。

5.3.1　在网页中插入图像

在 Dreamweaver CS4 中，可以采用多种方式在网页文档中插入图像，下面介绍一些常用的方法。

1．插入普通图像

在网页中插入图像的操作步骤如下。

（1）新建或打开一个网页文档。

（2）将光标放在插入图像的位置（可以是表格中的单元格），依次选择 "插入" → "图像" 命令，或者单击 "常用" 插入面板中的 "图像" 按钮 右侧的下三角按钮，在弹出的下拉菜单中选择 "图像" 选项，如图 5-2 所示。

（3）在弹出的"选择图像源文件"对话框中选择要插入的图像文件，如图 5-3 所示。

图 5-2　图像按钮中的下拉菜单　　　　　图 5-3　"选择图像源文件"对话框

（4）单击"确定"按钮，弹出"图像标签辅助功能属性"对话框，如图 5-4 所示。在"替换文本"下拉列表框中输入替换文本，当用浏览器浏览该网页时，如果用鼠标指向此图像则显示替换文本信息，或者如果图像不能显示时，也会显示替换文本信息，如图 5-5 所示。在"详细说明"文本框中输入说明文本，或单击"浏览"按钮 📁 选择文本文件路径，该文本是对图像的详细说明，并不在浏览器中显示。

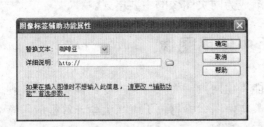

图 5-4　"图像标签辅助功能属性"对话框　　图 5-5　替换文本的两种显示效果

（5）单击"确定"按钮，Dreamweaver CS4 将自动将选中的图像插入到光标位置。

2．插入图像占位符

在网页设计过程中，如果某个位置的图像还没有准备好，为了不影响网页的布局，可以用图像占位符预先设置好图像的位置，然后再用图像文件进行替换。插入图像占位符的操作步骤如下。

（1）新建或者打开一个网页文档，将光标放在将要插入图像的位置，依次选择"插入"→"图像对象"→"图像占位符"命令，或者单击"常用"插入面板中"图像"按钮右侧的向下箭头，在打开的下拉菜单中选择"图像占位符"选项。

（2）在弹出的"图像占位符"对话框中的"名称"文本框内输入名称（只能是英文字母或数字，并且不能以数字开头），根据需要输入插入图像的"宽度"和"高度"尺寸，在"颜色"文本框中设置图像占位符的背景颜色，在"替换文本"文本框中输入有关的文本信息，如图 5-6 所示。

（3）单击"确定"按钮后，在光标位置便可看到图像占位符，如图 5-7 所示。在图 5-8 中显示了占位符在浏览器中的显示效果。

图 5-6 "图像占位符"对话框

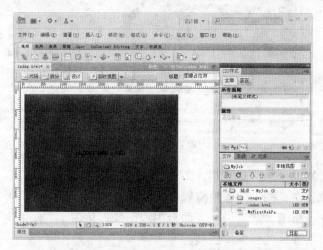

图 5-7 文档窗口中的图像占位符

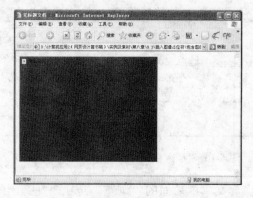

图 5-8 浏览器中的图像占位符

如果已经制作好此处的图像文件，并需要插入图像时，可以先选择文档窗口中的图像占位符，然后单击"属性"面板中"源文件"文本框右侧的"浏览"按钮 📁。在打开的"选择图像源文件"对话框中选择相应的图像文件，单击"确定"按钮后，图像文件便替换图像占位符，如图 5-9 所示。

3．插入鼠标经过图像

鼠标经过图像是一种可以在浏览器中查看并使用鼠标指针移过它时发生变化的图像。

这种图像是由主图像（首次载入页面时显示的图像）和次图像（鼠标滑过时显示的图像）组成。主、次图像的大小尺寸必须相同，否则 Dreamweaver CS4 将自动调整图像大小（这样很容易造成图像失真）。插入鼠标经过图像的操作步骤如下。

图 5-9　用图像替换图像占位符后的网页

（1）新建或者打开一个网页文档。

（2）将光标放置在要插入图像的位置，依次选择"插入"→"图像对象"→"鼠标经过图像"命令，或者单击"常用"插入面板中"图像"按钮▣右侧的向下箭头，在打开的下拉菜单中选择"鼠标经过图像"选项。

（3）在弹出的"插入鼠标经过图像"对话框中，输入一个图像名称，如图 5-10 所示。

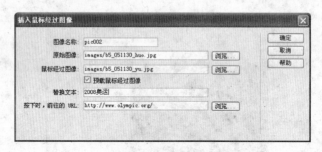

图 5-10　"插入鼠标经过图像"对话框（一）

（4）单击"原始图像"文本框后面的"浏览"按钮，在弹出的"Original Image："对话框中，选择原始图像，然后单击"确定"按钮，如图 5-11 所示。

（5）单击"鼠标经过图像"文本框后面的"浏览"按钮，在弹出的"Rollover Image："对话框中选择鼠标经过图像，单击"确定"按钮，如图 5-12 所示。

（6）在"插入鼠标经过图像"对话框中，选择"预载鼠标经过图像"复选框，该选项能够预先将鼠标经过图像载入内存，以提高图像翻转的速度。

（7）在"替换文本"文本框中输入文本，如"2008 奥运"。

（8）在"按下时，前往的 URL"文本框中输入一个网页 URL，或单击"浏览"按钮选择一个网页文档。

图 5-11 "Original Image:"对话框　　　　图 5-12 "Rollover Image:"对话框

（9）单击"确定"按钮，完成插入鼠标经过图像操作。

（10）保存网页文档，按 F12 键在浏览器中可以预览鼠标经过图像的效果，如图 5-13 和图 5-14 所示。

图 5-13　鼠标经过前的图像　　　　　图 5-14　鼠标经过时的图像

4．创建网站相册

利用 Dreamweaver CS4 提供的创建网站相册功能，可以快速方便地在站点中建立一个电子相册。若要使用 Dreamweaver CS4 的创建网站相册功能，系统上必须先安装 Fireworks 4 或更高版本。创建站点相册的操作步骤如下。

（1）将要生成网站相册的全部图像集中放在一个文件夹中，然后在站点中新建一个空文件夹，用于存放生成相册后的图像和网页文件。

（2）在 Dreamweaver CS4 窗口中，打开任意一个网页文档或者新建一个空白网页（用于激活"创建网站相册"菜单项）。

（3）依次选择"命令"→"创建网站相册"命令，弹出"创建网站相册"对话框，如图 5-15 所示。

（4）在"创建网站相册"对话框中，作如下设置。

① 在"相册标题"文本框中输入相册标题，该标题将会显示在相册首页顶部的灰色矩形框中。

② 在"副标信息"和"其他信息"文本框中，分别输入副标题信息和其他信息，这

些内容将直接在标题下方显示。

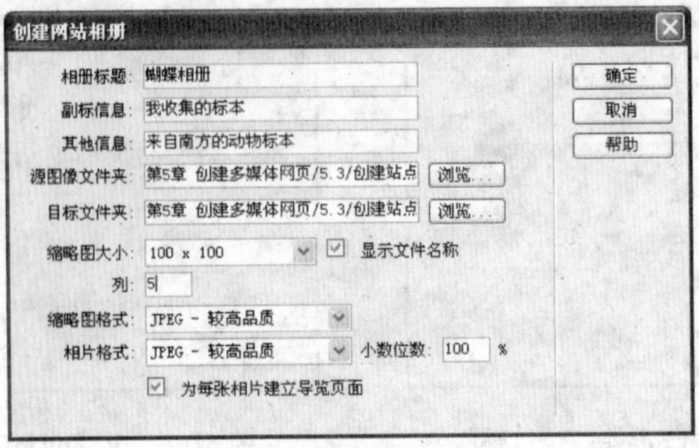

图 5-15 "创建网站相册"对话框

③ 单击"源图像文件夹"文本框右边的"浏览"按钮，选择图像所在的文件夹。单击"目标文件夹"文本框右边的"浏览"按钮，选择在步骤（1）中创建的空文件夹。

④ 在"缩略图大小"下拉列表中选择在相册主页中的缩略图大小。

⑤ 如果选中"显示文件名称"复选框，则在相册主页缩略图下方显示图像文件名称，否则不显示。

⑥ 在"列"文本框中输入相册主页中缩略图排列的列数，即每行有几个缩略图。

⑦ 在"缩略图格式"下拉列表中可选择一种缩略图像格式。

⑧ 在"相片格式"下拉列表中可为相册中的相片选择一种格式。

⑨ 在"小数位数"文本框中输入一个 0～100 之间的数，该数规定了原始图像大小在相册中显示的百分比。

⑩ 如果选择"为每张相片建立导览页面"复选框，在相册中每一幅图像左上方有链接导航"首页"、"上一页"和"下一页"的超链接。

（5）设置完对话框中各参数后，单击"确定"按钮，Dreamweaver CS4 将会自动启动 Fireworks 优化图像，同时生成网页文件。

（6）图像优化完成后，Dreamweaver CS4 将会自动弹出一个提示对话框，提示相册已经建立，单击"确定"按钮关闭对话框。

（7）相册创建完成后，Dreamweaver CS4 将会自动创建一个名为 index.htm 的相册主页并在文档窗口中打开，此时用户可以对主页标题、相册标题和相册副标题等进行修改，如图 5-16 所示。

（8）按 F12 键就可以在浏览器中对新创建的电子相册进行预览，如图 5-17 所示。

（9）单击图像缩略图即可进入相应的子页面，在子页面之间也有完整的导航结构，如图 5-18 所示。

5.3.2 编辑图像

把图像插入到网页文档后，通常还需要对图像进行简单的编辑才能满足要求。这些编辑操作主要包括图像重新取样、图像裁剪、调整亮度/对比度及调整图像锐化等。此外，图像编辑是对图像文件操作，所以编辑效果将自动存储在图像文件中。

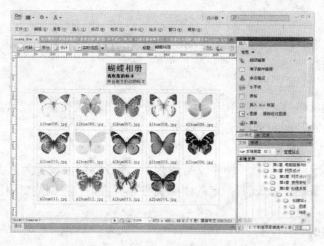

图 5-16 相册主页的文档编辑窗口

图 5-17 相册主页的预览效果

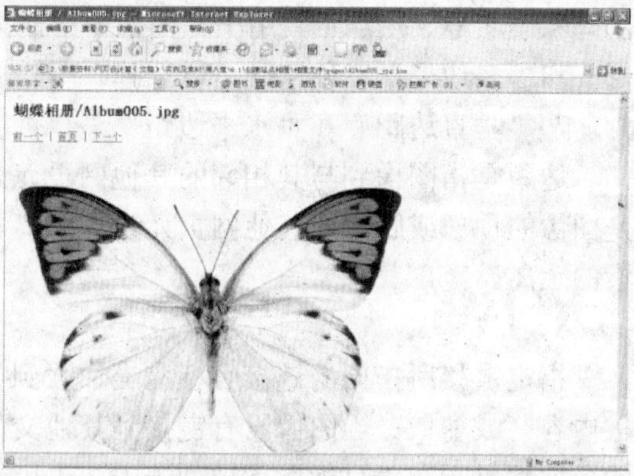

图 5-18 册中每幅图像的预览效果

1. 图像"属性"面板

通常，在"属性"面板中编辑图像的属性较为方便。选中图像，依次选择"窗口"→"属性"命令，打开"属性"面板，如图 5-19 所示。

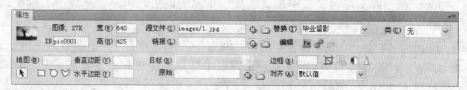

图 5-19 图像"属性"面板

"属性"面板中各元素含义如下。

1）图像

图像的缩略图及图像所占的字节数。

2）"宽"与"高"

图像的宽度和高度，默认是图像的原始尺寸，默认单位是像素。

3）源文件

用来指定图像文件的位置，单击"浏览"按钮选择图像文件，或在"源文件"文本框中输入图像文件的路径。

4）链接

为图像设置超级链接。可以单击"浏览"按钮选择链接文件，或者在"链接"文本框中输入网页文件的路径（超链接用法可参考第6章的有关内容）。

5）替换

当浏览器为纯文本浏览器（即不支持图像）、或者将图像设置为人工下载图像（即由浏览者确定是否下载图像）、或者指定的图像文件不存在时，在浏览器中图像位置显示的替代文本。

6）地图名称和热点工具

地图指已被分为多个区域（或称"热点"）的图像，当用户单击某个热点时，会发生某种操作（例如，打开一个新文件）。如果在同一文档中使用多个图像地图，要确保每个地图有唯一名称。热点工具用于在图像中绘制区域（热点），在绘制热点时，有"矩形"、"圆形"和"多边形"三种工具可以选择。

7）"垂直边距"和"水平边距"

边距是指图像到与其相邻的其他网页元素之间的距离（以像素为单位）。"垂直边距"是图像的顶部或底部至其他网页元素的距离。"水平边距"是图像左侧或右侧至其他网页元素的距离。

8）目标

指定链接所指向的链接目标应当加载到哪个框架（有关框架的介绍，请参考第7章有关内容）或窗口。当图像没有链接到其他文件时，此选项不可用。当前框架集中所有框架的名称都显示在"目标"下拉列表中。也可选用下列固定的目标名。

（1）_blank：打开一个新的浏览器窗口，加载链接所指向的网页。

（2）_parent：在含有该链接的框架的父框架集或父窗口中加载链接所指向的网页。如果包含链接的框架不是嵌套的，则链接所指向的网页将加载到整个浏览器窗口中。

（3）_self：默认选项，在当前框架或窗口中加载链接所指向的网页。

（4）_top：在当前浏览器窗口中加载链接所指向的网页，因而会删除所有框架。

9）原始

指定与当前图像对应的原始图像。通常，网页中的图像是在Photoshop或Fireworks等图像处理软件中编辑，然后再转换成适应于网页中使用的图像格式。这里的原始图像主要指Photoshop或Fireworks中编辑的原始格式图像。

10）边框

以像素为单位设置图像边框的宽度，0表示没有边框。默认为无边框。

11）编辑

启动在"外部编辑器"首选参数中指定的图像编辑器并打开选定的图像。在"首选参数"对话框（选择"编辑"→"首选参数"菜单命令，可显示该对话框）的"分类"列表框中选择"文件类型/编辑器"选项，便可设置图像的默认编辑器，如图5-20所示。

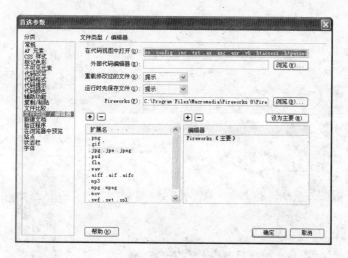

图 5-20 "首选参数"对话框

12）编辑图像设置

使用 Dreamweaver CS4 自身提供的功能对图像作一些简单的编辑处理。

13）从源文件更新

如果"原始"中选择的原始图像被修改了，可以单击此按钮直接更新网页中的图像。如果在"原始"中没有选择原始图像，则该按钮处在不可用的灰色状态。

14）裁剪

用于修剪图像的大小，从所选图像中删除不需要的周边区域。

15）重新取样

对已调整大小的图像进行重新取样，提高图像在新的大小和形状下的品质。图像未调整大小时，"重新取样"按钮为灰色（即不可用）。

16）亮度和对比度

用于调整图像的亮度和对比度。

17）锐化

用于调整图像的清晰度。

18）对齐

用于对齐同一行上的图像和文本。

2. 调整图像大小

在文档编辑窗口选中图像后，在图像的右侧、下侧和右下角部位有三个调整大小的控制点。通过拖动控制点可以调整图像大小，也可以在图像"属性"面板中，通过设置"宽"和"高"值来调整图像大小。调整图像大小时，特别注意不成比例的缩小或放大图像时，将使得图像中信息失真或模糊不清。采用鼠标拖动调整图像大小的操作步骤如下。

（1）新建或打开一个网页文档，在网页中插入一个图像。

（2）单击要调整的图像，在图像的底部、右侧及右下角将出现调整大小控制点，如图5-21 所示。

（3）调整图像宽度可以拖动右侧的控制点；调整图像高度可以拖动底部的控制点；同时调整图像的高度和宽度可以拖动右下角的控制点；如果要保持等比例调整图像大小，可在按住 Shift 键的同时拖动右下角的控制点。

图 5-21　处于选中状态下图像中的控制点

若将已改变大小的图像返回到原始尺寸，则在"属性"面板中删除"宽"和"高"文本框中的数值，或者单击"属性"面板中的"重置大小"按钮 C。

3．裁剪网页图像

利用 Dreamweaver CS4 的内置图像编辑功能，可以完成对图像的裁剪。裁剪图像的操作步骤如下。

（1）在文档编辑窗口选中图像，依次选择"修改"→"图像"→"裁剪"命令，或者单击"属性"面板中的"裁剪"按钮。

（2）在图像上将出现一个裁剪框，如图 5-22 所示。裁剪框上有 8 个可调整的控制点，通过拖动控制点来调整裁剪框的大小。如果把鼠标移到裁剪框内部，则可以用鼠标拖动裁剪框。

（3）调整合适后，在图像上双击鼠标左键，或者按下 Enter 键，或者再次单击"属性"面板上的"裁剪"按钮，都可完成对图像的裁剪。

4．重新取样

重新取样是指将已经被调整大小的 JPEG 或 GIF 图像文件中的像素，以与原始图像的外观尽可能地匹配。重新取样一般不会导致图像品质下降，而且能减小图像文件大小，提高图像的下载速度。重新取样的操作步骤如下。

图 5-22　正在裁剪过程中的图像

（1）在文档编辑窗口中，选中被调整了大小的图像（如果在图像"属性"面板的"宽"

或"高"文本框中的数值为粗体，表示图像尺寸已发生改变）。依次选择"修改"→"图像"→"重新取样"命令，或者单击"属性"面板中的"重新取样"按钮🔲，重新定位图像尺寸。重新取样后的图像尺寸值在"属性"面板的"宽"和"高"中，显示为正常字体。

（2）保存网页文档，按 F12 键便可在浏览器中浏览重新取样后的图像。

5. 优化网页图像

除了使用 Dreamweaver CS4 的内置功能对网页文档中的图像进行编辑外，还可以使用 Fireworks 的图像优化功能。采用 Fireworks 优化网页图像的操作步骤如下。

（1）在文档编辑窗口中选择将要优化的图像，依次选择"修改"→"图像"→"优化"命令，或者单击"属性"面板中的"编辑图像设置"按钮🔧。

（2）单击按钮后，弹出"图像预览"对话框，如图 5-23 和图 5-24 所示。

图 5-23 "图像预览"对话框中的"选项"选项卡　　图 5-24 "图像预览"对话框中的"文件"选项卡

（3）在"选项"选项卡中，可以对图像的格式、品质及平滑级别等属性进行设置；在"文件"选项卡中，可以做缩放图像和选择图像区域等优化操作。

（4）优化完毕后，单击"确定"按钮，关闭"图像预览"对话框。

（5）在文档编辑窗口中可以看到图像优化后的效果。

6. 调整图像的亮度和对比度

Dreamweaver CS4 内置了图像亮度和对比度的调节功能，可以使用"亮度/对比度"调节面板调整网页图像像素的亮度或对比度，使图像显示达到更理想的效果。调整图像亮度和对比度的操作步骤如下。

（1）在文档编辑窗口选中一幅图像，依次选择"修改"→"图像"→"亮度/对比度"命令，或者单击"属性"面板上的"亮度/对比度"按钮◑。

（2）打开"亮度/对比度"对话框，如图 5-25 所示，拖动亮度和对比度滑块调整图像的显示效果，其调节值的范围在–100～100 之间。选中"预览"复选框，可以在不关闭对话框的情况下，看到调整后的效果。

（3）调节完后，单击"确定"按钮，完成图像亮度/对比度调节，如图 5-26 所示。

7. 锐化图像

锐化图像是指增加图像色块边缘像素的对比度。通过增加图像色块边缘像素的对比度，可以增加图像的清晰度或尖锐度。锐化图像的操作步骤如下。

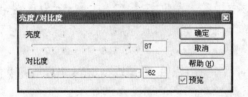

图 5-25 "亮度/对比度"对话框   图 5-26 高亮度与低对比度图像的效果

（1）在文档编辑窗口中选中一幅图像，依次选择"修改"→"图像"→"锐化"命令，或者单击"属性"面板上的"锐化"按钮△。

（2）打开"锐化"对话框，如图 5-27 所示，拖动滑块控件或在文本框中输入一个 0～10 之间的值，来调整图像的锐化程度。选中"预览"复选框，可以在不关闭对话框的情况下，预览对该图像所做的更改。

（3）调节完后，单击"确定"按钮，完成图像锐化操作，如图 5-28 所示。

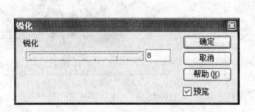

图 5-27 "锐化"对话框   图 5-28 经锐化后图像的效果

5.4 在网页中使用 Flash 动画

5.4.1 Flash 动画简介

自从 1982 年迪斯尼推出第一部计算机动画电影至今，计算机动画已成为最热门的计算机应用之一，也是 Internet 中表达和传播信息的一个非常重要的手段。

计算机动画是通过连续播放一系列帧图像，给视觉造成连续变化的一组画面。医学已证明，人类具有"视觉残留"的特性，即光在眼睛里建立的视觉图像需要一段时间才能消失。人眼的视觉残留时间大约为 0.005~0.1s。视觉的这种残留现象可以将连续出现的静止画面融合在一起，形成连续变化的视知觉。电影和电视画面正是利用了人眼的这种特性，电影采用了每秒 24 幅画面的速度拍摄播放，电视采用了每秒 25 幅（PAL 制）或 30 幅（NSTC 制）画面的速度拍摄播放。如果以每秒低于 24 幅画面的速度拍摄播放，人们就会感觉到画面中有停顿现象。

通常，计算机动画可分为二维动画与三维动画两类，网页动画以二维动画为主。目前制作二维动画的软件有很多，其中 Flash 是最流行的二维动画制作软件之一。由于 Flash 使用矢量图形和流式播放技术，克服了目前网络传输速度慢的缺点，因而在 Internet 中被广泛采用。Flash 提供的透明技术和物体变形技术使创建复杂动画更加容易，为网页动画设计者提供了丰富的想象空间。

5.4.2 在网页中插入 Flash 动画

使用 Flash 动画能给网页增添不少动感，更能吸引浏览者的注意力。在 Dreamweaver CS4 中可以插入的 Flash 媒体主要有三种：Flash 动画、FlashPaper 和 Flv 视频。其中，FlashPaper 是一种特殊的 Flash 动画，使用它可以将一些常见文档（如 Word 文档、PDF 文档及 Excel 文档等）以 Flash 动画的形式放在网页中；Flv 的全称是 Flash Video，是目前 Web 模式下最流行的视频播放格式之一。

本节实例素材位于"《大学计算机应用高级教程》教学资源\第 2 篇 网页设计\第 5 章 创建多媒体网页\5.4"中。

1. Flash 动画

在网页中插入 Flash 动画的操作步骤如下。

（1）新建或者打开一个网页文档，将光标放置在将要插入动画的位置。

（2）依次选择"插入"→"媒体"→"SWF"命令，或者单击"常用"插入面板中的"媒体"按钮右边的向下箭头，在弹出的下拉列表中选择"SWF"选项，打开"选择文件"对话框，在对话框中选择 Flash 文件（扩展名为 swf），如图 5-29 所示。

（3）单击"确定"按钮，弹出"对象标签辅助功能属性"对话框，如图 5-30 所示。

在"对象标签辅助功能属性"对话框中，"标题"文本框用于指定对象的标题，该标题对应着对象标签的 title 属性，在浏览器中不显示；在"访问键"文本框里可以输入一个字母，该字母和 Ctrl 键一起构成快捷键，例如在"访问键"文本框中输入字母 U，则在浏览器中可以按下 Ctrl+U 键选中该对象；在"Tab 键索引"文本框中可以输入一个数字（这个数字不能和当前网页中其他对象的 Tab 键索引值相同），该数字指定了该对象在浏览器中的焦点顺序，即在浏览器中，按

图 5-29 "选择文件"对话框

Tab 键几次（由"Tab 键索引"文本框里的数字排名决定，越小越靠前），该对象将获得焦点。在后文中若遇到该对话框，将不再重复介绍。

（4）单击"确定"按钮，插入 Flash 动画。

（5）保存网页文档，按 F12 键在浏览器中预览，如图 5-31 所示。

2. FlashPaper

在网页中插入 FlashPaper 的操作步骤如下。

（1）在文档编辑窗口中，将光标放在要插入 FlashPaper 的位置，依次选择"插入"→"媒体"→FlashPaper 命令，或者单击"常用"插入面板中的"媒体"按钮右边的向下箭头，在弹出的下拉菜单中选择 FlashPaper 选项，打开"插 FlashPaper"对话框，如图 5-32 所示。

图 5-30 "对象标签辅助功能属性"对话框   图 5-31 网页中的 Flash 动画

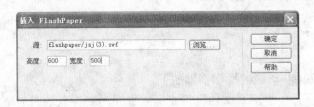

图 5-32 "插入 FlashPaper"对话框

（2）在单击"浏览"按钮选择 FlashPaper 文件，然后设置 FlashPaper 显示的宽度和高度。

（3）设置完成后，单击"确定"按钮将在光标位置插入一个 FlashPaper 动画。按 F12 键预览网页将看到 FlashPaper 的最终效果，如图 5-33 所示。

为方便用户使用，现给出使用 FlashPaper2 将 Word 文档转换成 FlashPaper 动画的操作，步骤如下。

（1）首先确保系统中已安装了 FlashPaper2，然后从开始菜单启动 FlashPaper2，进入 FlashPaper2 的程序窗口，如图 5-34 所示。

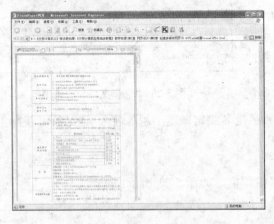

图 5-33 网页中的 FlashPaper   图 5-34 FlashPaper 程序主窗口

（2）将要转换的 Word 文档拖入主窗口中，FlashPaper 便自动启动转换程序，转换结果如图 5-35 所示。

（3）单击工具栏按钮 Save as Macromedia Flash 按钮，保存已转换成功的 FlashPaper
文档。

3．FLV 视频

在网页中插入 FLV 视频的操作步骤如下。

（1）在文档编辑窗口中，将光标放置在要插入 FLV 视频的位置，依次选择"插入"→
"媒体"→FLV 命令，或者单击"常用"插入面板中的"媒体"按钮右边的向下箭头，在
弹出的下拉菜单中选择 FLV 选项，打开"插入 FLV"对话框，如图 5-36 所示。

图 5-35　被转换后的 Word 文档　　　　　　图 5-36　"插入 FLV"对话框

（2）"插入 FLV"对话框中的各选项的含义如下。

① 视频类型：在"视频类型"下拉列表中可以选择视频插入的方式。"累进式下载视
频"选项是将 FlV 文件下载到站点访问者的硬盘上，然后进行播放。但是，与传统的"下
载并播放"视频传送方法不同，累进式下载允许在下载完成之前就开始播放视频文件。"流
视频"选项是对视频内容进行流式处理，并在一段可确保流畅播放的很短的缓冲时间后在
网页上播放该内容。若要在网页上启用流视频，用户必须具有访问 Adobe® Flash® Media
Server 的权限。

② URL：用于指定要插入的 FLV 视频文件，单击"浏览"按钮可以选择一个 FLV
文件。

③ 外观：可以选择播放器中控制播放进程按钮的外观。

④ 宽度：指定播放区域的宽度。

⑤ 高度：指定播放区域的高度。

⑥ 限制宽度比：限制播放区域按比例调整大小，以避免视频失真。

⑦ 检测大小：单击此按钮可以自动检测到视频的真实大小，并将大小值分别填入"宽
度"和"高度"文本框中。

⑧ 自动播放：如果选中该选项，则浏览网页时将自动播放该视频。

⑨ 自动重新播放：如果选中该选项，则当视频播放结束后，将自动重新播放。

创建多媒体网页

（3）单击"确定"按钮关闭对话框，将在光标位置插入一个 FLV 视频，按 F12 键可以预览网页的 Flv 视频，如图 5-37 所示。

图 5-37　网页中的 FLV 视频效果

5.5　在网页中添加声音

声音是多媒体网页的重要特征，采用 Dreamweaver CS4 可以向网页文档中方便地添加音频信息。在网页文档中可以使用多种不同格式的音频文件，如 wav、midi、aif、ra、ram 和 mp3 等。mp3、ra 和 ram 格式的文件是经过压缩的文件；midi 文件小，使用广泛，很小的 midi 文件就可以提供较长时间的声音剪辑；mp3 文件虽然音质好，但文件较大。此外，在网页中播放 wav、aif 和 midi 格式的文件，一般不需要单独安装插件。

在确定采用哪一种格式和方法添加声音前，应该考虑以下一些因素：添加声音的目的、您的听众、文件大小、声音品质和不同浏览器中的差异等。

本节实例素材位于"《大学计算机应用高级教程》教学资源\第 2 篇　网页设计\第 5 章　创建多媒体网页\5.5"中。

5.5.1　使用背景音乐

在网页中加入美妙的背景音乐，可以给浏览者一种美的享受。背景音乐是在网页后台播放的音乐，当网页在浏览器中加载并显示时，自动开始播放背景音乐；当浏览器切换到其他网页时，背景音乐自动停止。背景音乐一般不能太大，否则将影响网页的下载时间。背景音乐应该和当前网页的主题和风格相配，恰当地使用背景音乐，有时候能起到事半功倍的效果。

在 Dreamweaver CS4 中，可以通过编辑 HTML 标签的方法添加背景音乐，操作步骤如下。

（1）新建或打开一个网页文档，单击"文档"工具栏左侧的"代码"按钮，切换到代码视图中。

（2）在标签<head>和</head>之间任意位置添加代码（在标签<body>和</body>之间也可以）：<bgsound src= "音乐文件路径" loop= "–1"/>。其中 src 用于指定背景音乐文件的路径，而 loop 用于指定背景音乐的循环播放次数（设置为–1 表示无限循环），如图 5-38 所示。

在图 5-38 中，高亮度显示的代码为：

```
<bgsound src="music\zjxsd.mid" loop="-1" />
```

（3）保存网页文档，按 F12 键预览网页，检查背景音乐的播放效果，如图 5-39 所示。

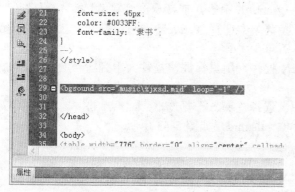

图 5-38　背景音乐的 HTML 标签　　　　　　　图 5-39　背景音乐页面效果

5.5.2　使用链接音乐

除了添加背景音乐外，也可以为网页中的元素设置音乐链接。所谓音乐链接，就是网页元素（可以是文本、图像或动画等，详见第 6 章）的链接目标是一个音频文件。浏览者在浏览带有音乐链接的网页文档时，只要用鼠标单击音乐链接就可以自动启动本地计算机中的音乐播放器播放音乐链接指向的音频文件。在网页中插入音乐链接的操作步骤如下。

（1）新建或打开一个网页文档，将光标放在将要插入链接音乐的位置。

（2）输入一段文本，如"链接音乐"，也可以是一幅图像或 Flash 动画。

（3）选中输入的文本，单击"属性"面板中"链接"下拉列表框后面的"浏览"按钮，在弹出的"选择文件"对话框中选择一个音频文件，如图 5-40 所示。

（4）单击"确定"按钮关闭"选择文件"对话框，并且保存网页文档。按 F12 键，在浏览器中用鼠标单击"链接音乐"超链接便可测试效果，如图 5-41 所示。

图 5-40　"选择文件"对话框　　　　　　　图 5-41　在网页中使用链接音乐

创建多媒体网页

5.5.3 使用 ActiveX 控件播放音乐

如果将音乐播放器嵌入在网页中，也可以实现网页音乐的播放，这种方式称为 ActiveX 控件播放方式。在网页中插入音乐播放器的操作步骤如下。

（1）新建或打开一个网页文档，将光标放在要插入 ActiveX 控件（即播放器）的位置。

（2）依次选择"插入"→"媒体"→ActiveX 命令，或者单击"常用"插入面板的"媒体"按钮右边的向下箭头，在弹出的下拉菜单中选择 ActiveX 选项，打开"对象标签辅助功能属性"对话框，填入相关内容，然后单击"确定"按钮。

（3）此时光标位置出现一个 ActiveX 控件，用鼠标调整控件大小到适合的程度，如图 5-42 所示。

（4）选中控件，在"属性"面板中，选择"嵌入"复选框，然后单击"源文件"右侧的"浏览"按钮，选择一个音乐文件，如 zals.mid，如图 5-43 所示。

图 5-42　编辑窗口中的 ActiveX 控件

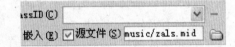

图 5-43　ActiveX 控件的"属性"面板（部分）

（5）保存网页文档。按 F12 键，在浏览器中便可测试效果，如图 5-44 所示。

图 5-44　网页中用于播放音乐的 ActiveX 控件

其实，使用 ActiveX 控件也可以播放视频文件，方法与播放音乐类似，只需要将第（4）步中选择的源文件改成视频文件便可（有兴趣的读者可参考"大学计算机应用高级教程》

教学资源\第2篇 网页设计\第5章 创建多媒体网页\5.5\网页中的视频"中的实例)。

5.6 综合实例——求职站点首页

5.6.1 基本目标

站点首页是浏览整个站点的入口，它通常包括网站 Logo、Banner、导航栏、页面内容及版权信息等，如图 5-45 所示。

本节将把以前所学的知识融合起来，用文本、表格、图像和动画等元素构建一个求职站点的首页，网页文档的最终效果如图 5-46 所示。

图 5-45 一种常见的字型网页布局

5.6.2 工作目录及素材准备

（1）在 D 盘根目录下新建一个文件夹 myjob，作为本次综合实例的工作目录。

（2）将位于"《大学计算机应用高级教程》教学资源\第2篇 网页设计\第5章创建多媒体网页\5.6"目录下的文件夹 images 和 swf 复制到 D:\myjob 文件夹下。

5.6.3 操作步骤

（1）启动 Dreamweaver CS4，新建一个 HTML 网页。

（2）单击"属性"面板中的"页面属性"按钮，弹出"页面属性"对话框。在"分类"列表框中选择"外观（CSS）"选项，按图 5-47 所示设置页面外观特征；在"分类"列表框中选择"标题/编码"选项，在"标题"文本框中输入文本"个人求职站点"。单击"确定"按钮完成页面属性设置。

（3）单击"常用"插入面板中的"表格"按钮，弹出"表格"对话框，按图 5-48 所示设置表格的基本属性，单击"确定"按钮在光标位置插入表格 Table1。选中表格 Table1，在"属性"面板中的"表格"文本框中输入文本 Table1，在"对齐"下拉列表中选择"居中对齐"选项。选择表格 Table1 中所有的单元格，在"属性"面板中的"水平"下拉列表中选择"左对齐"选项，在"垂直"下拉列表中选择"顶端"选项。

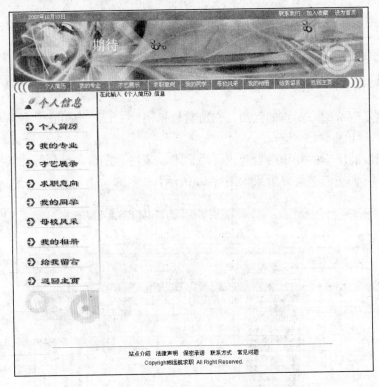

图 5-46 "求职站点首页"的最终效果

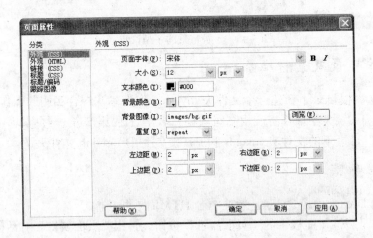

图 5-47 页面的"外观（CSS）"属性

（4）选中表格 Table1 第 1 行，将"属性"面板中的"背景颜色"设置为#4A71BD，将"垂直"设置为"居中"。将光标放在表格 Table1 的第 1 行第 1 列中，将"属性"面板中的"高"设置为 20。将光标放置在第 1 行第 2 列中，将"属性"面板中的"水平"设置为"右对齐"。

（5）在第 1 行第 1 列中输入日期文本，如"2007 年 10 月 4 日星期四"；在第 1 行第 2

列中输入文本"联系我们 加入收藏 设为首页"。分别选择第1行两个单元格中的文本,将"属性"面板的CSS选项中的"文本颜色"设置为#FFFFFF。

(6)选择表格Table1的第2行,单击"属性"面板中的"合并所选单元格,使用跨度"按钮□,将第2行单元格合并。

(7)将光标放置在表格Table1第2行单元格中,单击"常用"插入面板中的"媒体"按钮右边的向下箭头,在弹出的下拉菜单中选择 SWF 选项,在弹出的"选择文件"对话框(见图5-49)中选择Flash动画文件top.swf,然后单击"确定"按钮。在弹出的"对象标签辅助功能属性"对话框中输入"标题"、"访问键"和"Tab 键索引"等信息后,单击"确定"按钮关闭对话框,完成插入Flash动画操作。

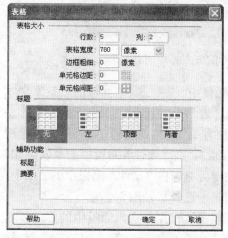
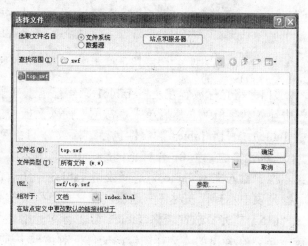

图 5-48　Table1 表格的基本属性　　　　图 5-49　"选择文件"对话框

(8)选择表格Table1的第3行,单击"属性"面板中的"合并所选单元格,使用跨度"按钮□,将第3行单元格合并。

(9)将光标放置在表格Table1第3行单元格中,单击"常用"插入面板中的"表格"按钮▦,在光标位置插入表格Table2。表格Table2的属性包括:行数为1;列数为19;表格宽度为100%;边框粗细为0;单元格边距为0;单元格间距为0。选中表格,在"属性"面板中的"表格"文本框中输入文本Table2。单击"文档"工具栏中的"代码"按钮将编辑窗口切换到代码窗口,找到表格 Table2 的开始标签,在开始标签中加入背景图像属性background="images/002.JPG",修改后的结果为<table width="100%" border="0" cellpadding= " 0" cellspacing="0" id="Table2" background="images/002.JPG">。

(10)选择表格Table2中所有的单元格,在"属性"面板的"水平"下拉列表中选择"居中对齐"选项,在"垂直"下拉列表中选择"居中"选项。选择表格Table2的第1列,在"属性"面板中的"水平"下拉列表中选择"左对齐"选项,选择表格Table2的最后一列,在"属性"面板中的"水平"下拉列表中选择"右对齐"选项。

(11)把光标放在表格Table2的第1列,依次选择"插入"→"图像"命令,或者单击"常用"插入面板中的"图像"按钮▣。在弹出的"选择图像源文件"对话框中选择图像文件001.jpg,然后单击"确定"按钮,在光标位置插入图像。用相同的操作将图像004.jpg

创建多媒体网页

插入到表格 Table2 的最后一列。

（12）从表格 Table2 的偶数列开始，依次输入文本："个人简历"、"我的专业"、"才艺展示"、"求职意向"、"我的同学"、"母校风采"、"我的相册"、"给我留言"和"返回主页"等。从表格 Table2 的奇数列开始（第 1 列和最后一列除外），依次插入图像文件 003.jpg。

（13）选择表格 Table2 的第 1 行，将"属性"面板的 CSS 选项中的"文本颜色"设置为#FFFFFF，如图 5-50 所示。

图 5-50　Banner 动画及横向导航条外观

（14）将光标放置在表格 Table1 第 4 行第 1 列单元格中，在"属性"面板的"宽"文本框中输入数字 190，然后单击"常用"插入面板中的"表格"按钮，在光标位置插入表格 Table3。表格 Table3 的属性包括：行数为 11；列数为 1；表格宽度为 100%；边框粗细为 0；单元格边距为 0；单元格间距为 0。选中表格 Table3，在"属性"面板中的"表格 Id"文本框中输入文本 Table3。选择表格 Table3 中所有的单元格，在"属性"面板中的"水平"下拉列表中选择"左对齐"选项，在"垂直"下拉列表中选择"顶端"选项。

（15）把光标放在表格 Table3 第 1 行单元格中，单击"常用"插入面板中的"图像"按钮，在弹出的"选择图像源文件"对话框中选择图像文件"导航条 1_r1_c1.jpg"，然后单击"确定"按钮。

（16）把光标放在表格 Table3 第 11 行单元格中，按照步骤（15）的操作，在光标位置插入图像文件"导航条 1_r11_c1.jpg"。

（17）把光标放在表格 Table3 第 2 行单元格中，单击"常用"插入面板中的"图像"按钮右边的向下箭头，在弹出的下拉菜单中选择"鼠标经过图像"选项。在弹出的"插入鼠标经过图像"对话框中按照图 5-51 所示设置参数，然后单击"确定"按钮在光标位置插入鼠标经过图像。

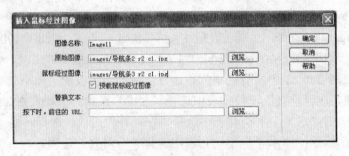

图 5-51　"插入鼠标经过图像"对话框（二）

（18）按照步骤（17）的操作，依次在表格 Table3 第 3～10 行单元格中插入鼠标经过图像，最终效果如图 5-46 所示。

（19）选择表格 Table1 的第 5 行，单击"属性"面板中的"合并所选单元格，使用跨度"按钮 ▦，将表格 Table1 的第 5 行合并。

（20）把光标放在表格 Table1 第 5 行单元格中，在"属性"面板中的"水平"下拉列表中选择"居中对齐"选项，然后依次选择"插入"→HTML→"水平线"命令，在光标位置插入一条水平线。选中水平线，在"属性"面板中的"宽"文本框中输入 560，在右边单位列表中选择"像素"选项。

（21）把光标放在水平线后面，输入文本"站点介绍　法律声明　保密承诺　联系方式常见问题"。将光标放在文本"常见问题"后面，然后单击"文本"插入面板中的"字符"按钮 题▾右边的向下箭头，在弹出的下拉菜单中选择"换行符"选项。在下一行继续输入文本"Copyright®远航求职 All Right Reserved."。

（22）将网页文档以路径 D:\myjob\index.html 存储，按 F12 键便可在浏览器中预览效果，如图 5-46 所示。

第6章　创建网页链接

超链接是网页中的重要元素，使用超链接可以实现网页文档之间的快速跳转，使网页信息的浏览操作变得更加轻松、快捷。本章介绍了在网页中使用超链接的基础知识，具体内容包括超链接和路径的概念、常见超链接的创建和使用与页面导航条的制作方法，还通过综合实例介绍了创建站点的页面导航。

6.1　超链接基础

超链接（简称链接）是网页文档中的重要元素，使用超链接可以实现网页文档之间的快速跳转，而不管这些网页是来自一个站点，还是来自 Internet 中不同的站点。网页中超链接通常以文本、图像或动画等形式出现。当鼠标指针指向超链接时，鼠标指针会变成手指状；单击超链接时，浏览器就会按照超链接指向的目标载入另一个网页，或者跳转到同一网页（也可以是其他网页）的某一个位置。

6.1.1　理解超链接

超链接是由源端点到目标端点的一种跳转。源端点可以是网页中的一段文本、一幅图像或图像热区等。目标端点可以是任意类型的网络资源，例如一个网页、一幅图像、一首歌曲、一段动画、一段电影或一个程序等，如图 6-1 所示。

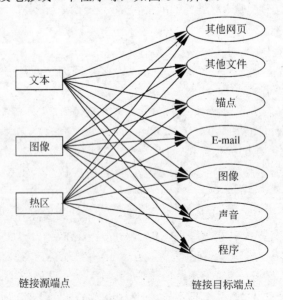

图 6-1　网页链接中的源端点和目标端点

按照目标端点的不同，可以将超链接划分为以下几种形式。

1．文件链接

文件链接的目标端点是站点或 Internet 上的一个文件，链接文件的类型既可以是网页文件，也可以是其他任意类型的文件。当用鼠标单击文件链接时，浏览器将自动打开链接所指向的文件。在 Internet 中，能够作为文件链接目标端点文件的类型有很多，有的文件浏览器可以直接打开，有的文件浏览器不能打开。当单击一个浏览器无法打开的链接目标端点文件时，浏览器将会提示一个"文件下载"对话框，如图 6-2 所示。利用下载功能，浏览者可以将目标端点文件下载到本地计算机上，从这一点也可以看出，一个提供资源下载的 Web 站点通常离不开文件超链接。

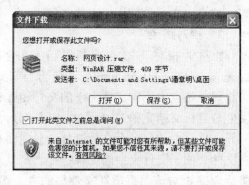

图 6-2 "文件下载"对话框

2．锚点链接

锚点链接的目标端点是网页中的一个位置，通过这种链接可以从当前网页跳转到本页面或者其他页面中的指定位置。锚点链接为网页内容定位浏览提供了方便和快捷的途径，当一个网页内容很长时，通过滚动方式浏览网页有时不太方便。如果网页中设置了锚点链接，浏览者可以用鼠标单击锚点链接便可以轻松跳转到预设的位置。

3．E-mail 链接

通过这种链接可以启动电子邮件客户端程序（如 Outlook 或 FoxMail 等），并允许浏览者向指定的地址发送电子邮件。

6.1.2 理解路径

文件链接通常要指定目标端点的文件路径，因此创建超链接前，理解文件路径是非常关键的一步。站点中每个网页或其他类型的文件都有一个唯一的地址，称作统一资源定位地址（URL）。URL 的格式如下：

```
http://Web 服务器 IP 地址或域名/文件目录…/文件名
```

其中各参数的含义如下。

（1）http://：指明文件在网络中传输的协议是超文本传输协议。

（2）Web 服务器 IP 地址或域名：在 Internet 中，每一台接入 Internet 的计算机都必须有唯一的通信地址，这个地址被称为 IP 地址，如 202.112.209.106。由于 IP 地址由数字构成，使用时很不方便，所以就出现了和 IP 地址一一对应的域名，如 www.163.com。由于域名和 IP 地址之间是一一对应的，所以网络中的域名也是唯一的。

（3）文件目录：就是 Web 站点的目录，通常站点中的文件资源都放在这个目录中。

（4）文件名：包括文件主名和扩展名。由于网络中服务器 IP 地址是唯一的，站点中的文件目录路径在服务器中也是唯一的，因此，Internet 中任意文件的 URL 都是唯一的。

当创建本地链接（即从一个文件到同一站点上另一个文件的链接）时，通常不指定要链接到的网页文件的完整 URL，而是指定一个起自当前网页文档或站点根目录的相对路径。通常，路径有以下几种类型。

1．绝对路径

绝对路径也称绝对 URL，它给出链接目标文件的完整 URL 地址，包括传输协议在内，如 http://www.macromedia.com/dreamweaver8/contenets.html。如果链接的目标文件不在当前 Web 站点内，必须使用绝对路径。

2．相对路径

也称为相对 URL，是指以当前文件所在位置为起点到目标文档所经过的路径，如 dreamweaver8/contents.html。若要将当前文件与处在同一文件夹中的另一个文件链接，或者将同一站点中不同文件夹下的文件相互链接，都可以使用相对路径，此时可以省去当前文件与目标文档完整 URL 中的相同部分，只留下不同部分。例如，若要将当前网页与处在相同文件夹中的另一个文件链接，只需要相应的文件名即可；若要将当前网页与该网页所在文件夹的子文件夹中的文件链接，则只需提供子文件夹名、斜线符（/）和文件名；若要将当前网页与该网页所在文件夹的上一级文件夹中的文件链接，则应在该文件名前面加上 "../"。

3．根相对路径

根相对路径是指从站点根目录到被链接文件的路径，如/dreamweaver8/contents.html。实际上，根相对路径是站点内部的"绝对路径"，因此服务器地址加上根相对路径就形成绝对路径了。

根相对路径适用于当前网页文档和链接目标端点文件处于相同站点中的情况。

6.1.3　链接颜色及样式

1．链接颜色

在链接源端点为文本类型的链接中，链接源端点文本颜色通常有如下四种状态。

（1）链接颜色。

（2）变换图像链接颜色。

（3）已访问链接颜色。

（4）活动链接颜色。

在默认状态下，不同状态链接文本的颜色由浏览器决定，并且大部分浏览器将未被访问过的链接文本显示为蓝色，不过也可以利用"页面属性"对话框修改默认设置。如果要设置链接文本颜色，可以单击"属性"面板的"页面属性"按钮，弹出"页面属性"对话框，在"分类"列表框中选择"链接（CSS）"选项，如图 6-3 所示，图中对话框各元素的含义可参见 3.6.1 节。

2．链接样式

在 Dreamweaver CS4 中，可以通过"页面属性"对话框对链接源端点文本的字体、大小及样式进行设置，如图 6-3 所示。链接样式主要有以下几种状态。

（1）始终有下划线（默认）。

（2）始终无下划线。

（3）仅在变换图像时显示下划线（即当鼠标指向链接文本时显示下划线）。

（4）变换图像时隐藏下划线。

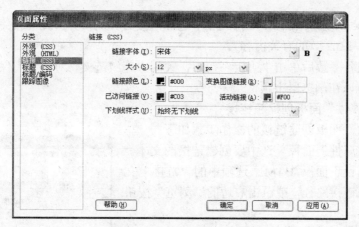

图 6-3 链接文本格式设置

6.2 创建超链接

下面以文本链接、图像链接、E-mail 链接和下载链接等常见链接为主要内容，介绍创建超链接的基本方法。

本节实例素材位于"《大学计算机应用高级教程》教学资源 \ 第 2 篇 网页设计 \ 第 6章 创建网页链接 \ 6.2"中。

6.2.1 文本超链接

文本超链接是网页中最常用的链接，浏览网页时，鼠标经过某些文本，会变成手指形状，同时文本也会发生相应的变化，用于提示浏览者这是链接文本。在 Dreamweaver CS4中，建立文本链接通常有两种方法。

1. 通过菜单创建超链接

通过菜单创建链接的操作步骤如下。

（1）在文档窗口中选中要创建链接的文本，依次选择"插入"→"超级链接"命令，或者单击"常用"插入面板中的"超级链接"按钮 ，打开"超级链接"对话框，如图 6-4所示。

图 6-4 "超级链接"对话框

（2）选中的文本将自动显示在对话框的"文本"文本框中，若有必要可以重新修改；单击"浏览"按钮选择链接目标，或者直接在"链接"下拉列表框中输入链接路径，如

http://www.163.com；在"目标"下拉列表中选择链接目标的打开方式（有关链接目标的含义请参考第5章5.3.2节的有关内容）。

（3）设置完各参数后单击"确定"按钮，关闭"超级链接"对话框。保存网页文档，按下F12键就可以在浏览器中预览。

2．通过"属性"面板创建超链接

通过"属性"面板创建链接的操作步骤如下。

（1）打开"属性"面板，选中要创建链接的文本。

（2）在"属性"面板 HTML 选项中的"链接"文本框中直接输入链接路径，或单击右边的"浏览"按钮选择链接目标。

（3）在被激活的"目标"下拉列表中选择链接目标的打开方式（有关内容参见5.3.2节）。

（4）保存网页文档，然后按下F12键就可以在浏览器中预览，如图6-5所示。

图6-5　浏览器中的文本链接

6.2.2　锚点超链接

当网页内容很长时，可以使用锚点超链接快速定位到网页文档的指定位置，加快页面浏览速度。创建锚点链接的操作步骤如下。

（1）在页面的某处设置一个命名标签（即锚点）。

（2）创建锚点链接，并使链接目标指向一个锚点。

这样，浏览者单击锚点链接就可以跳转到锚点位置。

1．放置命名锚点

放置命名锚点的操作步骤如下。

（1）新建或者打开一个网页文档，如图6-6所示。

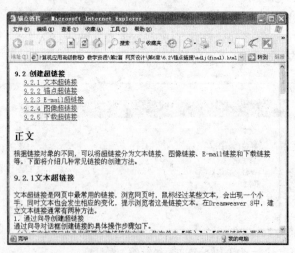

图6-6　浏览器中的锚点链接

（2）把光标放在将要插入锚点的位置（如第 1 行开头），依次选择"插入"→"命名锚点"命令，或者单击"常用"插入面板中的"命名锚点"按钮 ⚓，弹出"命名锚记"对话框，在"锚记名称"文本框中输入文本（通常使用英文命名，如 top），单击"确定"按钮关闭对话框，如图 6-7 所示。

（3）根据步骤（2）创建锚点的方法，按照表 6-1 所示，依次在网页中插入各个锚点。

图 6-7 "命名锚记"对话框

表 6-1 锚点名称及位置

序号	锚点名称	锚点位置
1	top	网页文档的第一行第一列
2	title1	正文标题"9.2.1 文本超链接"的左边
3	title2	正文标题"9.2.2 锚点超链接"的左边
4	title3	正文标题"9.2.3 E-mail 超链接"的左边
5	title4	正文标题"9.2.4 图像超链接"的左边
6	title5	正文标题"9.2.5 下载超链接"的左边

2. 设置锚点链接

设置锚点链接的操作步骤如下。

（1）在网页文档中选择文本，在"属性"面板中的"链接"文本框中输入"#锚点名称"。如果要链接另外一个页面的锚点，则须输入"网页 URL#锚点名称"。

（2）在网页文档的最后另起一段输入文本"[返回]"，然后按照表 6-2 所示，在图 6-6 所示的网页中设置锚点链接。

表 6-2 锚点链接的文本及目标

序号	链接文本	链接目标
1	[返回]	#top
2	列表标题"9.2.1 文本超链接"	#title1
3	列表标题"9.2.2 锚点超链接"	#title2
4	列表标题"9.2.3 E-mail 超链接"	#title3
5	列表标题"9.2.4 图像超链接"	#title4
6	列表标题"9.2.5 下载超链接"	#title5

6.2.3 E-mail 超链接

为了让浏览者单击 E-mail 超链接时，能正常发送电子邮件，必须为 E-mail 超链接指定一个合法的目标端点。E-mail 超链接的目标端点格式为"mailto:电子邮件地址"。

在 Dreamweaver CS4 中，创建 E-mail 超链接既可以使用"属性"面板，也可以使用菜单。

1. 通过菜单创建 E-mail 超链接

使用菜单命令创建 E-mail 超链接的操作步骤如下。

（1）在文档窗口中选中将要创建链接的文本，依次选择"插入"→"电子邮件链接"命令，或者单击"常用"插入面板中的"电子邮件链接"按钮 ▣，弹出"电子邮件链接"

对话框，如图 6-8 所示。

图 6-8 "电子邮件链接"对话框

（2）在 E-mail 文本框中按格式输入收件人的邮件地址，如 admin@163.com。

（3）单击"确定"按钮，保存网页文档，按下 F12 键可启动浏览器查看效果。

2．通过"属性"面板创建 E-mail 超链接

使用"属性"面板创建 E-mail 超链接的操作步骤如下。

（1）在文档窗口中选中要创建链接的文本。

（2）在"属性"面板 HTML 选项的"链接"文本框中输入"mailto:邮件地址"，如 mailto:admin@163.com。

6.2.4 图像超链接

图像超链接有两种形式：一种是普通的图像链接，其创建方法与文本链接相同；另一种是热点超链接，创建前首先要建立图像热点。

图像热点是图像中的一个区域，该区域可以像文本和图像一样作为超链接的源端点。当鼠标移动到图像热点区域时会变成手的形状，按下鼠标浏览器就会打开热点链接指向的文件 URL。

创建图像热点超链接的操作步骤如下。

（1）新建或打开一个网页文档，在网页中插入一个图片，如图 6-9 所示。

图 6-9 创建热点超链接的图片

（2）选中图像，依次选择"窗口"→"属性"命令，打开"属性"面板。

（3）单击"属性"面板中的"矩形热点工具"，在图像中"搜狐网"等文字上面绘制 5 个矩形热点，如图 6-10 所示。

图 6-10　图像中的热点

（4）分别选中图像中的 5 个热点，按表 6-3 所示依次在"属性"面板 HTML 选项的"链接"文本框中输入链接地址或名称。

表 6-3　图像热点链接特征

序号	热点	链接目标
1	搜狐网	http://www.sohu.com
2	新浪网	http://www.sina.com.cn
3	中国教育网	http://www.edu.cn
4	联系我们	mailto:sherley@myjob.com
5	进入主页	http://www.myjob.com

（5）保存文档，按 F12 键预览热点超链接效果。

6.2.5　下载超链接

一个优秀的网站，除了提供丰富的信息浏览外，还应该提供文件资源下载。提供下载的文件类型一般不应该是 HTML 网页或图片文件。为了提高下载速度，应该先对文件或文件夹进行压缩，然后建立下载超链接指向它。当在浏览器中用鼠标单击下载链接时，将弹出一个"文件下载"对话框，如图 6-2 所示，如果单击"保存"按钮，便可以将下载超链接指向的文件下载到本地计算机的磁盘中。

创建下载超链接的操作步骤如下。

（1）新建或者打开一个网页文档，其浏览器中的效果如图 6-11 所示。

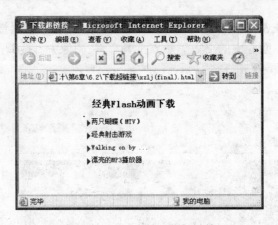

图 6-11　网页中的下载超链接

（2）分别选中页面中的项目列表文本，按照表 6-4 所示，依次在"属性"面板中，单击"链接"文本框右边的"浏览"按钮，指定目标端点文件。

表 6-4　下载超链接的特征

序号	链接文本	链接目标端点文件
1	两只蝴蝶（MTV）	download_files\两只蝴蝶.rar
2	经典射击游戏	download_files\射击游戏.rar
3	Walking on by ...	download_files\Walking on.rar
4	漂亮的 MP3 播放器	download_files\MP3 播放器.rar

注意：链接文本名可以和目标端点文件名不同，其中 download_files 是在当前网站中事先建好的文件夹，用来存放 4 个相应的压缩文件。

（3）保存网页，按 F12 键预览下载超链接效果。

以上介绍了几种常见的超链接的创建方法，除了热点超链接需要以图像为链接源端点外，其他超链接的源端点可以是文本、图像或动画中的任何一个元素，而且无论采用什么类型的链接源端点，创建超链接的方法都是相同的。

如果需要删除超链接，可以先选择超链接源端点元素，然后在"属性"面板中删除"链接"文本框中的路径即可。

6.3　制作导航条

导航条在整个网站中起着非常重要的作用，它是引导浏览者进入站点每个栏目的重要入口。导航条一般是由一组文本、按钮或图像组成的超链接，并且通常横向分布在网页的上部区域，或者垂直分布在网页左侧或右侧。当然，由于网页的形式多样，个性化差异较大，导航条不一定完全按照常规去设计，总的原则是要简单、明了、清晰，能够方便引导浏览者浏览网站中的其他网页。

在 Dreamweaver CS4 中，制作导航条的方法有很多，常见的方法主要有：直接输入文本并创建文本链接；先依次插入鼠标经过图像，然后再创建图像链接；利用 Dreamweaver CS4 的插入"导航条"功能；利用 Flash 制作动画效果非常优美的导航条；利用图像热区创建垂直或水平导航。下面介绍使用 Dreamweaver CS4 的插入"导航条"功能创建水平导航条（垂直导航条方法类似）的方法。

本节实例素材位于"《大学计算机应用高级教程》教学资源 \ 第 2 篇 网页设计 \ 第 6 章 创建网页链接 \ 6.3"中。

6.3.1 "插入导航条"对话框

依次选择"插入"→"图像对象"→"导航条"命令，或者单击"常用"插入面板中"图像"按钮右侧的向下箭头，在下拉菜单中选择"导航条"选项，弹出"插入导航条"对话框，如图 6-12 所示。

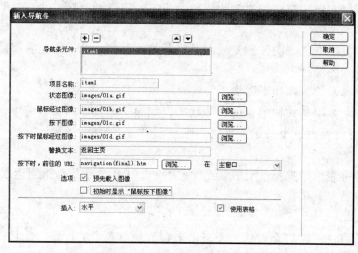

图 6-12 "插入导航条"对话框

1）导航条元件

该列表框中每一个项目都对应着一个导航条中的按钮，列表框中项目的顺序决定了导航条中按钮项目的顺序。

2）+按钮

用于添加导航条中的项目。

3）-按钮

在"导航条元件"列表框中选中了一个项目后，可以单击此按钮将选中的项目删除。

4）▲按钮

用于调整导航条中项目的相对位置，单击此按钮向上移动被选中的项目。

5）▼按钮

用于调整导航条中项目的相对位置，单击此按钮向下移动被选中的项目。

6）项目名称

指定导航条中项目的名称。

7）状态图像

指定导航条中按钮项目的初始图像。一个按钮项目最多包含 4 个大小相同的图像，状态图像是必需项，其他三个图像为可选项。

8）鼠标经过图像

指定在未访问链接前鼠标经过按钮项目时显示的图像。

9）按下图像

指定访问链接后按钮项目所显示的图像。

10）按下时鼠标经过图像

指定访问链接后鼠标经过按钮项目时显示的图像。

11）替代文本

用于指定按钮项目的替代文本（和图像的替代文本相似）。

12）按下时，前往的 URL

指定按钮项目链接目标端点文件的 URL。

13）在

指定打开链接文档的窗口，通常选择在当前主窗口打开链接。

14）预先载入图像

如果选中该复选框，则图像预先载入浏览器的缓存中，这样浏览者将鼠标指针滑过图像时不会发生载入图像延迟。

15）初始时显示"鼠标按下图像"

用于指定导航条中某按钮项目的选中状态，如果一个按钮项目被选中，则显示"鼠标按下图像"，当鼠标经过这个按钮项目时，则显示"按下鼠标时经过图像"。

16）插入

可以在下拉列表框中选择"水平"或"垂直"选项，"水平"是指创建水平导航条，"垂直"是指创建垂直导航条。

17）使用表格

如果选中此复选框，则会创建一个表格来存放导航条中的项目，并且每个项目占一个单元格。

6.3.2　插入水平导航条

（1）打开网页文档 navigation(orgin).htm，将光标放在将要插入水平导航条的单元格中，如图 6-13 所示。

图 6-13　插入水平导航栏的网页外观

（2）依次选择"插入"→"图像对象"→"导航条"命令，或者单击"常用"插入面板中"图像"按钮右侧的向下箭头，在下拉菜单中选择"导航条"选项，弹出"插入导航条"对话框，如图6-12所示。

（3）在"项目名称"文本框中输入导航条项目的名称，如Item1。

（4）单击"状态图像"文本框后面的"浏览"按钮，打开"选择图像源文件"对话框，选择图像文件01a.gif，然后单击"确定"按钮。

（5）以相同的方法，在"鼠标经过图像"、"按下图像"和"按下时鼠标经过图像"文本框中依次载入01b.gif、01c.gif和01d.gif图片。

（6）在"替换文本"文本框中，输入按钮项目的描述性文本，如"返回主页"。

（7）在"按下时，前往的URL"文本框中，输入需要打开的网页路径和名称，或单击"浏览"按钮，选择链接文件，如navigation（final）.htm。

（8）选中"预先载入图像"复选框。

（9）在"插入"下拉列表中选择"水平"选项，并选中"使用表格"复选框。至此完成第1个导航按钮的设置，如图6-12所示。

（10）单击"导航条元件"上面的 ➕ 按钮，添加导航条项目，然后重复步骤（3）～（9），完成第2个导航按钮的设置，如图6-14所示。

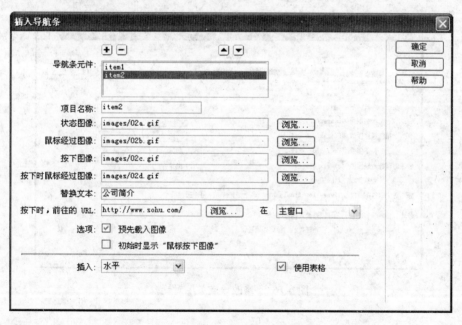

图6-14　第2个导航按钮的设置

（11）完成第2个导航按钮设置后，再次单击 ➕ 按钮按照以上步骤添加3～6导航按钮。

（12）保存网页，按下F12键浏览网页，使用鼠标单击图像导航按钮查看效果，如图6-15所示。

此外，如果需要修改导航条项目，可以依次选择"插入"→"图像对象"→"导航条"命令，在弹出的提示对话框中，单击"确定"按钮，便可打开"修改导航条"对话框，编辑导航项目设置，如图6-16所示。

图 6-15 浏览器中的水平导航条

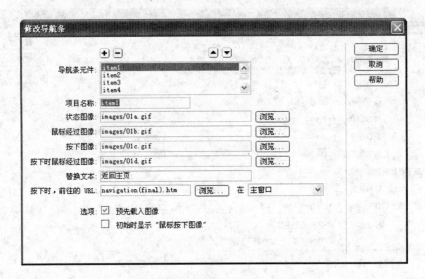

图 6-16 "修改导航条"对话框

6.4 综合实例——求职站点主页的页面导航

6.4.1 基本目标

在第 5 章的 5.6 节，我们采用表格完成了求职站点首页的布局。本节将使用本章所学的超链接知识，为网页文档建立完整的页面导航功能，并构建个人求职站点的整体架构，如图 6-17 所示。

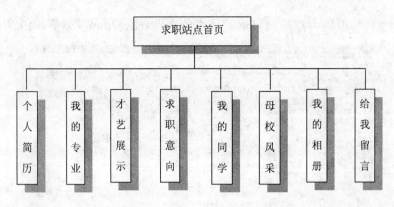

图 6-17　个人求职站点整体架构

通常，一个 Web 站点由多个网页文档构成，并且这些网页具有相似的风格设计。在个人求职站点中，为确保站点的风格一致，站点中每个网页将采用相同的导航样式。

6.4.2　工作目录及素材准备

（1）在 D 盘根目录下新建一个文件夹 myjob，作为本次综合实例的工作目录。

（2）将位于"《大学计算机应用高级教程》教学资源\第 2 篇　网页设计\第 6 章　创建网页链接\6.4\个人求职站点"目录下的所有文件（包括文件夹）复制到 D:\myjob 文件夹下。

6.4.3　操作步骤

（1）启动 Dreamweaver CS4，依次选择"站点"→"新建站点"命令，弹出"未命名站点 1 的站点定义为"对话框。切换到"高级"选项卡，单击"分类"列表框中的"本地信息"项目，如图 6-18 所示。

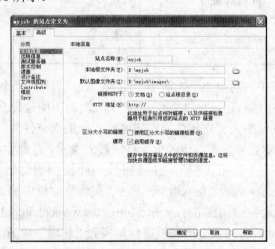

图 6-18　"myjob 的站点定义为"对话框

（2）在"站点名称"文本框中输入 myjob，在"本地根文件夹"文本框中输入 D:\myjob，在"默认图像文件夹"文本框中输入 D:\myjob\images。单击"确定"按钮关闭新建站点对话框。

（3）在"文件"面板中打开 MyJob 站点中的文件 index.html，如图 6-19 所示。

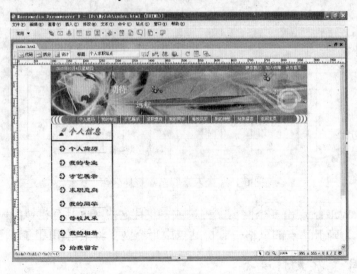

图 6-19　文档编辑窗口中的 index.html 页面

（4）在水平导航条中，选中文本"个人简历"，在"属性"面板中的"链接"下拉列表框中输入目标端点文件路径 index.html，为"个人简历"建立超链接。按照同样的方法为水平导航条中其他文本建立超链接，超链接目标端点文件如表 6-5 所示。

　　注意：此时的链接目标文件并不存在。

表 6-5　水平导航条中的链接属性

链接文本	目标文件路径	链接文本	目标文件路径
我的专业	specialty.html	母校风采	school.html
才艺展示	gift.html	我的相册	album.html
求职意向	will.html	给我留言	messageboard.html
我的同学	schoolmate.html	返回主页	index.html

（5）在垂直导航条中，选中"个人简历"图像，在"属性"面板中的"链接"下拉列表框中输入目标端点文件路径 index.html，为"个人简历"图像建立超链接。按照同样的方法为垂直导航条中其他图像建立超链接，超链接目标端点文件如表 6-5 所示。

（6）在文档窗口，垂直导航条右边的单元格中输入文本"在此输入《个人简历》信息"。选择网页右上角的文本"联系我们"，在"属性"面板中的"链接"文本中输入文本 mailto:abc@163.com；选择文本"加入收藏"，在"属性"面板中的"链接"下拉列表中输入文本 javascript:window.external.AddFavorite('http://www.yuanhangjob.com/','远航求职')；选择文本"设为首页"，然后将网页文档编辑窗口切换到"代码"视图，并且将代码窗口中被选中的文本"设为首页"用<a class="STYLE1" style="CURSOR: hand" onClick="this.style.behavior='url(#default#homepage)';this.setHomePage('http://www.yuanhangjob.com/ '); ">设为首页</a>代替。最后将编辑窗口再切换回"设计"视图。

（7）单击"属性"面板中的"页面属性"按钮，打开"页面属性"对话框，在左边"分类"列表框中选择"链接（CSS）"选项，按图 6-20 所示进行设置，单击"确定"按钮关闭对话框。

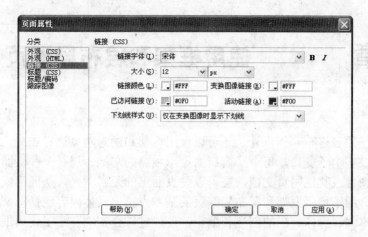

图 6-20 "页面属性"对话框

（8）在"文件"面板中的 myjob 站点中，选择文件 index.html，单击右键，在弹出的快捷菜单中选择"编辑"→"复制"命令，即获得一个"复制于 index.html"文件，也可以选择"编辑"→"复制"命令（或按 Ctrl+C 键），接着在相同位置单击右键，在弹出的快捷菜单中选择"编辑"→"粘贴"命令（或按 Ctrl+V 键）。然后将新生成的文件重命名（可以通过两次单击文件名进入编辑状态）为 specialty.html。打开文件 specialty.html，将文档窗口垂直导航条右边单元格中的文本改为"在此输入《我的专业》信息"。

（9）重复步骤（8），根据表 6-6 所示的信息复制其他网页文件。

表 6-6 站点中的其他文件信息

文件名	垂直导航条右边单元格中的文本
gift.html	在此输入《才艺展示》信息
will.html	在此输入《求职意向》信息
schoolmate.html	在此输入《我的同学》信息
school.html	在此输入《母校风采》信息
album.html	在此输入《我的相册》信息
messageboard.html	在此输入《给我留言》信息

（10）依次选择"文件"→"保存全部"命令，保存所有网页。在 Dreamweaver CS4 的"文件"面板中打开 myjob 站点中的网页文件 index.html，按 F12 键在浏览器中预览站点。

第 7 章　使用框架和层布局网页

　　除了可以使用表格布局网页外，还可以使用框架和层对网页进行布局。框架将浏览器显示窗口分隔成多个子窗口，每个子窗口内显示独立的文档。层是一种页面元素，层中可以包含文本、图像或其他网页文档，层可以使页面上的元素重叠，从而形成复杂的布局效果。本章主要介绍了使用框架和层布局网页的基本方法，具体内容包括框架和框架集的概念、框架的基本编辑操作、层的创建和编辑，还通过综合实例介绍了使用框架和层布局网页的方法和技巧。

7.1　框架概述

　　网页布局是网页制作过程中的基本内容。在 Dreamweaver CS4 中，除表格外，还可以使用框架和层对网页元素进行定位，完成网页文档整体布局。框架通常将页面划分成多个矩形小区域，每个区域各自显示一个网页文档，并且有独立的滚动条。使用框架技术，网页设计人员可以将多个内容相关的网页文档集中在同一个文档窗口中进行布局，使得网页浏览者可以更加方便地在框架网页间进行自由跳转。例如，网站中常见的 BBS 论坛以及电子邮箱页面一般都使用框架进行布局。

7.1.1　框架

　　框架是网页文档窗口带有边框的矩形区域，每一个框架都有一个名称，如图 7-1 所示。框架是一个网页文档容器，用于显示一个独立网页文件。

　　一个框架网页通常由多个框架按照一定的格式排列组成。图 7-2 中显示了一个由三个框架组成的框架布局：一个较窄的框架位于侧面，包含导航条；一个框架横放在顶部，包含 Web 站点的徽标和标题（即 Logo 和 Banner）；一个大框架占据了页面其余部分，一般用来包含主题内容。每个框架都显示一个单独的网页文档（即图 7-2 中由三个网页文档构成）。

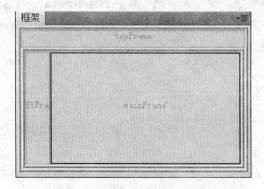

图 7-1　"框架"属性面板中的框架

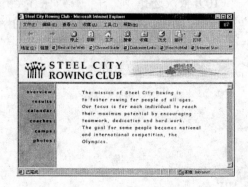

图 7-2　框架中的网页

7.1.2 框架集

框架集是 HTML 文件，它定义一组框架的布局和属性，包括框架的数目、框架的大小和位置以及在每个框架中初始显示的页面 URL。框架集文件本身不包含要在浏览器中显示的内容，只是告诉浏览器如何显示一组框架以及在这些框架中显示哪些网页文档。因此，一个含有框架的网页文档，必须要有一个框架集文件。

如果在浏览器中显示为包含三个框架的单个页面，如图 7-2 所示，则它实际上至少由 4 个单独的网页文档组成：框架集文件和三个网页文件。在保存框架集网页时，必须保存这 4 个文件，以使得框架页面可以在浏览器中正常显示。

若用浏览器浏览框架网页，需要在浏览器地址栏中输入框架集文件的 URL，浏览器将根据框架集文件中的有关信息显示框架及框架中的网页文档。

在"框架"属性面板中，框架集呈现为较粗的矩形边框，而框架呈现为较细的矩形边框。框架集可以嵌套，即一个框架集可以作为一个框架嵌入在另外一个框架集中。例如，在图 7-1 中，整个窗口为一个框架集，顶部是 topFrame 框架，底部是由 leftFrame 和 mainFrame 框架构成的一个框架集。

注意：网页文档中不管有多少框架集嵌套，只有一个框架集文件。

7.1.3 框架优缺点

1. 使用框架的优点

（1）使用框架，浏览者单击框架网页中某个超链接时，浏览器通常不需要重新加载（即重新从 Web 服务器下载）框架中的每个网页，只需重新加载某个框架中的网页，因此可以减少一些不必要的网络传输流量，提高网页的浏览速度。

（2）每个框架都具有自己的滚动条，各自可以独立滚动，并且在框架网页重新加载时也互不影响（也就是说，没有重新加载的网页可以保留滚动条的当前滚动位置）。

2. 使用框架的缺点

（1）有时难以实现不同框架中各元素之间比较精确的图形对齐。

（2）由于框架中网页的 URL 不显示在浏览器中，因此浏览者难以将特定页面添加到收藏夹。

7.2 创建框架网页

在 Dreamweaver CS4 中，通常先采用系统预设的框架结构创建框架网页，然后在此基础上进行编辑生成所需的框架。

使用预设方式创建框架网页有两种情况可以选择：一种是使用"新建文档"向导对话框创建新的空框架集；另一种是通过"插入"面板创建框架集并在某一个新的框架中显示当前文档。第一种方法适用于从头开始新建一个带有框架的网页文档，第二种方法适用于将现有网页文档转换为一个带有框架的网页。

1. 使用"新建文档"向导

（1）依次选择"文件"→"新建"命令，打开"新建文档"对话框，如图 7-3 所示。

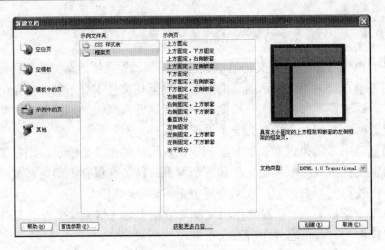

图 7-3 "新建文档"对话框

（2）在左侧选择"示例中的页"，然后在"示例文件夹"列表框中选择"框架页"选项，最后在右侧的"示例页"列表框中选择一个条目，如"上方固定，左侧嵌套"选项。

（3）单击"创建"按钮，打开"框架标签辅助功能属性"对话框，如图 7-4 所示。

（4）在 "框架"下拉列表中选择一个框架，并在"标题"文本框中为该框架指定一个名字，单击"确定"按钮（如果单击"取消"按钮，则框架采用默认名称），创建框架集。

（5）将光标放置在顶部框架中，单击"属性"面板的"页面属性"按钮，在打开的"页面属性"对话框中，将"左边距"、"右边距"、"上边距"和"下边距"分别设置为 0。

（6）单击"确定"按钮，在顶部框架中添加内容。

（7）按照步骤（5）～（6）的方法，分别在左侧和右侧框架中设置页面属性和添加相关内容。

2．使用"插入"工具栏

（1）打开或新建一个网页文档。

（2）单击"布局"插入面板中的"框架"按钮，在弹出的菜单项中选择一个选项，如图 7-5 所示。

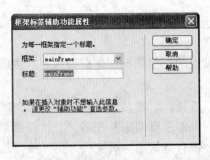

图 7-4 "框架标签辅助功能属性"对话框

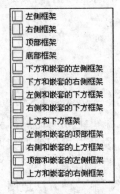

图 7-5 系统预设的框架样式

（3）在打开的"框架标签辅助功能属性"对话框中，为每个框架指定一个名字，如图

7-4 所示，然后单击"确定"按钮，创建框架集。

（4）接下来，可以分别对每个框架中的网页文档进行编辑了。

7.3 选择和保存框架网页

7.3.1 选择框架网页

要编辑框架或框架集，首先要选中框架和框架集。在框架网页中，框架和框架集的选择操作主要通过"框架"面板完成。

1）选择框架

依次选择"窗口"→"框架"命令，打开"框架"面板，如图 7-1 所示。在"框架"面板中，用鼠标单击某个框架即可选中该框架。被选中的框架，在"框架"面板中用黑色的边框包围，如图 7-6 所示。

2）选择框架集

在"框架"面板中，用鼠标单击框架集的边框，便可选中框架集。被选中的框架集用黑色的边框包围，如图 7-7 所示。也可以直接在文档编辑窗口中，用鼠标单击框架的边框选择框架集。

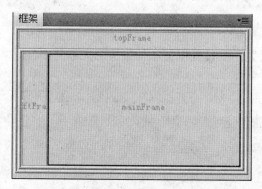

图 7-6 "框架"面板中被选中的框架

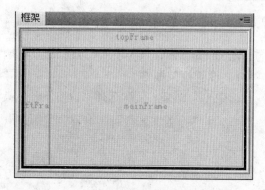

图 7-7 "框架"面板中被选中的框架集

7.3.2 保存框架网页

在浏览器中预览框架集之前，必须保存框架集文件以及在框架中显示的所有网页文档。可以单独保存框架集文件和框架中的网页文档，也可以同时保存所有网页文档。在 Dreamweaver CS4 中，框架中显示的每个新文档都有一个默认文件名。例如第一个框架集文件被命名为 UntitledFrameset_1，而框架中第一个文档被命名为 UntitledFrame_1。通过框架集（Frameset）和框架（Frame）在命名上的差异，可以判断当前保存的是框架集还是框架。

1. 保存框架集

（1）在"框架"面板或文档编辑窗口中选择框架集。

（2）执行以下操作之一。

① 要保存框架集文件，需选择"文件"→"保存全部"命令。

使用框架和层布局网页

② 要将框架集文件另存为新文件，需选择"文件"→"框架集另存为"命令，打开"另存为"对话框，在"文件名"下拉列表框中输入一个文件名（为了和其他普通网页区分，建议保留 Frameset 字样），然后单击"保存"按钮。

如果之前没有保存过该框架集，则以上两个命令是等效的。

2. 保存框架中的网页文档

首先将光标定位于框架内，依次选择"文件"→"保存框架"命令，打开"另存为"对话框，在"文件名"下拉列表框中输入一个文件名（为了和其他网页区分，建议保留 Frame 字样），然后单击"保存"按钮。

3. 保存框架中的所有网页

（1）依次选择"文件"→"保存全部"命令。

（2）如果是首次保存，此时将陆续打开一系列"另存为"对话框，在这些对话框中分别保存框架集和框架中的网页。

如果使用"保存全部"命令的功能，将首先保存框架集文件，然后再依次保存框架中的网页文档。

7.4 编 辑 框 架

7.4.1 设置框架和框架集属性

在 Dreamweaver CS4 中，可以通过"属性"面板设置框架和框架集的大部分属性。

1. 设置框架属性

选中一个框架，依次选择"窗口"→"属性"命令，打开"属性"面板，如图 7-8 所示。

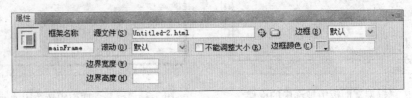

图 7-8 框架"属性"面板

框架"属性"面板中，各选项说明如下。

1）框架名称

框架名称是链接 target（即目标）属性或脚本在引用该框架时所用的名称。

2）源文件

源文件指定在框架中显示的网页文档。单击右侧"浏览"按钮，可以选择一个网页文件。

3）滚动

滚动指定在框架中是否显示滚动条。要使浏览器总是显示滚动条，则选择"是"；要使浏览器从不显示滚动条，则选择"否"；要使浏览器按照框架网页内容是否超过框架区域（若内容超过框架区域则显示滚动条，否则不显示）来确定是否显示滚动条，则选择"自动"；

要允许浏览器确定如何显示滚动条，则选择"默认"（大多数浏览器默认值是"自动"）。

4）不能调整大小

如果选中该复选框，则浏览者不能通过拖动框架边框在浏览器中调整框架大小。

5）边框

边框指定在浏览器中是否显示框架边框。要显示边框，则选择"是"；要使浏览器不显示框架边框，则选择"否"；要允许浏览器确定如何显示边框，则选择"默认"。

6）边框颜色

边框颜色用于设置框架边框的颜色。如果选择不显示框架边框，则边框颜色设置无效。

7）边界宽度

边界宽度以像素为单位设置左边距和右边距的宽度（即框架左右边框和网页内容之间的距离）。

8）边界高度

边界高度以像素为单位设置上边距和下边距的高度（即框架上下边框和网页内容之间的距离）。

2．设置框架集属性

选中一个框架集，依次选择"窗口"→"属性"命令，打开"属性"面板，如图 7-9 所示。

图 7-9　框架集"属性"面板

框架集"属性"面板中各选项说明如下。

1）边框

确定在浏览器中是否显示框架集边框。要显示边框，则选择"是"；要不显示边框，则选择"否"；要允许浏览器确定如何显示边框，则选择"默认"。

2）边框宽度

边框宽度指定框架集边框的宽度，以像素点为单位。

3）边框颜色

边框颜色设置框架集边框的颜色，如果框架集边框的宽度为 0，则颜色设置无效。

4）行列选定范围

在框架布局缩略图中，用鼠标单击其中一个矩形区域（即一个框架），则可在左边设置框架的列宽（如果框架集中的框架是左右结构）或行高（如果框架集中的框架是上下结构）值。

5）值

在"值"文本框中可以为框架的高度或宽度设置一个数值。在右侧"单位"下拉列表中可以选择一个单位。"单位"下拉列表中各选项的含义如下。

使用框架和层布局网页

（1）像素：将选定框架行或列的大小设置一个绝对值。采用像素为单位的框架其大小是固定不变的。当框架集是左右结构时（上下结构类似），设置框架大小的最常用方法是将一个或多个框架设置为固定像素宽度，至少有一个框架大小设置为相对大小，使其能够伸展以占据浏览器文档窗口的所有剩余空间。

（2）百分比：指定选定行或列相当于其框架集总宽度或总高度的百分比。

（3）相对：指定在为"像素"或"百分比"框架分配空间后，为选定列或行分配其余可用空间。如果选择了"相对"选项，则"值"文本框中的数值将不起作用。

7.4.2 改变框架大小

改变框架的大小，有两种常见的方法。

1）使用鼠标

将光标放在框架的垂直边框上，当鼠标指针变为"↔"箭头时，按下鼠标左键不放，拖动光标可以改变框架的宽度。将光标放在框架的水平边框上，当鼠标指针变为"↕"箭头时，按下鼠标左键不放，拖动光标可以改变框架的高度。

2）使用"属性"面板

选中框架集，在框架集"属性"面板中选择某个框架，可通过调整"值"文本框的数值和"单位"下拉列表中的选项来改变所选框架的宽度（如果框架集是左右结构）或高度（如果框架集是上下结构）值。

7.4.3 拆分框架

通过拆分框架可以增加一个框架组内的框架数量。拆分框架操作通常有以下几种方法。

（1）将光标定位于框架中，单击"布局"插入面板中"框架"按钮右侧的向下箭头，在弹出的菜单中选择相应的选项。

（2）将光标定位于框架中，依次选择"修改"→"框架集"命令，在级联菜单中选择相应的选项。

（3）按住 Alt 键拖动框架的水平或垂直边框，便可复制一个框架线，从而实现框架的垂直或水平拆分。如果在按住 Alt 键状态下，在鼠标光标变为✛时，拖动水平和垂直边框的交点，则可实现框架的垂直和水平同时拆分。

（4）将鼠标光标指向文档的 4 个角之一（即框架集边框的 4 个定点），当鼠标指针变为✛时，按住 Alt 键拖动鼠标可以同时复制一条水平边框线和一条垂直边框线，从而实现框架的水平和垂直拆分。

（5）如果拖动文档的四周边框线之一（即框架集的四周边框线），可以实现框架的水平（如果拖动的是垂直线）和垂直（如果拖动的是水平线）拆分。

7.4.4 删除框架

如果要删除不需要的框架，可用鼠标将要删除的框架边框拖离页面；如果是嵌套框架，则将其拖到父框架边框上或者拖离页面。

7.5 综合实例——使用框架制作图片浏览器

制作框架网页时，通常将其中一个框架作为导航条，另外一个框架显示导航链接目标端点网页文件，如图7-10所示。当用鼠标单击左边框架中的链接，将在右边框架中显示链接目标端点文件。下面将以一个网页实例制作来说明框架链接的方法（实例效果如图7-10所示）。

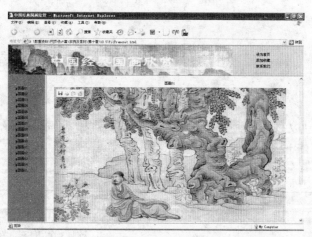

图7-10 框架网页中的链接

7.5.1 工作目录及素材准备

（1）在D盘根目录下新建一个文件夹mypaint，作为本次综合实例的工作目录。

（2）将位于《大学计算机应用高级教程》教学资源＼第2篇 网页设计＼第7章 使用框架和层布局网页＼7.5目录下的images文件夹复制到D:＼mypaint文件夹下。

7.5.2 制作框架网页

（1）启动Dreamweaver CS4系统，依次选择"文件"→"新建"命令，打开"新建文档"对话框。

（2）在左侧选择"示例中的页"，然后在"示例文件夹"列表框中选择"框架页"选项，最后在右侧的"示例页"列表框中选择"上方固定，左侧嵌套"选项，如图7-11所示。

（3）单击"创建"按钮，打开"框架标签辅助功能属性"对话框。在对话框中为每个框架设置一个标题，在此使用默认标题（即topFrame、leftFrame和mainFrame，与框架名相同），单击"确定"按钮关闭对话框。

（4）在文档窗口或"框架"面板中选择框架集，在"文档"工具栏的"标题"文本框中输入网页标题"中国经典国画欣赏"。

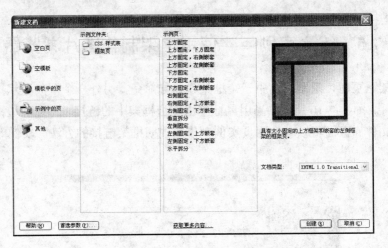

图 7-11 "新建文档"对话框

（5）依次选择"文件"→"保存全部"命令，按照表 7-1 所示保存框架集和框架中的网页（保存路径为 D:\mypaint）。

表 7-1 框架网页中的文件名

文件名	说 明
picFrameset.html	框架集文件
picTopFrame.html	topFrame 框架中的网页文件
picLeftFrame.html	leftFrame 框架中的网页文件
picMainFrame1.html	mainFrame 框架中的网页文件

（6）把光标放置在 topFrame 框架中，单击"属性"面板中的"页面属性"按钮，打开"页面属性"对话框。在对话框中按照图 7-12 所示的属性进行设置。

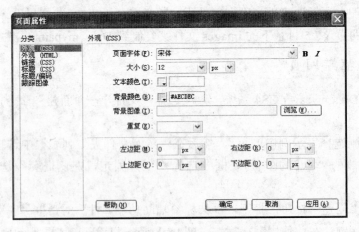

图 7-12 topFrame 框架中页面的外观属性

（7）把光标放置在 mainFrame 框架中，单击"属性"面板中的"页面属性"按钮，打开"页面属性"对话框。在对话框中按照图 7-13 所示的属性进行设置。

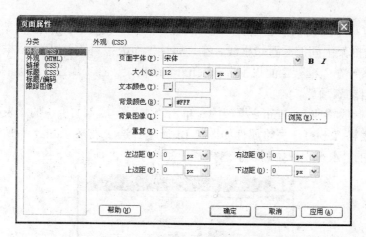

图 7-13 mainFrame 框架中页面的外观属性

（8）把光标放在 leftFrame 框架中，单击"属性"面板中的"页面属性"按钮，打开"页面属性"对话框。在对话框中按照图 7-14 和图 7-15 所示的属性进行设置。

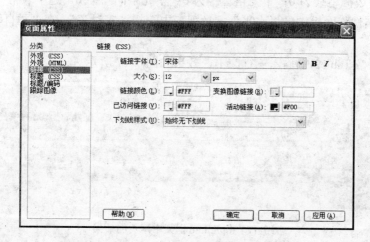

图 7-14 leftFrame 框架中页面的外观属性

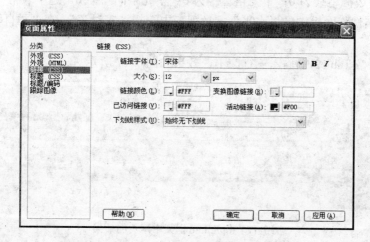

图 7-15 leftFrame 框架中页面的链接属性

使用框架和层布局网页

（9）单击框架中间的水平边框线，在"属性"面板中设置 topFrame 框架的"行"值为 100 像素。单击框架中间的垂直边框线，在"属性"面板中设置 leftFrame 框架的"列"值宽度为 129 像素。在"框架"面板中选择 leftFrame 框架，在"属性"面板的"滚动"下拉列表中选择"自动"项。

（10）把光标放置在 topFrame 框架中，单击"常用"插入面板中的"表格"按钮🎞，在网页中插入表格 Table1，表格属性如图 7-16 所示。选中表格 Table1 中所有单元格，在"属性"面板中的"水平"下拉列表中选择"左对齐"，在"垂直"下拉列表中选择"顶端"。

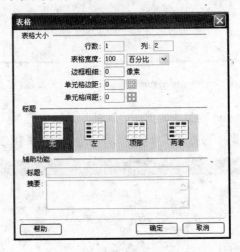

图 7-16　表格 Table1 属性

（11）把光标放置在表格 Table1 的第 1 列单元格中，单击"常用"插入面板中"媒体"按钮右侧的向下箭头，在弹出的菜单中选择 SWF 选项，在"选择文件"对话框中选择并在光标位置插入动画文件 banner.swf。

（12）把光标放在表格 Table1 的第 2 列单元格中，单击"常用"插入面板中的"表格"按钮🎞，在网页中插入表格 Table2。表格 Table2 的属性包括：行数为 5；列数为 2；表格宽度为 100%；边框粗细为 0；单元格边距为 0；单元格间距为 0。选中表格 Table2 中所有单元格，在"属性"面板中的"水平"下拉列表中选择"左对齐"，在"垂直"下拉列表中选择"居中"。

（13）在表格 Table2 中输入三行文本，效果如图 7-17 所示。

图 7-17　topFrame 框架中网页的效果

（14）把光标放置在 leftFrame 框架中，单击"常用"插入面板中的"表格"按钮🎞，在网页中插入表格 Table3。表格 Table3 的属性包括：行数为 17；列数为 2；表格宽度为 100%；边框粗细为 0；单元格边距为 0；单元格间距为 2。选中表格 Table3 的第 1 列，在"属性"面板中的"水平"下拉列表中选择"右对齐"，在"垂直"下拉列表中选择"居中"，在"高"文本框中输入"20"。选中表格 Table3 的第 2 列，在"属性"面板中的"水平"下拉列表中选择"左对齐"，在"垂直"下拉列表框中选择"居中"。

（15）把光标放置在表格 Table3 第 1 列第 2 行的单元格中，单击"常用"插入面板中"图像"按钮右侧的向下箭头，在弹出的菜单中选择"图像"选项，在"选择文件"对话框中选择并在光标位置插入图像文件 star.gif。在文档窗口中选中图像并按下 Ctrl+C 快捷键复制图像，分别粘贴到表格第 1 列中的第 3 行到第 16 行单元格中。

（16）依次在表格 Table3 第 2 列的第 2 行至第 16 行中输入文本，效果如图 7-18 所示。

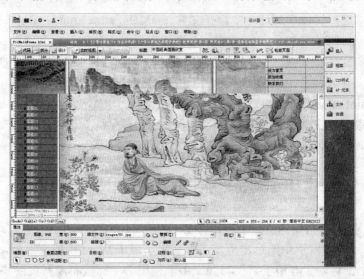

图 7-18　leftFrame 框架和 mainFrame 框架中网页的效果

（17）把光标放置在 mainFrame 框架中，单击"常用"插入面板中的"表格"按钮，在网页中插入表格 Table4。表格 Table4 的属性包括：行数为 4；列数为 3；表格宽度为 100%；边框粗细为 0；单元格边距为 0；单元格间距为 0。选中表格 Table4 中所有单元格，在"属性"面板中的"水平"下拉列表中选择"左对齐"，在"垂直"下拉列表中选择"顶端"。

（18）在表格 Table4 第 2 列第 2 行输入文本"国画 01"，然后在表格 Table4 第 2 列第 3 行插入图像"国画 01.jpg"，其效果如图 7-18 所示。

（19）依次选择"文件"→"保存全部"命令，保存全部修改内容。

7.5.3　制作图片网页

（1）接 7.5.2 节中的步骤，依次选择"窗口"→"文件"命令，打开"文件"面板。

（2）在"文件"面板中，选择文件 picMainFrame1.html，复制 14 个文件副本，分别命名为 picMainFrame2.html ～ picMainFrame15.html。操作方法可以参考 6.4.3 节的第（8）步。

（3）打开文件 picMainFrame2.html，在文档窗口中将表格第 2 行第 2 列中的文本改为"国画 02"。然后选择网页中的图像，将在"属性"面板中"源文件"文本框中，如将"images/国画 01.jpg"改为"images/国画 02.jpg"。

（4）重复步骤（3）的操作，修改文件 picMainFrame3.html～picMainFrame15.html 中的文本及图像路径。

（5）依次选择"文件"→"保存全部"命令，保存全部修改内容（保存路径为 D:\mypaint）。

7.5.4 创建框架链接

（1）在 leftFrame 框架中选中文本"国画 01"。单击"属性"面板中"链接"右侧的"浏览"按钮，在"选择文件"对话框中选择文件 picMainFrame1.html，在"目标"下拉列表中选择 mainFrame 选项（表示在 mainFrame 框架中显示链接的目标文件）。

（2）重复步骤（1）的操作，依次为"国画 02"～"国画 15"文本分别创建超链接，链接目标端点文件分别是 picMainFrame2.html～picMainFrame15.html，在"目标"下拉列表中都选择 mainFrame 选项。

（3）依次选择"文件"→"保存全部"命令，保存全部修改内容。选中框架集，按下 F12 键打开浏览器预览网页，效果如图 7-10 所示。

7.6 层 的 应 用

层（Div）是网页布局的重要手段，在 Dreamweaver CS4 中层有两种：AP Div 和 Div 标签。AP Div 用于在网页中绝对定位，在外观上类似于 Word 中的文本框，可以在网页中自由地移动；Div 标签主要用于网页布局。由于使用 Div 标签布局网页需要运用 CSS 样式设置布局格式，因此本章主要介绍 AP Div 层（AP 是 Absolute Position 的简写）的操作方法，Div 标签的有关内容将在第 9 章中和 CSS 样式一起介绍。

7.6.1 AP Div 概述

1. 什么是 AP Div

AP Div 是一种 HTML 页面元素，从外观上看，AP Div 像一个浮在网页上方的矩形小窗口，AP Div 可以定位在页面上任意位置，如某些网站主页中的漂浮广告。AP Div 同时也是一个容器，可以容纳文本、图像或其他任意可在 HTML 文档正文中出现的内容。甚至 AP Div 内还可以放入另外一个 AP Div，即 AP Div 可以嵌套。

2. AP Div 的主要作用

在网页设计中，AP Div 的主要作用如下。

（1）由于 AP Div 可以重叠，因此可将网页元素置于不同的 AP Div 当中，以产生许多重叠效果。

（2）由于 AP Div 可以游离于网页文档之上，因此可以利用 AP Div 精确定位网页元素。

（3）AP Div 可以显示和隐藏，可以制作多种网页特效。

7.6.2 创建 AP Div

使用 Dreamweaver CS4 可以方便地在页面上创建 AP Div。在网页中插入 AP Div，方法有很多种，如使用菜单、鼠标拖动等。

1. 直接插入 AP Div

（1）新建或打开网页文档。

（2）将光标放在插入 AP Div 的位置，依次选择"插入"→"布局对象"→AP Div 命令，Dreamweaver CS4 自动在文档中的光标位置插入一个 AP Div。

2. 绘制 AP Div

（1）新建网页文档。

（2）单击"布局"插入面板中的"绘制 AP Div"按钮　。

（3）在文档窗口中按住鼠标左键并拖动鼠标，可以绘制一个 AP Div。如果按下 Ctrl 键不松开，可以连续绘制多个 AP Div。

此外，如果用鼠标拖动"布局"插入面板中的"绘制 AP Div"按钮　到文档窗口并松开鼠标键，则 Dreamweaver CS4 将自动在文档窗口中创建一个 AP Div。

3. 创建嵌入 AP Div

在 Dreamweaver CS4 中，一个 AP Div 里还可以包含另外一个 AP Div，称为 AP Div 的嵌套。通常，被嵌入的 AP Div 称为父层，嵌入的 AP Div 称为子层。子层继承其父层的可见性，并且能随父层的移动而移动，因此可以通过移动父层而子层是否移动的方法来判断 AP Div 的嵌入关系。

注意：一个 AP Div 在位置上位于另外一个 AP Div 的上面，不一定就是嵌入 AP Div。

创建嵌入 AP Div 的操作步骤如下。

（1）用鼠标拖动"布局"插入面板中的"绘制 AP Div"按钮　到现有 AP Div 中。

（2）单击"布局"插入面板中的"绘制 AP Div"按钮　，然后在某个现有 AP Div 中绘制。

7.6.3 AP Div 的基本操作

1. "AP 元素"面板

通过"AP 元素"面板可以管理文档中的 AP Div。AP Div 显示为按 Z 轴顺序排列的名称列表，首先创建的 AP Div 出现在列表的底部（Z 轴较小），最新创建的 AP Div 出现在列表的顶部（Z 轴较大）。嵌入 AP Div 显示在父层名称下面，如在图 7-19 中，apDiv1 是层 apDiv7 的父层，单击加号（＋）或减号（－）图标显示或隐藏嵌入 AP Div。使用"AP 元素"面板可更改 AP Div 的可见性、AP Div 的堆叠顺序以及选择一个或多个 AP Div。

依次选择"窗口"→"AP 元素"命令，可打开"AP 元素"面板，如图 7-19 所示。

2. 选择 AP Div

如果要操作或修改 AP Div 的属性，首先要选中 AP Div。一个 AP Div 被选中后，在 AP Div 的周围将出现一个粗边框，并且有 8 个控制点分布在边框上，如图 7-20 所示。

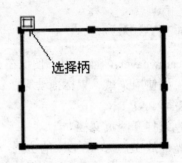

图 7-19　"AP 元素"面板　　　　　图 7-20　AP Div 被选中后的外观

1）可按如下操作之一选择一个 AP Div

（1）在"AP 元素"面板中单击该 AP Div 的名称。

（2）单击一个 AP Div 的选择柄，如图 7-20 所示。如果选择柄不可见，可以用鼠标在该 AP Div 中单击。

（3）单击一个 AP Div 的边框。

（4）按住 Ctrl+Shift 键并单击 AP Div 中的任意位置。如果已选定多个 AP Div，此操作会取消选定其他所有 AP Div 而只选择所单击的 AP Div。

2）可按如下操作之一选择多个 AP Div

（1）按住 Shift 键并单击"AP 元素"面板上的两个或更多的名称。

（2）按住 Shift 键，在两个或多个 AP Div 的边框内（或边框上）单击鼠标左键。

当选定多个 AP Div 时，最后选定 AP Div 的大小控制点将以黑色突出显示，其他 AP Div 的大小控制点则以白色空心显示，如图 7-21 所示。

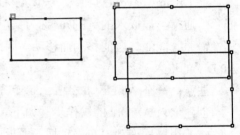

图 7-21　多 AP Div 同时被选中时的各
AP Div 边框状态

3. 设置 AP Div 的属性

在创建了一个新 AP Div 以后，一般要对其格式进行相应设置才会符合设计者的要求。在文档窗口中选中某个 AP Div，依次选择"窗口"→"属性"命令，显示属性面板，如图 7-22 所示。通过"属性"面板，可以很方便地对 AP Div 的属性进行编辑。

图 7-22　AP Div 的"属性"面板

"属性"面板中，各项含义如下。

1）CSS-P 元素

用于指定一个 AP Div 的名称。

2）左和上

指定 AP Div 的左上角相对于页面（如果嵌入 AP Div，则相对于父层）左上角的位置，如图 7-23 和图 7-24 所示。

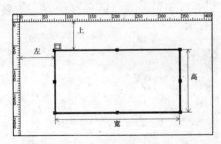

图 7-23　AP Div 的位置和大小（相对于页面）

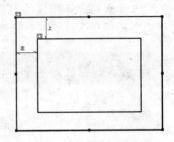

图 7-24　AP Div 的位置和大小（相对于父层）

3）宽和高

指定 AP Div 的大小，如图 7-23 所示。AP Div 的位置和大小的默认单位为像素（px）。也可以指定以下单位：pc（1pica=12pt）、pt（点）、in（英寸）、mm（毫米）、cm（厘米）或%（父层相应值的百分比）。

4）Z轴

确定 AP Div 的 Z 轴（即堆叠顺序），堆叠在上面的 AP Div，Z 轴大；堆叠在下面的 AP Div，Z 轴小。Z 轴的值从 1 开始取自然数，当 Z 轴为 1 时，则位于最底部。如果是嵌入 AP Div，则重新从 1 开始编号，如图 7-19 中的 apDiv7。

5）可见性

指定该 AP Div 最初是否是可见的。下拉列表中各选项的含义如下。

（1）default：不指定可见性属性。当未指定可见性时，大多数浏览器默认为 inherit。

（2）inherit：使用该 AP Div 父级的可见性属性，如果没有父层，则为 visible。

（3）visible：显示 AP Div 的内容，不管其父层是否可见。

（4）hidden：隐藏 AP Div 的内容，不管其父层是否可见。

6）背景图像

指定 AP Div 的背景图像。单击"浏览"按钮可浏览一个图像文件。

7）背景颜色

指定 AP Div 的背景颜色。如果将此选项留为空白，则表示该 AP Div 是透明的背景。

8）溢出

指定当前 AP Div 的内容超过 AP Div 的指定大小时如何在浏览器中显示 AP Div 中的内容。下拉列表中各选项的含义如下。

（1）visible：指示在 AP Div 中显示额外的内容。实际上，该 AP Div 会通过延伸宽高值来容纳额外的内容。

（2）hidden：指定不在浏览器中显示额外的内容。

（3）scroll：指定浏览器在 AP Div 上添加滚动条（实现溢出内容滚动显示），而不管 AP Div 中的内容是否溢出。

（4）auto：使浏览器仅在需要时（即当 AP Div 的内容超过其边界时）才显示 AP Div 的滚动条。

9）剪辑

定义 AP Div 的可见区域。指定左侧、顶部、右侧和底边坐标，可在 AP Div 的坐标空间中定义一个矩形（从 AP Div 的左上角开始计算）。AP Div 经过"剪辑"后，只有指定的矩形区域才是可见的，但 AP Div 的大小不变。例如，若要使一个 AP Div 中左上角 50 像素宽、75 像素高的矩形区域可见而其他内容均不可见，则将"左"设置为 0，"上"设置为 0，"右"设置为 50，"下"设置为 75，如图 7-25 所示。

（a）剪辑前　　　　　　　　　　　　　　（b）剪辑后

图 7-25　AP Div 剪辑前后的效果

4. 调整 AP Div 的大小

可以调整单个 AP Div 的大小，也可以同时调整多个 AP Div 的大小以使各 AP Div 具有相同的宽度和高度。

（1）若要调整单个 AP Div 的大小，先选择一个 AP Div，然后执行以下操作之一。

① 若要通过鼠标拖动调整大小，需要拖动该 AP Div 的任一大小控制点。

② 若要一次调整一个像素的大小，需要先按下 Ctrl 键，然后再按键盘中的方向键。

③ 若要一次调整 10 个像素的大小，需要先按下 Ctrl+Shift 键，然后再按键盘中的方向键。

④ 在"属性"面板中输入宽度和高度值。

（2）同时调整多个 AP Div 大小的操作步骤如下。

① 选择两个或更多 AP Div。

② 依次选择"修改"→"排列顺序"→"设置成宽度相同"或"修改"→"排列顺序"→"设置成高度相同"命令（注：Dreamweaver CS4 以最后选定的 AP Div 为依据，调整其他 AP Div 的高度或宽度）。也可在"属性"面板中的"多个 CSS-P 元素"下输入宽度和高度值。这些值将应用于所有选定 AP Div。

5. 移动 AP Div

若要移动一个或多个 AP Div，先选择这些 AP Div，然后执行以下操作之一。

（1）若要通过鼠标移动，则将鼠标指向 AP Div 的边框位置，当出现✛光标时拖动鼠标。

（2）若要通过键盘移动，则按下 4 个方向键中的一个。

（3）在"属性"面板中的"左"或"上"文本框中直接输入数值。

6. 对齐 AP Div

使用 AP Div 对齐功能可利用最后一个选定的 AP Div（即控制点为实心的 AP Div）边框来对齐一个或多个 AP Div。当对 AP Div 进行对齐时，未选定的子 AP Div 可能会因为其父 AP Div 被移动而移动。为了避免这种情况发生，在网页设计过程中应尽量少用嵌套 AP Div。对齐多个 AP Div 的操作步骤如下。

（1）选择多个 AP Div。

（2）依次选择"修改"→"排列顺序"命令，然后选择级联菜单中的对齐选项。例如，如果选择"上对齐"，所有 AP Div 都会将它们的上边框与最后一个选定的 AP Div（即控制点为实心的 AP Div）上边框处于同一水平位置，如图 7-26 所示。

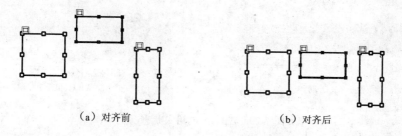

（a）对齐前 （b）对齐后

图 7-26 AP Div 的对齐（上缘对齐）

此外，选中多个 AP Div 后，在"属性"面板中"左"文本框中输入值（各 AP Div 左边界距文档窗口左边框的距离），可以设置 AP Div 的左对齐；在"上"文本框中输入值（各 AP Div 上边界距文档窗口上边框的距离），可以设置 AP Div 的上对齐。

7. 更改 AP Div 的重叠顺序

AP Div 的重叠顺序就是 AP Div 的显示顺序。AP Div 的重叠顺序由 Z 轴值确定，AP Div 的 Z 轴值设置得越大，AP Div 优先显示的级别就越高，即当两个 AP Div 之间有重叠区域的时候，Z 轴值大的 AP Div 将遮住 Z 轴值小的 AP Div。在"AP 元素"面板中改变 AP Div 的重叠顺序有以下两种常用方式。

（1）在 AP Div 面板中选中某个 AP Div，然后单击 Z 对应的属性列，此时出现 Z 轴值设置文本框，在设置框中输入数值即可改变 AP Div 的重叠顺序。注意，如果两个 AP Div 的 Z 轴值相同，则以在 AP Div 面板中出现的顺序为准，上面的 AP Div 优先显示。如图 7-27 所示，apDiv3 将覆盖在 apDiv2 之上。

（2）在"AP 元素"面板中选中要改变重叠顺序的 AP Div，然后按住鼠标拖动 AP Div 至相应的位置释放鼠标，即可改变该 AP Div 的顺序（此时 Z 轴值将自动被调整）。

8. 设置 AP Div 的可见性

在"AP 元素"面板中选中一个 AP Div，然后单击 图标对应的属性列，可调整该 AP Div 的可见性，如图 7-28 和图 7-29 所示。AP Div 的可见性状态包括可见（图标为 ）、不可见（图标为 ）和继承父层的可见性（没有图标）。

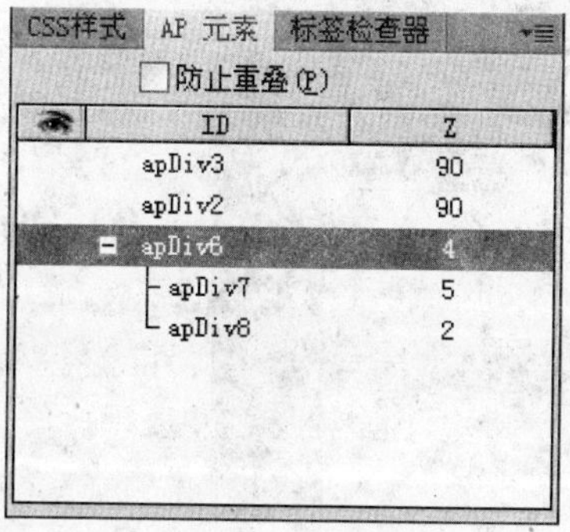

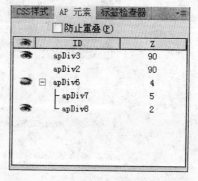

图 7-27 AP Div 的 Z 轴值

图 7-28 AP Div 面板中的可见性状态

184

（a）两个 AP Div 皆可见　　　　　　　　　　　　　（b）apDiv2 隐藏

图 7-29　AP Div 的可见状态对比

9. 删除 AP Div

如果想要删除 AP Div，只需选中要删除的 AP Div，按 Delete 键即可。

7.6.4　综合实例——使用 AP Div 制作下拉菜单

下拉菜单是网页中最常见的效果之一，通常和导航栏配合使用。当用鼠标指向带有下拉菜单的导航链接时，将弹出一个窗口显示更加详细的菜单项；当鼠标离开导航链接时，弹出的窗口将立即隐藏。因此，下拉菜单不仅节省了网页中的珍贵空间，而且一个新颖美观的下拉菜单更会使网页增色不少。这里将以 AP Div 制作下拉菜单为例，演示 AP Div 的基本操作。

1. 工作目录及素材准备

（1）在 D 盘根目录下新建一个文件夹 myjob，作为本次综合实例的工作目录。

（2）将位于"《大学计算机应用高级教程》教学资源＼第 2 篇　网页设计＼第 7 章　使用框架和层布局网页＼7.6"目录下的 images 文件夹、swf 文件夹和 index（original）.html 文件复制到"D:＼　myjob　＼"文件夹下。

2. 操作步骤

（1）打开 index（original）.html 网页文档，如图 7-30 所示。

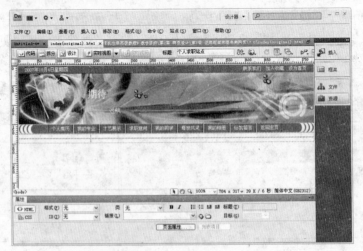

图 7-30　index（original）.html 网页文档

（2）依次选择"插入"→"布局对象"→AP Div 命令，在文档编辑窗口的光标位置插入一个 apDiv1，调整 apDiv1 的大小和位置，如图 7-31 所示（以把 AP Div 刚好放置在文本"个人简历"下方为准，尽量靠近上方的文本）。

图 7-31　apDiv1 的大小和位置效果图

（3）选择 apDiv1，在"属性"面板中将"背景颜色"设置为#CCDFF2。

（4）将光标放在 apDiv1 中，插入一个表格，表格属性如图 7-32 所示。

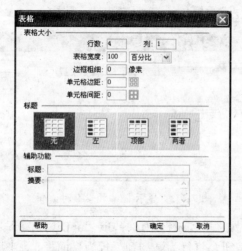

图 7-32　"表格"对话框

（5）选择表格中所有的单元格，在"属性"面板中的"对齐"下拉列表中选择"居中对齐"选项，在"垂直"下拉列表中选择"居中"选项，在"高"文本框中输入数值"25"。

（6）在 4 个单元格中分别输入文本"基本信息"、"工作简历"、"教育背景"和"语言能力"。在"属性"面板中设置文本颜色为#FFFFFF，如图 7-33 所示。

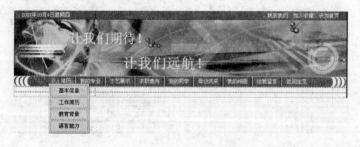

图 7-33　apDiv1 中的表格和文本

使用框架和层布局网页

（7）选择水平导航栏中的文本"个人简历"，选择"窗口"→"行为"命令，打开"行为"面板（有关"行为"面板的详细信息，请参见第8章），如图7-34所示。

（8）单击"行为"面板中的"＋"按钮，在弹出的菜单中选择"显示-隐藏元素"命令，如图7-35所示，打开"显示-隐藏元素"对话框，如图7-36所示。

图7-34 "行为"面板

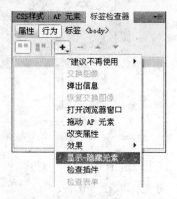

图7-35 "显示-隐藏元素"命令

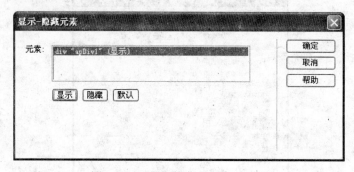

图7-36 "显示-隐藏元素"对话框

（9）在对话框中的"元素"列表框中选择div "apDiv1"，单击"显示"按钮。

（10）单击"确定"按钮，将行为添加到"行为"面板，如图7-37所示。

（11）在"行为"面板中单击第1列中的条目，在弹出的下拉列表中选择onMouseOver，如图7-38所示。

图7-37 "行为"面板中新添加的行为

图7-38 选择行为类型

（12）选择水平导航栏中的文本"个人简历"，单击"行为"面板中的"＋"按钮，在弹出的菜单中选择"显示-隐藏元素"命令，打开"显示-隐藏元素"对话框，在对话框中选择 div "apDiv1"，单击"隐藏"按钮，如图 7-39 所示。

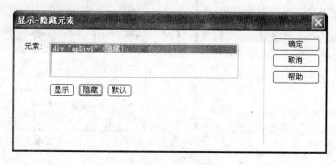

图 7-39 "显示-隐藏元素"对话框

（13）单击"确定"按钮，添加行为到"行为"面板中，如图 7-40 所示。

（14）类似于步骤（11），在"行为"面板中将默认的事件改为 onMouseOut，如图 7-41 所示。

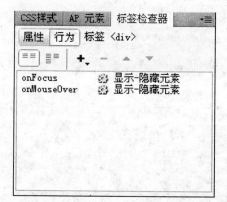

图 7-40 "行为"面板中新添加的行为

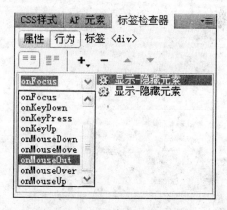

图 7-41 选择行为类型

（15）选中 apDiv1，单击"行为"面板中的"＋"按钮，在弹出的菜单中选择"显示-隐藏元素"命令，打开"显示-隐藏 AP Div"对话框。在对话框中的"元素"列表框中选择"div 'apDiv1'"，单击"显示"按钮。在"行为"面板中将默认的事件改为 onMouseOver。

（16）选中 ApDiv1，单击"行为"面板中的"＋"按钮，在弹出的菜单中选择"显示-隐藏元素"命令，打开"显示-隐藏元素"对话框。在对话框中的"元素"列表框中选择"div 'apDiv1'"，单击"隐藏"按钮。在"行为"面板中将默认的事件改为 onMouseOut。

（17）选择 AP Div 中各行文本，通过"属性"面板创建超链接。

（18）依次选择"窗口"→"AP 元素"命令，打开"AP 元素"面板，在"AP 元素"面板中的 ApDiv1 前面单击鼠标左键以隐藏该 AP Div。

（19）重复步骤（2）～（18），继续为导航栏中的其他文本创建下拉菜单。

（20）保存文档，按下 F12 键可在浏览器中预览到当鼠标移动到文字"个人简历"时的效果和当鼠标移开文字时的效果，如图 7-42 所示。

（a）菜单显示前　　　　　　　　　　（b）菜单显示后

图 7-42　网页中的下拉菜单效果

第 8 章 行为和表单

行为是由 JavaScript 脚本语言编写，能够完成特定任务，并且按照一定方式运行的一段程序（或脚本）。行为可以使网页中的元素更加活跃，从而具有更强的感染力。表单是站点从网页浏览者那里获得信息的重要手段，浏览者可以使用诸如文本框、列表框和复选框等表单对象输入信息，然后单击提交按钮将信息发送到 Web 站点。本章介绍了行为和表单，具体内容包括行为的概念和行为的基本操作、常见行为的使用方法、表单域和表单对象的基本特征，还以综合实例介绍了网页中表单的制作方法和技巧。

8.1 行 为 概 述

行为虽然和编写程序有关，但在 Dreamweaver CS4 中，可以借助"行为"面板，在不编写任何程序代码的情况下，在网页中添加一些非常专业的行为。

通常，行为需要由事件触发才能执行。要在网页中使用行为，首先要为网页元素附加一个动作，然后再指定一个触发该动作的事件。

8.1.1 事件

事件是浏览者或系统程序在浏览器上执行的一种操作。例如，当访问者在某个链接上按下鼠标时，浏览器为该链接生成一个 onMouseDown（鼠标按下）事件，然后浏览器查看是否存在由该事件触发的动作，如果有则执行动作。

简单地说，把一个对象（例如网页中的一个超链接）接收到外界的刺激称为事件，而对象在受到外界刺激后做出的反应称为动作。一个对象在受到外界某一刺激后有可能做出反应（即有动作），也可能没有反应（即没有动作）。

在网页设计过程中，如果希望网页中的某个对象在受到某种刺激（事件）后，按照我们期望的方式反应（动作），则必须为这个对象添加行为。

事件是在浏览者浏览网页过程中，打开或关闭网页、用鼠标或键盘操作网页时，对网页内容产生的刺激。通常用户发生的事件类型很多，而浏览器能识别的事件（即刺激）却很少。每个浏览器都提供一组事件（即它们能够识别的事件），不同浏览器提供的事件会有一些细微的差别。表 8-1 中列出了一些基本的、大部分浏览器都能识别的 HTML 事件。

表 8-1 基本的 HTML 事件

事件名称	触 发 条 件	适 用 对 象
onLoad	当浏览器加载网页文档或框架时	适用于整个网页文档和框架集
onUnLoad	当浏览器卸载网页文档或框架时	适用于整个网页文档和框架集

190

事件名称	触 发 条 件	适 用 对 象
onClick	当一个元素被鼠标单击时	网页中大部分对象都适用
onDbClick	当一个元素被鼠标双击时	网页中大部分对象都适用
onMouseDown	在一个元素上方鼠标键被按下时	网页中大部分对象都适用
onMouseUp	在一个元素上方鼠标键被释放时	网页中大部分对象都适用
onMouseOver	当鼠标指针在一个元素上方时	网页中大部分对象都适用
onMouseMove	当鼠标指针在一个元素上方移动时	网页中大部分对象都适用
onMouseOut	当鼠标指针离开一个元素时	网页中大部分对象都适用
onFocus	当一个元素获得焦点时	网页中大部分对象都适用
onBlur	当一个元素失去焦点时	网页中大部分对象都适用
onSubmit	当单击表单中的提交按钮时	表单对象
onReset	当单击表单中的重置按钮时	表单对象
onSelect	当文本域中文本被选定时	文本域对象等
onChange	当文本域中文本发生改变时	文本域和列表框对象等

8.1.2 行为

在 Dreamweaver CS4 中，行为是用 JavaScript 预先编写好的一段程序，这些程序将完成特定的任务（即某个动作），例如打开浏览器窗口、播放声音、改变属性等。

Dreamweaver CS4 内置了很多行为，大约有 20 多种，也就是说，Adobe 公司事先已经安排程序员把这些行为用程序的方式全部实现了。我们要做的工作就是站在"巨人"的肩膀上，用鼠标轻松地点几下，就可以实现页面中的互动效果。

8.2 使 用 行 为

可以将"行为"附加到整个文档（即附加到<body>标签），也可以附加到链接、图像、表单元素或多种其他 HTML 元素中。在 Dreamweaver CS4 中，使用行为主要借助于"行为"面板。

8.2.1 "行为"面板

依次选择"窗口"→"行为"命令，打开"行为"面板，如图 8-1 所示。文档编辑窗口中被选择元素的 HTML 标签将显示在"行为"面板的标题栏中。"行为"面板的列表中显示了已经被附加在当前页面元素的行为，并按事件名称的字母顺序排列。如果有几个动作由同一个事件（即事件名相同的情况）触发执行，则这些动作会按照它们在列表中出现的顺序执行。如果没有行为出现在"行为"面板的列表中，则说明暂时没有行为被附加到当前被选择的元素上。

"行为"面板中各选项的含义如下。

1）显示设置事件（ ≡ ）

仅显示已经附加到被选中元素行为中的事件。

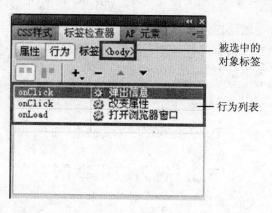

图 8-1 "行为"面板

2）显示所有事件（▤）

按字母降序显示被选中元素能支持的所有事件。

3）添加动作（+）

是一个弹出菜单，其中包含可以附加到当前所选元素的所有动作。当从列表中选择一个动作时，将出现一个对话框，可以在对话框中指定该动作的参数。如果所有动作都灰色显示，则表示所选元素没有相应的行为。

4）删除（━）

从行为列表中删除所选的行为。

5）上下箭头按钮（▲，▼）

用于调整行为列表中事件名称相同的行为的上下顺序。可以修改同一事件触发的动作顺序，例如在图 8-1 中可以修改由 onClick 事件触发的两个动作的顺序（即在上面的先执行，在下面的后执行）。

8.2.2 绑定行为

绑定行为就是为页面中某元素添加一个行为。要绑定行为，首先选中一个页面元素，例如一个图像或一个链接。若要把一个行为附加到整个页面中，可以在文档编辑窗口的空白处单击鼠标或单击状态栏左侧的<body>标签。此时，选中的页面元素将自动显示在"行为"面板的上部区域。

在"行为"面板中单击"添加行为"按钮+，在弹出的菜单中单击一个动作将会打开一个对话框。在对话框中输入用于动作的参数，单击"确定"按钮便可以在"行为"面板中看到新添加的行为。

8.2.3 查看行为

由于行为是绑定在页面元素上的，要想查看某个行为，先在网页文档中选中绑定此行为的页面元素，然后在"行为"面板中便可看到被绑定到该页面元素的所有行为。

8.2.4 编辑行为

在"行为"面板中，用鼠标右击某个行为条目，在弹出的快捷菜单中选择"编辑行为"

命令，可进一步修改行为的动作方式。

用鼠标单击行为列表中的事件名（在第1列），在弹出的事件列表中选择一个新的事件，可实现行为事件类型的修改。

8.2.5 删除行为

在"行为"面板中，按下 Delete 键可删除当前被选中的行为。

8.3 行为应用举例

为加深读者对行为的理解和使用，本节将介绍几个在网页设计过程中经常用到的行为应用实例。

本节实例素材位于"《大学计算机应用高级教程》教学资源＼第2篇 网页设计＼第8章 行为和表单＼8.3"中。

8.3.1 SWF 影片控制

在 Dreamweaver CS4 中，可以使用"控制 Shockwave 或 SWF"行为来控制 Shockwave 或 SWF 影片的播放、停止、倒退或者跳转到某一帧。

（1）新建或打开一个网页文档，在网页中插入一个表格，表格基本属性如图 8-2 所示。

（2）选中表格中所有单元格，在"属性"面板中的"水平"下拉列表中选择"居中对齐"选项，在"垂直"下拉列表中选择"居中"选项。选中整个表格，在"属性"面板中"对齐"下拉列表中选择"居中对齐"选项。在第1行第2列单元格中输入文本"旅行者"。

（3）将光标放在表格第2行第2列单元格中，将"属性"面板中的"背景颜色"设置为#000000，并在"高"文本框中输入数值"300"，然后依次选择"插入"→"媒体"→SWF命令，或单击"常用"插入面板中"媒体"按钮右侧的向下箭头，在弹出的菜单中选择 SWF 选项，打开"选择文件"对话框。

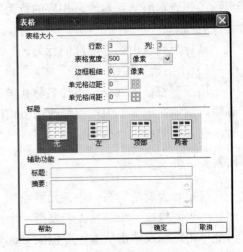

图 8-2 "表格"对话框（一）

（4）在对话框中选择一个 SWF 文件（如 walking on.swf），然后单击"确定"按钮，插入 SWF 影片。

（5）选中 SWF 影片，在"属性"面板的 SWF 文本框中输入 walker，为当前 SWF 影片命名。

（6）将光标定位于第3行第2列单元格中，插入一个1行5列的表格（表格宽度设为100%，表格边框粗细、单元格边距和单元格间距都为0），选择表格中所有单元格，在"属性"面板中"水平"下拉列表中选择"居中对齐"选项。在表格中间三个单元格中依次插入图像 play.gif、stop.gif 及 back.gif，如图 8-3 所示。

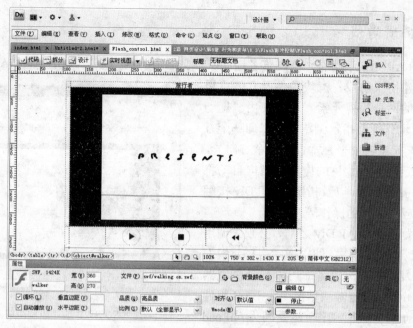

图 8-3　SWF 影片控制实例

（7）依次选中图像 play.gif、stop.gif 和 back.gif，建立空链接（即链接目标端点为"#"。空链接表示超链接没有目标端点，但具有超链接的外观，如在浏览时鼠标光标变为手形等）。

（8）选中图像 play.gif，单击"行为"面板中的"添加行为"按钮 ✚，在弹出的菜单中选中"控制 Shockwave 或 SWF"菜单项，打开"控制 Shockwave 或 SWF"对话框，如图 8-4 所示。

图 8-4　"控制 Shockwave 或 SWF"对话框

（9）在"影片"下拉列表中，Dreamweaver CS4 会自动列出当前文档中所有 Shockwave 或 SWF 影片的名称（若 Shockwave 或 SWF 影片没有命名，将不会出现在该下拉列表中）。在此，选择步骤（5）中命名的影片 walker。

（10）在"操作"选项组中选中"播放"单选按钮，单击"确定"按钮便可在"行为"面板中增加一个行为。

（11）选中图像 stop.gif，参照步骤（9）和（10）的方法添加一个"控制 Shockwave 或 SWF"行为，操作类型为"停止"。

（12）选中图像 back.gif，参照步骤（9）和（10）的方法添加一个"控制 Shockwave 或 SWF"行为，操作类型为"后退"。

（13）最后按下 Ctrl+S 键保存网页文档，按 F12 键便可在浏览器中预览效果，如图 8-5 所示。

8.3.2 拼图游戏

"拖动 AP 元素"动作允许浏览者拖动网页文档中的 AP Div。使用"拖动 AP 元素"动作可以创建拼板游戏、滑块控件及其他可用鼠标移动的网页可视元素。通过使用"拖动 AP 元素"动作能够指定浏览者可以向哪个方向拖动 AP 元素（水平、垂直或任意方向），还可以确定在多大数目的像素范围内自动将 AP Div 对齐到目标，以及指定当 AP Div 接触到目标时应该执行的操作等。

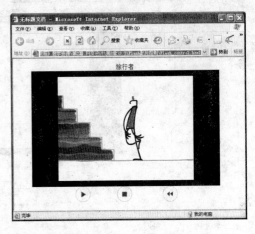

在浏览者拖动 AP Div 之前，必须先调用"拖动 AP 元素"动作，即"拖动 AP 元素"动作必须发生后，浏览者才可以拖动浏览器中的 AP Div。通常的做法是使用 onLoad 事件触发"拖动 AP 元素"动作，这是因为 onLoad 事件在浏览器加载网页的时候就被触发。

图 8-5　SWF 影片控制最终效果

（1）新建或打开一个网页文档，单击"属性"面板中的"页面属性"按钮，按照图 8-6 所示对页面外观进行设置。

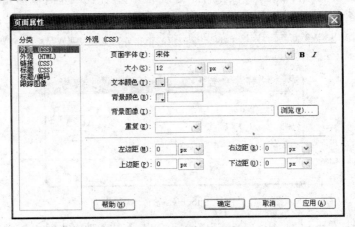

图 8-6　"页面属性"对话框

（2）在页面中插入一个表格，表格基本属性如图 8-7 所示。

（3）选中表格，在"属性"面板中的"对齐"下拉列表中选择"右对齐"选项。

（4）在表格的三个单元格中依次插入图像文件"tiger_缩略图.jpg"，如图 8-8 所示。

（5）在文档的空白处单击鼠标，依次选择"插入"→"布局对象"→AP Div 命令，在文档中插入一个 AP Div。

（6）选中 AP Div，在"属性"面板中的"宽"文本框中输入数值 196 像素，"高"文本框中输入数值 210 像素。

（7）将光标定位于 AP Div 中，依次选择"插入"→"图像"命令，打开"选择图像源文件"对话框。在对话框中选择图像文件 TIGER_r1_c1.jpg, 单击"确定"按钮在 AP Div 中插入图像。

图 8-7 "表格"对话框（二）

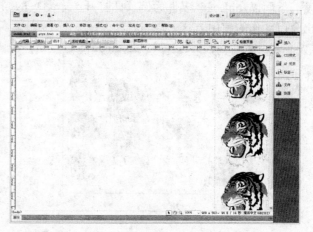

图 8-8 缩略图的外观

（8）在文档的空白处单击鼠标, 参照步骤（5）～（7）, 在文档中再依次插入 8 个 AP Div, 分别放置其他的 8 幅图像。

（9）单击文档窗口左下角的<body>标签, 然后单击"行为"面板中的"添加行为"按钮, 在弹出的菜单中选中"拖动 AP 元素"命令, 打开"拖动 AP 元素"对话框, 如图 8-9 所示。

图 8-9 "拖动 AP 元素"对话框

（10）在"AP 元素"下拉列表中选择要使其能被拖动的 apDiv1, 在"移动"下拉列表中选择"不限制"选项, 单击"确定"按钮为 apDiv1 附加一个"拖动 AP 元素"动作。

（11）参照步骤（9）～（10）, 依次为 apDiv2～apDiv9 附加一个相同设置的"拖动 AP 元素"动作。

（12）按下 Ctrl+S 键保存网页文档（文件名为 ptyx. html）, 按下 F12 键便可在浏览器中预览效果。

（13）在浏览器窗口中, 通过鼠标拖动即可改变左上角各个图片的位置, 整个 tiger 拼凑成功后的效果如图 8-10 所示。

8.3.3 弹出窗口

使用"打开浏览器窗口"动作可以在启动一个新窗口中打开网页文档, 并且可以指定

行为和表单

新窗口的属性，如窗口大小、名称、是否具有菜单条和地址栏等。例如，可以使用此行为在浏览者单击一个超链接时，打开一个具有特色的窗口。弹出窗口动作可以由多种事件触发，下面以 onLoad 事件为例（即打开一个网页的同时，打开另外一个新的页面）介绍弹出窗口动作的使用方法。

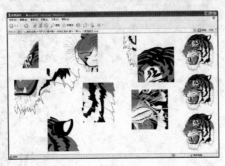
（a）拼图前

（b）拼图后

图 8-10　拼图游戏的最终效果

（1）新建一个网页文档，如图 8-11 所示，该文档将出现在打开的新窗口中。按 Ctrl+S键以文件名 tcck.html 保存网页。

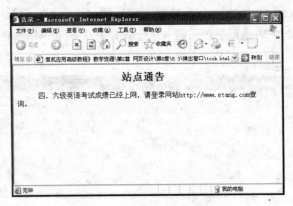

图 8-11　"告示"网页外观

（2）打开 8.3.2 节制作的网页文档拼图游戏 ptyx. html。

（3）单击状态栏左侧的<body>标签，然后单击"行为"面板中的"添加行为"按钮，在弹出的菜单中选中"打开浏览器窗口"菜单项，打开"打开浏览器窗口"对话框，在对话框中做图 8-12 所示的设置。

"打开浏览器窗口"对话框中各选项的含义如下。

①　要显示的 URL：指定在弹出窗口中显示什么网页文档，可以直接在文本框中输入一个 URL（绝对地址或相对地址均可），也可以单击"浏览"按钮选择一个网页。

②　窗口宽度：指定弹出浏览器窗口的宽度，以像素点为单位。

③　窗口高度：指定弹出浏览器窗口的高度，以像素点为单位。

④　属性：共有 6 个复选框，这些复选框在选中时表示有效，用于确定弹出的浏览器窗口是否有导航工具栏、菜单条、地址工具栏、滚动条、状态栏以及是否可调整大小等

特征。

⑤ 窗口名称：指定弹出窗口的名称，该名称通常在编程时使用。

图 8-12 "打开浏览器窗口"对话框

（4）单击"确定"按钮关闭对话框。按 Ctrl+S 键保存网页，按 F12 键便可在浏览器中预览效果。

8.3.4 设置状态栏文本

使用"设置状态栏文字"动作可以在浏览器状态栏中显示文本信息，如一些问候语等。在浏览器状态栏设置文本信息的操作步骤如下。

（1）新建或打开一个网页文档。

（2）单击状态栏左侧的<body>标签，然后单击"行为"面板中的"添加行为"按钮，在弹出的菜单中选择"设置文本"→"设置状态栏文本"命令，打开"设置状态栏文本"对话框，如图 8-13 所示。

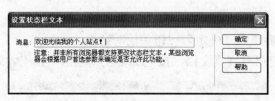

图 8-13 "设置状态栏文本"对话框

（3）在"消息"文本框中输入文本"欢迎光临我的个人站点！"，单击"确定"按钮关闭对话框。

（4）在"行为"面板中设置动作的触发事件为 onLoad。

（5）按下 Ctrl+S 键保存网页文档，然后按 F12 键在浏览器中预览效果，如图 8-14 所示。

8.3.5 关闭当前窗口

浏览网页时，有些网页通常在最后会显示一个"关闭"按钮，当单击这个按钮时，将关闭浏览器窗口。下面以一个实例介绍"关闭"按钮的制作方法。

（1）新建或打开一个网页，如图 8-15 所示。

（2）将光标放在网页文档的最下方居中位置，依次选择"插入"→"表单"→"按钮"命令，在光标位置插入一个按钮。选中按钮（用鼠标单击这个按钮便可选中），在"属性"

面板中的"值"文本框中输入"关闭"字符。

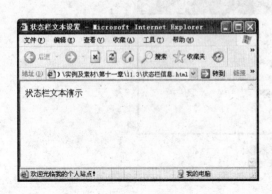

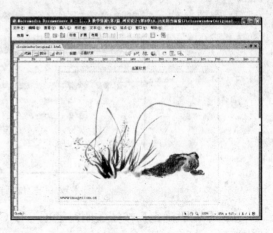

图 8-14　浏览器状态栏中的文本　　　　图 8-15　用于制作"关闭"按钮的初始网页

（3）选中"关闭"按钮，单击"行为"面板中的"添加行为"按钮，在弹出的菜单中选择"调用 JavaScript"命令，打开"调用 JavaScript"对话框，如图 8-16 所示。

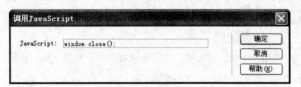

图 8-16　"调用 JavaScript"对话框

（4）在"调用 JavaScript"文本框中输入文本"window.close();"（括号和分号必须在英文状态下输入），然后单击"确定"按钮关闭对话框。

（5）按下 Ctrl+S 键保存网页文档，按 F12 键在浏览器中预览效果，如图 8-17 所示。

图 8-17　"关闭当前窗口"实例的最终效果

8.3.6　动态改变对象的属性

通过改变属性行为可以在网页中动态改变对象的属性，如用鼠标指向网页中某个对象时，该对象的背景及字体等属性将即时变化。在网页中可以动态改变属性的对象主要包括 Div（层）、Span（文本容器）、P（段落）、TR（表格行）、TD（单元格）、IMG（图像）以及部分表单标签等，下面以一个实例说明"改变属性"行为的操作方法。

（1）新建或打开一个网页文档。

（2）在"属性"面板中单击"页面属性"按钮，在弹出的"页面属性"对话框中按图 8-18 所示设置页面的字体属性。

（3）单击"常用"插入面板中的"表格"按钮，在光标位置插入一个表格，表格的基本属性如图 8-19 所示。

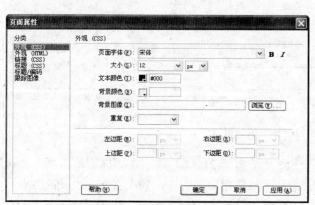

图 8-18 "页面属性"对话框　　　　图 8-19 "表格"对话框（三）

（4）单击"确定"按钮，在文档窗口创建一个表格，选中表格中的所有单元格，打开"属性"面板，将"水平"设置为"居中对齐"，将"垂直"设置为"居中"，将"高"设为 30，将"背景颜色"设为#6DBA2B。

（5）将光标放在表格的第 1 列单元格中，在"属性"面板的 ID 文本框中输入"menu1"，该操作意为给当前光标所在的单元格命名。按相同的方法依次给右侧的三个单元格命名，分别取名为 menu2、menu3 和 menu4。

（6）从左至右依次在 4 个单元格中输入文本：个人简历，我的专业，才艺展示，求职意向，其结果如图 8-20 所示。

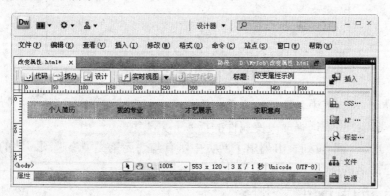

图 8-20 设计窗口中的表格外观

（7）选中单元格中的文本"个人简历"，然后单击"属性"面板中的快速标签编辑器按钮，弹出"快速标签编辑器"浮动窗口，在浮动窗口中输入标签<span>，如图 8-21（a）所示，然后按 Enter 键，在选中的文本两侧插入成对标签<span>…</span>。按相同的方法，依次给文本"我的专业"、"才艺展示"和"求职意向"添加<span>标签。

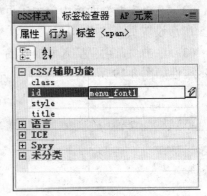

环绕标签：<span>

（a）快速标签编辑器　　　　　　　　　　（b）"标签检查器"面板

图 8-21　标签编辑窗口

（8）将光标放在文本"个人简历"中间，按图 8-21（b）所示在"标签检查器"面板中将 id 改为 menu_font1，给标签<span>命名。按照相同的方法，依次将文本"我的专业"、"才艺展示"和"求职意向"所在的标签<span>命名为 menu_font2、menu_font3 和 menu_font4。

（9）打开"行为"面板，将光标放在左侧第 1 个单元格中，单击状态栏的 <td#menu1> 标签，选中单元格，注意要确保"行为"面板的上部显示的标签为<td>。单击"行为"面板中的添加行为按钮，在弹出的菜单中选择"改变属性"选项，弹出"改变属性"对话框，如图 8-22 所示。

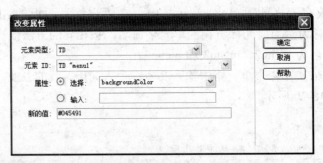

图 8-22　"改变属性"对话框

"改变属性"对话框中各选项的含义如下。

① 元素类型：用于选择要改变属性的标签元素类型。

② 元素 ID：该下拉列表中列出了网页中所有与"元素类型"选项一致的标签元素，但必须选择已命名的标签。

③ 属性：用于选择要改变的对象属性名。

④ 新的值：表示在行为作用下，该属性将取何值。

注意：对于不同的属性，其值的格式不同。

（10）按图 8-22 所示填写相关选项，然后单击"确定"按钮关闭对话框，添加了一个行为。在"行为"面板中将该行为的事件改为 onMouseOver。

（11）根据表 8-2 所示，按照步骤（9）～（10）为文本"个人简历"所在的单元格添加其他三个事件。

表 8-2 "改变属性"行为的参数

行为对象	事件类型	元素类型	元素 ID	属性名	新的值
menu1	onMouseOut	TD	menu1	backgroundColor	#6DBA2B
menu1	onMouseOver	SPAN	menu_font1	color	#fff
menu1	onMouseOut	SPAN	menu_font1	color	#000

（12）按照步骤（9）～（11），依次为文本"我的专业"、"才艺展示"和"求职意向"所在的单元格添加以上 4 个事件，最终效果如图 8-23 所示。

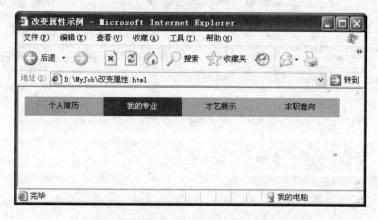

图 8-23 "改变属性"示例的最终效果

8.4 表 单

表单增加了网页的交互性，是浏览者向 Web 服务器发送信息的主要方式。浏览者可以使用诸如"文本框"、"列表框"、"复选框"以及"单选按钮"等表单对象输入信息，单击"提交"按钮后这些信息被发送到 Web 服务器，服务器端程序将完成这些信息的接收和处理。本章只介绍表单网页的制作方法，不考虑信息向 Web 服务器的传送问题。

表单由表单域和表单对象两部分组成。表单域相当于一个"容器"，用于放置表单对象；表单对象包含文本框、单选按钮、复选框以及按钮等。

8.4.1 表单域

在网页文档中创建表单，首先要创建表单域。表单域是表单信息组织和传送的基本单位，如果网页中有两个表单，单击"提交"按钮则只传送"提交"按钮所在表单域中的信息。

创建表单域的操作步骤如下。

（1）将光标定位于要插入表单域的位置。

（2）依次选择"插入"→"表单"→"表单"命令，或者单击"表单"插入栏中的"表单"按钮▢，便可在光标位置创建一个表单域，如图8-24所示。

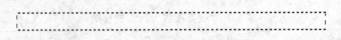

图 8-24　文档编辑窗口中的表单域

如果在文档编辑窗口看不到表单域的红线框，可依次选择"查看"→"可视化助理"→"不可见元素"命令，使标签表单域的红线框可见。

注意：表单域在浏览器窗口中预览时是不可见的。

用鼠标单击表单域红线框选中表单域，依次选择"窗口"→"属性"命令，显示"属性"面板，如图8-25所示。在"属性"面板中，可以设置表单域的属性特征。

图 8-25　表单域的"属性"面板

表单域的"属性"面板中各元素的含义如下。

1．表单 ID

表单名称是一个表单的标识。在同一个网页中，每个表单都必须有唯一的名称。

2．动作

用来接收和处理表单信息的网页 URL。如果没有指定动作 URL，则单击"提交"按钮时会出现错误提示信息。

3．方法

指定表单信息从浏览器向 Web 服务器传送的方式，包括 POST 和 GET 两种，其含义如下。

（1）POST：在 HTTP 请求中嵌入表单数据，并随 HTTP 请求一同传送到 Web 服务器。

（2）GET：将值附加到请求页面的 URL 后面，并随之一同传送。

使用浏览器的默认设置将表单数据发送到服务器。IE 6.0 浏览器的默认值为 GET 方法。

4．目标

在下拉列表中指定以什么方式显示请求页面的内容，同超链接中的目标选项类似。

5．编码类型

在下拉列表中指定提交给服务器进行处理的数据所使用的编码类型。默认设置为 application/x-www-form-urlencoded，该类型通常与 POST 方法协同使用。如果要创建文件上传域，应指定 multipart/form-data 类型。

8.4.2 表单对象

在 Dreamweaver CS4 中，表单对象就是显示在表单域中的控件。先将光标定位在表单域中，可依次选择"插入"→"表单对象"命令，在其子菜单中选择相应的命令来插入各种表单对象；也可以在"表单"插入面板中直接单击表单对象按钮来插入表单对象，如图8-26 所示。

图 8-26 "表单"插入面板

"表单"插入面板中各按钮的含义及操作如下。

1. 文本字段

文本字段是输入文本信息的主要表单对象。在文本字段中，浏览者可以输入单行文本、多行文本及密码三类信息。

1）插入文本域

在文档编辑窗口插入文本域的操作步骤如下。

（1）将光标放置在将要插入文本域的位置，通常在表单域里面。

（2）依次选择"插入"→"表单"→"文本域"命令，或者单击"表单"插入面板中的"文本字段"按钮 $\square$，将打开"输入标签辅助功能属性"对话框，如图 8-27 所示。在对话框中可以对标签文字、样式及位置等属性进行设置。

（3）单击"确定"按钮，可以在表单域中的光标位置插入文本域。文本域可以接受各种数字和字母，如图 8-28 所示。

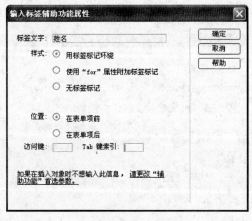

图 8-27 "输入标签辅助功能属性"对话框

图 8-28 文档编辑窗口中的"文本字段"

2）设置文本域属性

选中文本域，可通过"属性"面板设置文本域的属性，如图 8-29 和图 8-30 所示。

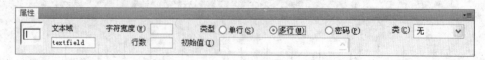

图 8-29　单行文本域的"属性"面板

图 8-30　多行文本域的"属性"面板

文本域的"属性"面板中各元素的含义如下。

（1）文本域：用来指定一个名称，该名称必须在该表单域内唯 。表单对象名称不能包含空格或特殊字符，可以使用字母、数字和下划线"_"的任意组合。

（2）字符宽度：设置文本域中最多可显示的字符数，默认为 20 个字符。例如，如果"字符宽度"设置为 20，而用户输入 100 个字符，则在该文本域中只能看到其中的 20 个字符。

（3）最多字符数：指定在文本域中最多可输入的字符数。

（4）类型：指定文本域为单行、多行还是密码域。

（5）初始值：指定在浏览器首次载入表单时文本域中显示的值。

（6）行数：对多行文本域有效，用于设置多行文本域的高度。

2．隐藏域

隐藏域的内容不在表单上显示，故隐藏域的内容是由网页设计者指定，不能由浏览者输入。表单提交时，隐藏域中的信息和表单一起被提交到 Web 服务器。

1）插入隐藏域

在"表单"插入面板单击"隐藏域"按钮 可以在表单中插入一个可以存储信息的隐藏域，如图 8-31 所示。

2）设置隐藏域属性

选中隐藏域，可通过"属性"面板设置隐藏域属性，如图 8-32 所示。

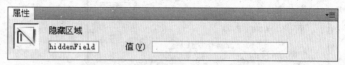

图 8-31　文档编辑窗口中的隐藏域　　　　　图 8-32　隐藏域的"属性"面板

隐藏域的"属性"面板中，各元素含义如下。

（1）隐藏区域：为隐藏域指定一个唯一的名称。

（2）值：为隐藏域指定一个值。该值将在表单提交时传递给 Web 服务器。

3．文本区域

文本区域是多行文本框，可以输入多行文本。

1）插入文本区域

在"表单"插入面板单击"文本区域"按钮 ▦ ，可以在表单中插入一个文本区域，如图 8-33 所示。

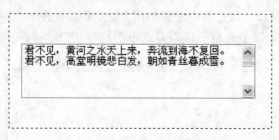

图 8-33　文档编辑窗口中的文本区域

2）设置"文本区域"属性

选中文本区域，可通过"属性"面板设置文本区域属性，如图 8-34 所示。

图 8-34　文本区域的"属性"面板

不难发现，如果将文本域的类型设置为"多行"，文本域就变成了文本区域。

4．复选框

复选框是一个矩形小窗口，有选中和未选中两种状态。

1）插入复选框

在"表单"插入面板单击"复选框"按钮 ☑ ，可以在表单中插入一个复选框，如图 8-35 所示。

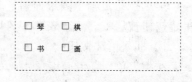

图 8-35　文档窗口中的复选框

2）设置"复选框"属性

选中复选框，可通过"属性"面板设置复选框属性，如图 8-36 所示。

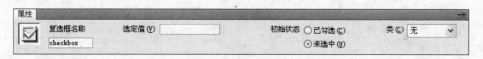

图 8-36　复选框的"属性"面板

复选框的"属性"面板中，各元素含义如下。

（1）复选框名称：为复选框指定一个名称，同一表单中每个复选框必须有唯一的名称。

（2）选定值：指定复选框被选中后，在表单提交时发送给 Web 服务器的值。

（3）初始状态：指定浏览器中最初加载表单时，该复选框是否默认选中。

5．复选框组

1）插入复选框组

插入复选框组，实际上是在文档编辑窗口中一次性插入多个复选框。在文档编辑窗口

行为和表单

插入复选框组的操作步骤如下。

（1）将光标放置在将要插入复选框组的位置，通常在表单域里面。

（2）依次选择"插入"→"表单"→"复选框组"命令，或者单击"表单"插入面板中的"复选框组"按钮🔠，将打开"复选框组"对话框，如图8-37所示。在对话框中可以进行编辑名称、添加/删除复选框、编辑复选框的标签和值等操作。

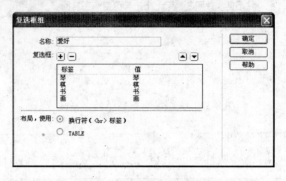

图8-37 "复选框组"对话框

（3）单击"确定"按钮可以在表单中插入一组复选框集合，如图8-38所示。

2）设置复选框组属性

复选框组的属性是通过对组中各复选框分别设置完成的，所以需要先选择组中的每个复选框，然后依次在"属性"面板中进行设置，如图8-36所示。

6. 单选按钮

单选按钮是一个圆形窗口，有选中和未选中两种状态。一组单选按钮同时只能有一个单选按钮被选中。一个表单中可以有多组单选按钮。

1）插入单选按钮

在"表单"插入面板单击"单选按钮"按钮⦿，可以在表单中插入一个单选按钮，如图8-39所示。

图8-38 文档编辑窗口中的复选框组   图8-39 网页文档中的单选按钮

2）设置单选按钮属性

选中单选按钮，可通过"属性"面板设置单选按钮属性，如图8-40所示。

图8-40 单选按钮的"属性"面板

单选按钮的"属性"面板中，各元素含义如下。

（1）单选按钮：为单选按钮指定一个名称，每一组单选按钮必须共用同一名称，即名称相同的单选按钮为一组（每组单选按钮同时只能有一个被选中）。如果在一个表单中要使用两组单选按钮（即实现多选二的情况），则需要为每一组起一个名字。

（2）选定值：指定单选按钮被选中后，在表单提交时发送给 Web 服务器的值。

（3）初始状态：指定浏览器中最初加载表单时，该单选按钮是否默认选中。

7．单选按钮组

1）插入单选按钮组

插入单选按钮组，实际上是在文档编辑窗口中一次性插入多个名称相同的单选按钮。在文档编辑窗口插入单选按钮组的操作步骤如下。

（1）将光标放置在将要插入单选按钮组的位置，通常在表单域里面。

（2）依次选择"插入"→"表单"→"单选按钮组"命令，或者单击"表单"插入面板中的"单选按钮组"按钮▤，将打开"单选按钮组"对话框，如图 8-41 所示。在对话框中可以进行编辑名称、添加/删除单选按钮、编辑单选按钮的标签和值等操作。

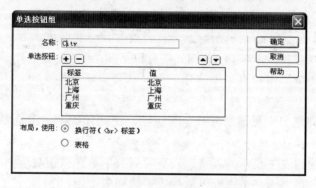

图 8-41　"单选按钮组"对话框

（3）　单击"确定"按钮可以在表单中插入一组共享名称的单选按钮集合，如图 8-42所示。

图 8-42　文档编辑窗口中的单选按钮组

2）设置单选按钮组属性

单选按钮组的属性是通过对组中单选按钮分别设置完成的，所以需要先选择组中的每个单选按钮，然后依次在"属性"面板中进行设置，如图 8-40 所示。

8．列表/菜单

1）插入列表/菜单

在"表单"插入面板单击"列表/菜单"按钮▤，可以在表单中插入列表/菜单，用户可以在列表中添加浏览者可以选择的选项，如图 8-43 所示。

行为和表单

图 8-43　文档编辑窗口中的列表/菜单

2）设置列表/菜单属性

选中列表/菜单，可通过"属性"面板设置列表/菜单属性，如图 8-44 所示。

图 8-44　列表/菜单的"属性"面板

列表/菜单的"属性"面板中，各元素含义如下。

（1）列表/菜单：为列表/菜单指定一个在表单中唯一的名称。

（2）类型：指定列表/菜单显示的样式，有以下两个选项。

① 菜单：在浏览器中仅有一个选项可见，若要显示其他选项，用户必须单击右侧向下箭头。

② 列表：在浏览器中显示部分或全部选项。在此样式中，浏览者可以同时选择多个选项，如图 8-45 所示。

3）高度：设置列表中显示的项数，只有"列表"单选按钮被选中时此文本框才有效。

4）选定范围：指定用户是否可以从列表中选择多个项。

5）列表值：单击"列表值"按钮，将打开"列表值"对话框，可以在对话框中向列表/菜单中添加项目，如图 8-46 所示。

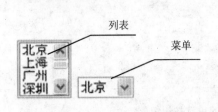

图 8-45　列表和菜单的外观比较

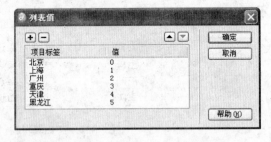

图 8-46　"列表值"对话框

9. 跳转菜单

跳转菜单是一个带有链接选项的列表/菜单。

1）"插入跳转菜单"对话框

在"表单"插入面板单击"跳转菜单"按钮，将打开一个"插入跳转菜单"对话框，如图 8-47 所示。

"插入跳转菜单"对话框中各元素的含义如下。

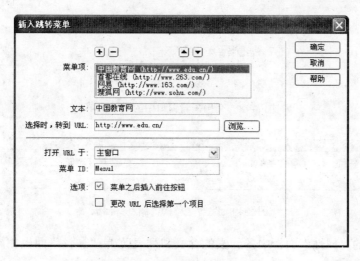

图 8-47 "插入跳转菜单"对话框

（1）菜单项：显示了跳转菜单中的项目。

（2）┿按钮：往"菜单项"列表框中添加一个项目。

（3）━按钮：从"菜单项"列表框中删除选中的项目。

（4）▲按钮：将"菜单项"列表框中选中的项目上移一个位置。

（5）▼按钮：将"菜单项"列表框中选中的项目下移一个位置。

（6）文本：用于输入在菜单列表框中显示的项目文本。

（7）选择时，转到 URL：指定项目要链接的目标端点文件的 URL。

（8）打开 URL 于：用于指定在何处打开链接目标端点文件。下拉列表中显示了当前网页文档中的框架名称，如果不是框架网页，则只显示"主窗口"。

（9）菜单 ID：指定菜单的名称。

（10）选项：如果选择"菜单之后插入前往按钮"复选框，则在"跳转菜单"右侧有一个"前往"按钮，单击此按钮将打开"跳转菜单"中选中项目的链接；如果选择"更改 URL 后选择第一个项目"复选框，则当使用"跳转菜单"转到某个页面后，再次返回到跳转菜单页面时，页面中的"跳转菜单"默认选中第 1 项内容。

2）插入跳转菜单

将光标放在文档窗口中，单击"跳转菜单"按钮，打开"插入跳转菜单"对话框。根据表 8-3 的参数依次添加各个选项，结果如图 8-48 所示。

表 8-3　跳转菜单中各选项的参数

文本	选择时，转到 URL	打开 URL 于	菜单名称	选项
中国教育网	http://www.edu.cn	主窗口	menu1	菜单之后插入前往按钮
首都在线	http://www.263.com	主窗口	menu1	菜单之后插入前往按钮
网易	http://www.163.com	主窗口	menu1	菜单之后插入前往按钮
搜狐网	http://www.sohu.com	主窗口	menu1	菜单之后插入前往按钮

3）设置跳转菜单属性

选中跳转菜单，可通过"属性"面板设置跳转菜单属性，如图 8-49 所示。

图 8-48　文档编辑窗口中的跳转菜单

图 8-49　跳转菜单的"属性"面板

跳转菜单的"属性"面板中各元素的含义和列表/菜单"属性"面板相同，在此不再重复介绍。

10．图像域

1）插入图像域

在"表单"插入面板单击"图像域"按钮，可以在表单中插入图像域，如图 8-50 所示。使用图像域可以用图像替换"提交"、"重置"等按钮，从而使按钮图像化。

图 8-50　文档编辑窗口中的图像域

2）设置图像域属性

选中图像域，可通过"属性"面板设置图像域属性，如图 8-51 所示。

图 8-51　图像域的"属性"面板

图像域的"属性"面板中，各元素含义如下。

（1）图像区域：指定一个名称。submit 和 reset 是两个保留名称，submit 通知表单将表单数据提交给 Web 服务器，reset 将所有表单域重置为其原始值。

（2）源文件：指定按钮使用的图像文件 URL，可以单击"浏览"按钮替换当前的图像。

（3）替换：用于输入描述性文本，一旦图像在浏览器中载入失败，将显示此文本。

（4）对齐：设置对象的对齐属性，包括水平对齐和垂直对齐两类（可以在预览时看到效果）。

（5）编辑图像：启动默认图像编辑器打开该图像文件进行编辑。

11．文件域

如果需要选择将要上传的文件，例如发送电子邮件时的添加附件操作，可以使用文件域。

1）插入文件域

在"表单"插入面板单击"文件域"按钮，可以在表单中插入"文本域"和"浏览"按钮的组合，使用"浏览"按钮可以让浏览者浏览自己硬盘上的文件，并将这些文件作为表单数据上传到服务器上，如图 8-52 所示。

图 8-52　文档编辑窗口中的文件域

2）设置文件域属性

选中文件域，可通过"属性"面板设置文件域属性，如图 8-53 所示。

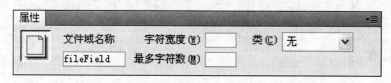

图 8-53　文件域的"属性"面板

文件域的"属性"面板中，各元素含义如下。

（1）文件域名称：用于指定文件域的名称。

（2）字符宽度：用于指定文本域中最多可显示的字符数。

（3）最多字符数：用于指定最多可容纳的字符数（在 IE 6.0 中输入文本时不受限制）。

12．按钮

按钮是表单中的重要对象，每个表单至少需要一个"提交"按钮。表单中的按钮可分为三种类型：提交、重置和自定义按钮。"提交"按钮用来提交表单中的信息；"重置"按钮可以让表单对象中的值快速复位；自定义按钮可以根据网页设计者的需要通过编程完成一些特殊的功能。

1）插入按钮对象

在"表单"插入面板单击"按钮"按钮，可以在表单中添加按钮，如图 8-54 所示。

图 8-54　文档编辑窗口中的各类按钮

2）设置按钮属性

单击文档编辑窗口中的按钮，可通过"属性"面板设置按钮属性，如图 8-55 所示。

图 8-55 按钮的"属性"面板

按钮的"属性"面板中，各元素含义如下。

（1）按钮名称：用于指定按钮对象的名称。

（2）值：用于指定按钮上显示的文本。

（3）动作：用于指定在浏览器中单击按钮时发生的动作类型。如果选中了"提交表单"单选按钮，当在浏览器中单击该按钮时，将表单数据提交到指定的 Web 服务器上；如果选中了"重设表单"单选按钮，当在浏览器中单击该按钮时，将复位所有表单对象中的内容；选择"无"单选按钮，按钮的动作需要通过编程实现。

8.5 综合实例——"给我留言"网页

8.5.1 基本目标

通过表单向 Web 服务器发送信息是网站最常见的操作之一。本节将以"个人求职站点"中"给我留言"网页为例，介绍表单网页制作的基本方法和步骤。网页的最终效果如图 8-56 所示。

图 8-56 "给我留言"网页外观

8.5.2 工作目录及素材准备

（1）在 D 盘根目录下新建一个文件夹 myjob，作为本次综合实例的工作目录。

（2）将位于"《大学计算机应用高级教程》教学资源\第 2 篇 网页设计\第 6 章 行为和表单\6.4\个人求职站点"目录下的所有文件（包括文件夹）复制到 D:\myjob 文件

夹下。

8.5.3 操作步骤

（1）启动 Dreamweaver CS4，打开网页 messageboard.html，删除网页中的文本"在此输入《给我留言》信息"。将光标停留在删除文本的位置，单击"常用"插入面板中的"表格"按钮囲，打开"表格"对话框。按照图 8-57 中的设置，在光标位置插入一个 2 行 1 列的表格 Table1。

（2）选中表格 Table1 中的所有单元格，将"属性"面板中的"水平"设置为"左对齐"，"垂直"设置为"顶端"。

（3）将光标放在表格 Table1 的第一行单元格中，单击"常用"插入面板中的"图像"按钮囲，插入图像 ad.gif（位于 swf 文件夹内）。选中图像，在"属性"面板中将"宽"设置为 588，"高"设置为 80，再单击"重新取样"按钮。

（4）将光标放在表格 Table1 的第 2 行单元格中，单击"表单"插入栏中的"表单"按钮囗，或者依次选择"插入"→"表单"→"表单"命令，在光标位置创建一个表单域。

（5）将光标放在表单域中，单击"常用"插

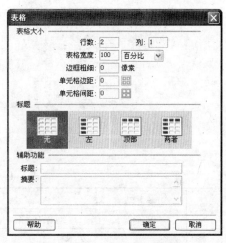

图 8-57　表格 Table1 的基本属性

入面板中的"表格"按钮囲，在光标位置插入一个表格 Table2。表格 Table2 的属性包括：行数为 2；列数为 1；表格宽度为 100%；边框粗细为 0；单元格边距为 0；单元格间距为 1。

（6）选中表格 Table2 中的所有单元格，将"属性"面板中的"水平"设置为"居中对齐"，"垂直"设置为"居中"。

（7）切换至代码窗口，在表格 Table2 的开始标签<table>中添加背景颜色属性 bgcolor="#4A71BD"，在表格 Table2 的第 2 行单元格标签<td>中添加背景颜色属性 bgcolor="#FFF"。

（8）将光标放在表格 Table2 的第 1 行位置，将"属性"面板中的"高"设置为 25，并且输入文本"给我留言"。选中文本，在"属性"面板中将"大小"设置为 16，"文本颜色"设置为#FFF，粗体，如图 8-58 所示。

（9）将光标放在表格 Table2 的第 2 行中，单击"常用"插入面板中的"表格"按钮囲，在光标位置插入一个表格 Table3。表格 Table3 的属性包括：行数为 9；列数为 2；表格宽度为 100%；边框粗细为 0；单元格边距为 0；单元格间距为 0。

（10）选中 Table3 的第 1 列，在"属性"面板中设置"高"为 25，"水平"为"右对齐"，"垂直"为"居中"。选中 Table3 的第 2 列，在"属性"面板中设置"水平"为"左对齐"，"垂直"为"居中"。

（11）按照表 8-4 所示，依次在表格 Table3 的第 1 列输入文本，第 2 列中插入表单对象，最终效果如图 8-56 所示。

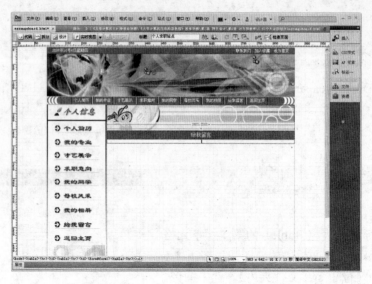

图 8-58　表格 Table1 和表格 Table2 的效果

表 8-4　表单中各对象的描述

行号	第 1 列 （文本）	第 2 列	
		对象名称	说明
1	姓名	文本字段	字符宽度和最多字符数均为 13
2	性别	菜单	选项包括"先生"和"女士"
3	手机	文本字段	字符宽度和最多字符数均为 13
4	QQ 号	文本字段	字符宽度和最多字符数均为 15
5	E-mail	文本字段	字符宽度和最多字符数均为 30
6	留言类别	菜单	选项包括"职位提供"、"求职咨询"、"信息咨询"和"其他"
7	留言内容	文本区域	字符宽度为 40，行数为 10
8		提交和重置	两个按钮的动作分别是"提交表单"和"重置表单"

第9章　样式表和模板

样式表（Cascading Style Sheets，CSS）是为了方便设置网页元素的格式而制定的一系列规则，是对 HTML 标签语言功能的补充。在网页文档中使用 CSS 技术，可以有效地扩充 HTML 语言的功能，对页面的布局、字体、颜色、背景和其他效果实现更加精确的格式控制。此外，CSS 技术在简化网页的格式代码、保持网站页面风格一致和减少重复性格式设置等方面也发挥着重要的作用。

与站点主题相适应的网页结构和风格的一致性是大多数专业网站的基本要求。然而，网页结构与风格的一致性对站点的后期维护也提出了更大的挑战。例如，某站点有 30 个网页的水平导航栏是相同的，如果要求修改水平导航栏中某个超链接的目标端点，则需要依次打开 30 个网页逐个修改。显然，这样的劳动不仅低效，而且也是极其枯燥的。Dreamweaver CS4 提供的模板功能可以有效地解决这类问题。

9.1　样式表概述

网页元素的格式控制是网页设计过程中的一个重要环节，但格式设置工作量不仅巨大，而且是很机械的重复劳动。例如，某种格式的字体可能在网页的不同部位重复出现，甚至在不同网页中也频繁地出现。此外，这些出现在网页不同部位或不同网页中的文本格式，在统一修改时，也极其耗时和枯燥。

样式表提供这样一种格式设置方式：先定义好一种样式（可以包含多种格式），如果网页中哪个元素需要这种样式，就可以使用引用的方法获得这个样式，当样式中的格式改变了，所有引用该样式的网页元素的格式也同步变化。

同一个页面可以有多个样式表存在，同一个页面元素可以同时引用多个不同的样式表，即满足格式叠加原则。例如，可以创建一个样式表规则设置颜色，创建另一个样式表规则设置字体大小，然后将两者应用于文档中的同一文本。

按照样式表保存方式不同可以分为三种。

（1）内联样式表：使用 style 属性，直接把样式表的内容放在标签里面，从而把特殊的样式加入到由标签控制的信息中。由于内嵌样式表和某一标签混在一起，不能被网页中的其他元素引用，因此内嵌样式表只适用于为单个标签定义样式表的情况。

（2）嵌入式样式表：使用 style 标签将样式表嵌入在 HTML 文件的头部位置。嵌入式样式表可以在当前网页的任何位置引用。因此，如果要求定义的样式表只能应用于当前网页，可以选择这种类型的样式表。

（3）外部样式表：将样式表保存在一个单独的样式表文件中，文件的扩展名为*.CSS。由于外部样式表以文件的方式单独存储，因此整个站点中的网页都可以引用到。

根据样式表的作用规则不同可以分为 4 种。

（1）类样式：该类样式均以句点“.”开头，并且可以被网页文件中的任何文本块或其他元素引用。例如，可以创建名称为“.red”的类样式，设置 color 属性为红色，然后将该样式应用到一部分已定义样式的段落文本中。

（2）ID 样式：该样式均以“#”开头，在网页中定义特定 ID 属性的标签样式。

（3）标签样式：使用标签样式可以重定义特定标签（如<P>或<H1>标签等）的格式。例如，为<H1>标签创建标签样式，便可以重新定制标签<H1>的格式，网页文档中所有用<H1>标签设置了格式的文本都会立即更新为新的格式。

（4）复合内容：用于重定义特定标签组合的格式或者所有包含特定 ID 属性的标签定义格式。

9.2 “CSS 规则定义”对话框

“CSS 规则定义”对话框提供了网页元素的样式设置功能，通过“CSS 规则定义”对话框可以非常方便地设置样式，而且操作简单，能够有效避免使用代码编写样式时出现的各种错误，适合初学者使用。在“CSS 规则定义”对话框中对可设置的样式进行了分类，分别是“类型”、“背景”、“区块”、“方框”、“边框”、“定位”和“扩展”等。为了在网页中创建和使用样式，下面先简要介绍每一类的基本含义和用法。

9.2.1 “类型”样式

“类型”主要提供文本样式的设置功能，设置窗口如图 9-1 所示。

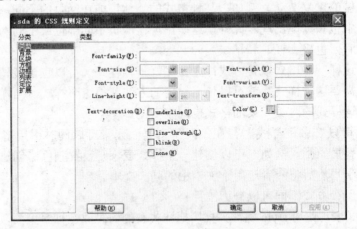

图 9-1 “CSS 规则定义”对话框中的“类型”选项

“类型”中各选项的含义如下。

（1）Font-family：用于设置当前样式所使用的字体。

（2）Font-size：定义文本的大小。

（3）Font-style：将 normal（正常）、italic（斜体）和 oblique （偏斜体）指定为字体样式，默认为 normal。

（4）Line-height：设置文本所在行的高度。选择 normal，则自动根据字体大小计算行高，也可以输入一个值，并选择一种度量单位。

（5）Text-decoration：向文本中添加下划线、上划线或删除线等。

注意：IE 7.0 之前的版本可能不支持其中的某些选项。

（6）Font-weight：对字体使用特定或相对的粗度量。

（7）Font-variant：设置文本为小型的大写字母（IE 6.0 不支持此功能）。

（8）Text-transform：将选定内容中的每个单词的首字母大写或者将文本设置为全部大写或小写。

（9）Color：设置文本颜色。

9.2.2 "背景"样式

"背景"主要用于设置背景颜色和背景图像，设置窗口如图 9-2 所示。

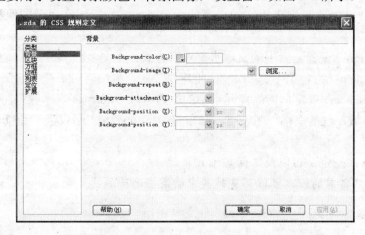

图 9-2 "CSS 规则定义"对话框中的"背景"选项

"背景"中各选项的含义如下。

（1）Background-color：设置元素的背景颜色，如文本、段落和表格等。

（2）Background-image：设置元素的背景图像，如整个网页、表格等。

（3）Background-repeat：确定是否以及如何重复背景图像。

（4）Background-attachment：确定背景图像固定在它的原始位置还是随内容一起滚动。

（5）Background-position：指定背景图像相对于元素（如网页左上角、单元格左上角等）的初始位置，包括水平（X）和垂直（Y）两个方向。

9.2.3 "区块"样式

"区块"主要用于设置字母间距、单词间距、对齐方式以及缩进等，设置窗口如图 9-3 所示。

"区块"中各选项的含义如下。

（1）Word-spacing：设置单词的间距。

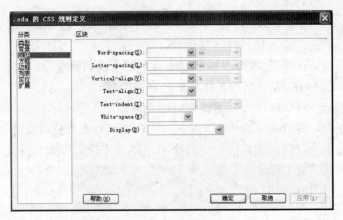

图 9-3 "CSS 规则定义"对话框中的"区块"选项

（2）Letter-spacing：增加或减小字母或字符的间距。

（3）Vertical-align：指定应用它的元素的垂直对齐方式，通常用于图像和文本相混的情况。

（4）Text-align：设置元素中的文本水平对齐方式。

（5）Text-indent：指定第 1 行文本缩进的程度。

（6）White-space：确定如何处理元素中的空白区域。normal 表示收缩空白；pre 表示保留所有空白区域，包括空格、制表符和回车符等；nowrap 表示仅当遇到
标签时文本才换行。

（7）Display：指定是否以及如何显示元素。

注意：IE 7.0 之前的版本可能不支持其中的某些选项。

9.2.4 "方框"样式

"方框"主要用于设置元素的大小、环绕方式、填充和边距等，设置窗口如图 9-4 所示。

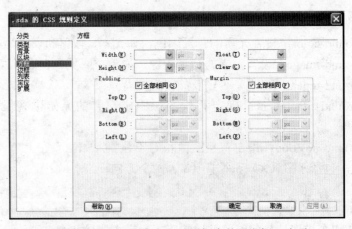

图 9-4 "CSS 规则定义"对话框中的"方框"选项

"方框"中各选项的含义如下。

（1）Width：设置元素的宽度。

（2）Height：设置元素的高度。

（3）Float：设置其他元素在哪个边围绕元素浮动。其他元素按通常的方式环绕在浮动元素的周围。

（4）Clear：用于清除当前元素前面元素中设置的 Float 格式。如果没有设置该选项，则当前元素通常在上一个元素的后面显示；如果设置了该选项，则当前元素在前一个元素的下一行显示。Clear 和 Float 两个选项主要用于使用层布局网页的情况。

（5）Padding：指定元素内容与元素边框的距离（如果没有边框，则为边距）。取消选择"全部相同"复选框可设置元素各个边的填充；"全部相同"复选框将相同的填充属性设置为它应用于元素的 top、right、bottom 和 left 侧。

（6）Margin：指定一个的边框（如果没有边框，则为填充）与另一个元素之间的间距。仅当应用于块级（段落、标题和列表等）时才有效。取消选择"全部相同"复选框可设置元素各个边的边距；"全部相同"复选框将相同的边距属性设置为它应用于元素的 top、right、bottom 和 left 侧。

9.2.5 "边框"样式

"边框"主要用于设置边框的样式、粗细及颜色格式，设置窗口如图 9-5 所示。

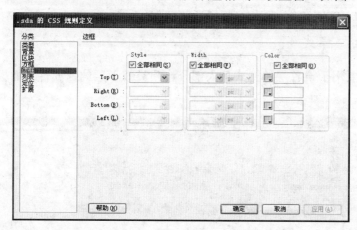

图 9-5 "CSS 规则定义"对话框中的"边框"选项

"边框"中各选项的含义如下。

（1）Style：设置边框的样式外观。该样式的显示方式取决于浏览器的类型和版本。

（2）Width：设置元素边框的粗细。

（3）Color：设置边框的颜色。

（4）"全部相同"复选框的含义类似于"方框"中的复选框。

9.2.6 "列表"样式

"列表"主要用于设置项目符号和编号的格式，设置窗口如图 9-6 所示。

"列表"中各选项的含义如下。

（1）List-style-type：设置项目符号或编号的外观。

样式表和模板

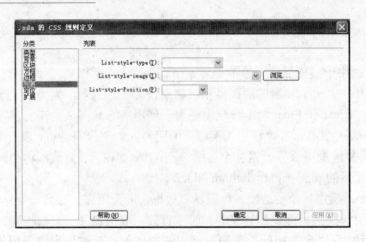

图 9-6 "CSS 规则定义"对话框中的"列表"选项

（2）List-style-image：可以为项目符号指定自定义图像。

（3）List-style-Position：设置列表项文本的缩进方式。在默认情况下，列表区域的左边界位于列表项文本的左侧（即列表项文本和列表项符号中间位置），inside 表示列表项符号位于列表区域内，outside 表示列表项符号位于列表区域外。

9.2.7 "定位"样式

"定位"主要用于设置层的格式，大部分选项类似于层的"属性"面板，设置窗口如图 9-7 所示。

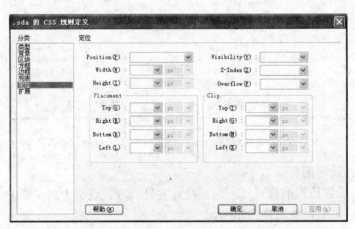

图 9-7 "CSS 规则定义"对话框中的"定位"选项

"定位"中各选项的含义如下。

（1）Position：指定定位的方式，包含 absolute、static、relative、inherit 和 fixed 这 5 种。其中，absolute 与 AP Div 定位方式相同，在网页文档中绝对定位；static 表示层的位置由层标签的位置确定，不受 top 和 left 属性控制；relative 表示以层标签当前所在位置为基点，按 top 和 left 属性的值进行偏移；inherit 表示继承父层的定位方式；fixed 表示层的位置以浏览器客户区左上角为基点，始终固定在某个位置，即在浏览器中滚动网页时，以

fixed 方式定位的层在浏览器中的位置固定不变（IE 浏览器不支持该属性）。

（2）Width：指定 AP Div 的宽度。

（3）Height：指定 AP Div 的高度。

（4）Visibility：指定 AP Div 的可见性。

（5）Z-Index：指定 AP Div 的上下叠放次序。

（6）Overflow：指定 AP Div 中内容溢出时的处理方式。

（7）Placement：指定 AP Div 的位置和大小。

（8）Clip：定义 AP Div 中的可见部分。

9.2.8 "扩展"样式

"扩展"主要用于设置打印分页方式、鼠标光标外观及滤镜效果，大部分选项类似于层的"属性"面板，设置窗口如图 9-8 所示。

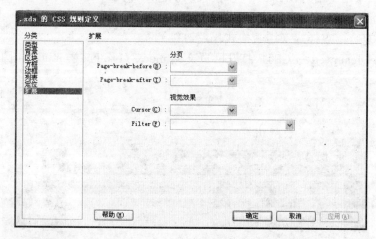

图 9-8 "CSS 规则定义"对话框中的"扩展"选项

"扩展"中各选项的含义如下。

（1）Page-break-before：设置在元素前分页打印。

（2）Page-break-after：设置在元素后分页打印。

（3）Cursor：指定位于元素上的鼠标光标的样式。

（4）Filter：指定对象的滤镜效果（即一些特殊效果）。该样式的显示方式取决于浏览器的类型和版本。

9.3 样式表的创建与编辑

编辑样式表时，网页中所有引用了该样式的元素随之同步更新。删除样式表，将自动清除所有引用该样式表的元素中对应的样式。

本节实例素材位于"《大学计算机应用高级教程》教学资源＼第 2 篇 网页设计＼第 9 章样式表和模板＼9.3"中。

9.3.1　新建样式表

创建样式表时，应根据具体情况选择合适的样式表类型。

如果需要在多个网页中引用样式表，则应选择外部样式表；如果仅在当前网页文档中引用，则应选择嵌入式样式表；如果只是某一个标签使用样式，则应选择内联样式表。

如果要将样式表应用于网页文档中的任意元素，并在"属性"面板或在代码窗口中使用标签的 Class 属性引用，则应选择"类"样式类型；如果要将样式表应用于网页文档中的任意元素，并使用标签的 ID 属性引用，则应选择 ID 样式；如果要重新定义已有的某个标签格式，则应选择"标签"样式类型；如果要为组合标签重定义格式，则应选择"复合内容"。

下面以一个网页为例，在 Dreamweaver CS4 中分别创建 4 个样式：使用嵌入式方式新建一个 ID 样式（用于格式化标题字体）；使用嵌入式方式新建一个类样式（用于格式化普通字体）；使用外部引用方式新建一个标签样式（用于格式化多行文本框）；使用外部引用方式新建一个复合内容样式（用于格式化超链接）。

（1）启动 Dreamweaver CS4，打开网页文档 index（original）.htm，如图 9-9 所示。

图 9-9　添加样式前的网页

（2）依次选择"文本"→"CSS 样式"→"新建"命令，或者依次选择"窗口"→"CSS 样式"命令，打开"CSS 样式"面板，在面板右下角单击"新建 CSS 规则"按钮，如图 9-10 所示，打开"新建 CSS 规则"对话框，如图 9-11 所示。

（3）在"新建 CSS 规则"对话框中，在"选择器类型"下拉列表中选择 ID（仅应用于一个 HTML 元素）选项；在"名称"文本框中输入类样式名称 title_text；在"规则定义"下拉列表中选择"（仅对该文档）"选项（其含义是新建的样式表嵌入在当前网页文档中，且只能在当前文档中引用），新建一个嵌入式样式。

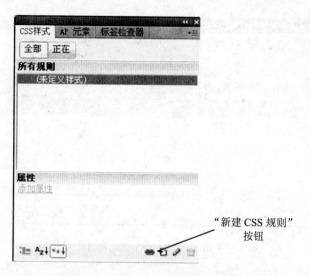

图 9-10 "CSS 样式"面板（没有样式）

"新建 CSS 规则"
按钮

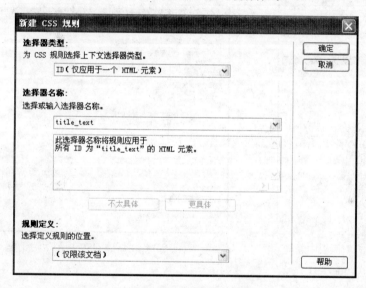

图 9-11 "新建 CSS 规则"对话框（一）

（4）单击"确定"按钮，打开"CSS 规则定义"对话框，在"分类"列表框中选择"类型"选项，根据图 9-12 所示设置"类型"中的各个选项。

（5）单击"确定"按钮，关闭"#title_text 的 CSS 规则定义"对话框。此时，在"CSS样式"面板中显示了新建的 CSS 样式，如图 9-13 所示。

（6）单击"CSS 样式"面板右下角的"新建 CSS 规则"按钮 ，打开"新建 CSS 规则"对话框，按照图 9-14 所示设置参数，注意在"选择器类型"下拉列表中选择"类（可应用于任何 HTML 元素）"选项。

（7）单击"确定"按钮，打开"CSS 规则定义"对话框，在"分类"列表框中选择"类型"选项，根据图 9-15 所示设置"类型"中的各个选项。

224

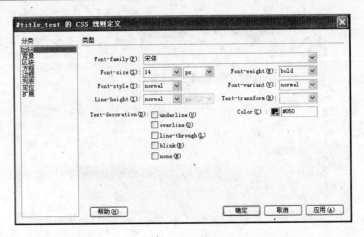

图 9-12 "#title_text 的 CSS 规则定义"对话框

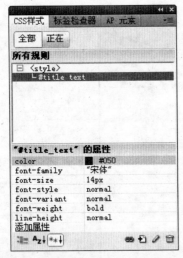

图 9-13 "CSS 样式"面板中新建
立的样式#title_text

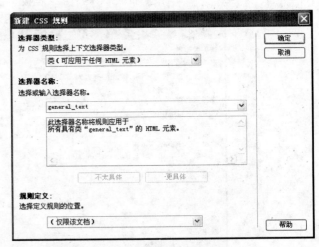

图 9-14 "新建 CSS 规则"对话框（二）

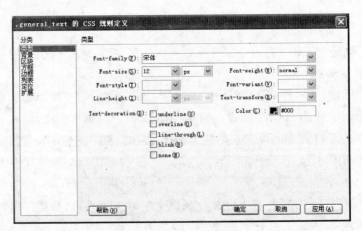

图 9-15 ".general_text 的 CSS 规则定义"对话框

（8）单击"确定"按钮，关闭".general_text 的 CSS 规则定义"对话框。此时，在"CSS 样式"面板中可以看到新建的 CSS 样式，如图 9-16 所示。

（9）单击"CSS 样式"面板右下角的"新建 CSS 规则"按钮 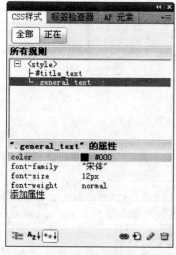，打开"新建 CSS 规则"对话框，如图 9-17 所示。在对话框中，在"选择器类型"下拉列表中选择"标签（重新定义 HTML 元素）"选项；在"选择器名称"下拉列表中选择 textarea 选项；在"规则定义"下拉列表中选择"（新建样式表文件）"选项。

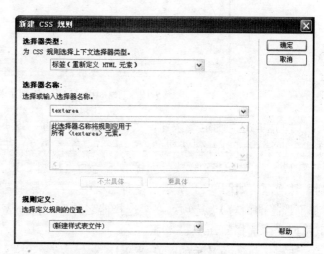

图 9-16 "CSS 样式"面板中新
建立的样式.general_text

图 9-17 "新建 CSS 规则"对话框（三）

（10）单击"确定"按钮，打开"保存样式表文件为"对话框，在"保存在"下拉列表中选择当前网页文档所在的文件夹，在"文件名"文本框中输入"style.css"，然后单击"保存"按钮，如图 9-18 所示。

图 9-18 "保存样式表文件为"对话框

（11）打开 textarea 的"CSS 规则定义"对话框，在"分类"列表框中选择"方框"选项，根据图 9-19 所示设置"方框"中的各个选项。

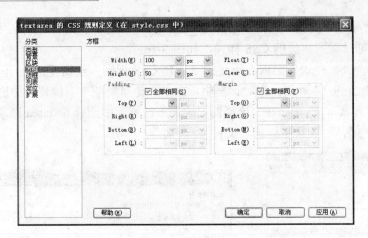

图 9-19 "textarea 的 CSS 规则定义"对话框

（12）单击"确定"按钮，关闭"textarea 的 CSS 规则定义"对话框。此时，在"CSS 样式"面板中可以看到新建的 CSS 样式，如图 9-20 所示。

（13）单击"CSS 样式"面板右下角的"新建 CSS 规则"按钮，打开"新建 CSS 规则"对话框，如图 9-21 所示。在对话框中，在"选择器类型"下拉列表中选择"复合内容（基于选择的内容）"选项；在"选择器名称"下拉列表中选择 a:link 选项；在"规则定义"下拉列表中选择 style.css 选项。

注意：该选项显示的是在图 9-18 中创建的 CSS 文件，含义是将新建的样式追加到文件 style.css 中。

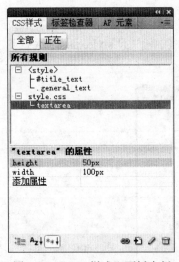

图 9-20 "CSS 样式"面板中新
建立的样式 textarea

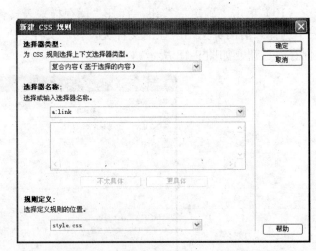

图 9-21 "新建 CSS 规则"对话框（四）

（14）单击"确定"按钮，打开"a:link 的 CSS 规则定义"对话框，在"分类"列表框中选择"类型"选项，根据图 9-22 所示设置"类型"中的各个选项。

（15）单击"确定"按钮，关闭"a:link 的 CSS 规则定义"对话框。此时，在"CSS 样式"面板中可以看到新建的 CSS 样式，如图 9-23 所示。

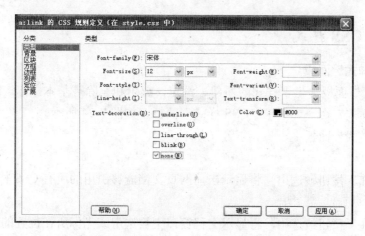

图 9-22 "a:link 的 CSS 规则定义"对话框

（16）重复步骤（13）～（15），根据表 9-1 所示的要求新建另外三个和链接有关的样式，如图 9-24 所示。

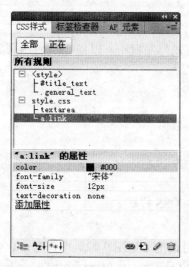

图 9-23 "CSS 样式"面板中新建立的样式 a:link

图 9-24 "CSS 样式"面板中所有的样式

表 9-1　新建链接样式（高级）的要求

序号	样式名	含　义	格　式
1	a:link	常规状态下的链接	#000，宋体，12px，无下划线
2	a:visited	已访问过的链接	#0FF，宋体，12px，无下划线
3	a:hover	被鼠标指向的链接	#000，宋体，14px，有下划线
4	a:active	活动链接	#F00，宋体，12px，无下划线

　　如果要创建内联样式，需要切换到代码窗口，然后在标签中添加 CSS 样式，即为标签增加一个 style 属性和对应的值。例如表格的细边框样式：<table width="200" border="1" cellpadding="0" cellspacing="0" bordercolor="#0033CC" style="border-collapse:collapse">。

227

第 9 章

样式表和模板

9.3.2 编辑 CSS 样式

1."CSS 样式"面板

"CSS 样式"面板提供了样式的新建、浏览、编辑和删除等基本操作。依次选择"窗口"→"CSS 样式"命令，显示"CSS 样式"面板，如图 9-24 所示。

在"CSS 样式"面板中，各元素含义如下。

1）全部

如果"全部"按钮被选中，将显示当前网页文档能够引用的所有 CSS 样式。

2）正在

如果"正在"按钮被选中，将显示文档窗口中被选中或光标所在位置的元素引用的所有 CSS 样式。

3）CSS 样式显示区域

该区域被分成上下两个部分：上面是"所有规则"列表，用于显示 CSS 样式名称；下面是"属性"列表，用于显示 CSS 样式的特征。

4）⏣ 按钮

用于将外部样式表文件中的样式添加到"CSS 样式"面板中，以便在当前网页文档中引用。

5）⊞ 按钮

单击此按钮新建一个 CSS 样式。

6）✎ 按钮

单击此按钮编辑当前在"CSS 样式"面板选中的 CSS 样式。

7）🗑 按钮

单击此按钮删除当前在"CSS 样式"面板选中的 CSS 样式。

2. 编辑 CSS 样式

编辑 CSS 样式操作既可以在"CSS 规则定义"对话框（见图 9-22）中进行，也可以直接在"CSS 样式"面板中添加新属性或者编辑已有的属性值。使用"CSS 规则定义"对话框编辑 CSS 样式，可执行以下操作之一。

（1）在"CSS 样式"面板中双击一个 CSS 样式名称。

（2）在"CSS 样式"面板中选中一个样式，然后单击 ✎ 按钮。

（3）右击"CSS 样式"面板中的一个样式，在弹出的快捷菜单中选择"编辑"命令。

CSS 样式编辑完成后，将自动更新网页文档中所有引用该样式的网页元素的格式。

3. 编辑 CSS 样式实例

下面以 9.3.1 节新建的样式 textarea 为例，介绍样式编辑的基本方法。

（1）启动 Dreamweaver CS4，打开网页文档 index（original）htm，如图 9-25 所示。

（2）单击"CSS 样式"面板中的标签样式 textarea，然后单击"CSS 样式"面板上的"编辑样式"按钮 ✎，打开"CSS 规则定义"对话框。

（3）在"分类"列表框中选择"类型"选项，根据图 9-26 所示设置"类型"中的各个选项。在"分类"列表中选择"方框"选项，根据图 9-27 所示修改"方框"中的各个选项。

（4）单击"确定"按钮，关闭"textarea 的 CSS 规则定义"对话框，便可实现对 textarea 标签样式的编辑。由于标签样式的改变会直接影响到网页中相同标签的格式定义，因此当关闭"textarea 的 CSS 规则定义"对话框后，编辑后的标签样式将立即在当前网页中表现出来，如图 9-28 所示。

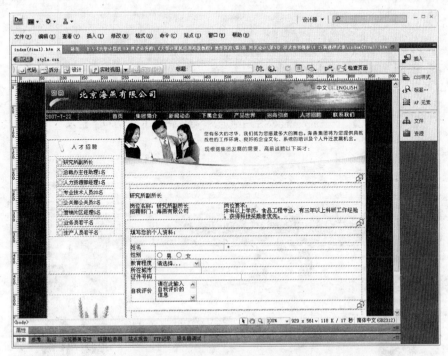

图 9-25　编辑 textarea 样式前的网页

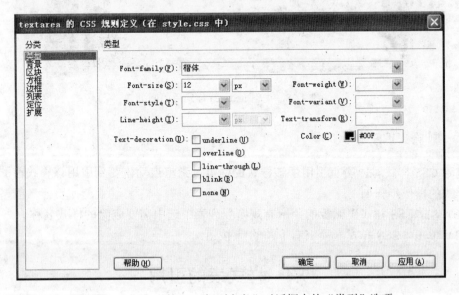

图 9-26　"textarea 的 CSS 规则定义"对话框中的"类型"选项

图 9-27 "textarea 的 CSS 规则定义"对话框中的"方框"选项

图 9-28 编辑 textarea 样式后的网页

9.3.3 删除 CSS 样式

删除 CSS 样式时，所有引用了该样式的网页元素将自动恢复到引用该样式前的状态。删除样式的操作步骤如下。

（1）在"CSS 样式"面板的"所有规则"列表中选中需要删除的样式名称。

（2）单击"CSS 样式"面板右下角的 按钮。

9.4 样式表的引用

在一个网页中，既可以引用当前网页中创建的嵌入式样式，也可以引用保存在外部样式文件中的样式。如果要引用外部样式文件中的样式，需要先将外部样式文件中的样式附加到当前网页中。

本节实例素材位于"《大学计算机应用高级教程》教学资源＼第 2 篇 网页设计＼第 9 章样式表和模板＼9.4"中。

9.4.1 附加 CSS 样式文件

将一个 CSS 样式文件中的样式附加到当前网页中的操作步骤如下。

（1）新建或打开一个网页文档，单击"CSS 样式"面板中的 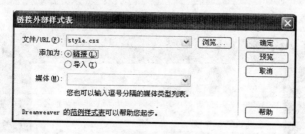 按钮，打开"链接外部样式表"对话框，如图 9-29 所示。

图 9-29 "链接外部样式表"对话框

（2）单击"浏览"按钮，打开"选择样式表文件"对话框，选择一个扩展名为*.CSS 的文件，如 style.css。

（3）单击"确定"按钮，返回到"链接外部样式表"对话框，此时，在"文件/URL"下拉列表框中显示了样式表文件的相对路径和文件名称。

（4）单击"确定"按钮，在"CSS 样式"面板中便可显示外部样式表项目。

9.4.2 在网页中引用 CSS 样式

在"CSS 样式"面板中显示了所有可以在网页文档中引用的 CSS 样式，包括嵌入式样式表和外部样式表。此外，"类"样式和 ID 样式具有不同的应用方法。

1. 引用"类"样式

为网页文档中某元素引用一个"类"样式的操作步骤如下。

（1）在网页文档中选择一个网页元素，如一段文本。

（2）在"属性"面板中的"类"下拉列表中选择一个"类"样式，便可将选中的 CSS 样式应用到当前选中的网页元素上。

2. 引用 ID 样式

为网页文档中某元素引用一个 ID 样式的操作步骤如下。

（1）将光标放在网页文档的某个标签上（可从状态栏判别选中的是哪个标签）。

（2）在"属性"面板中的 ID 下拉列表中选择一个 ID 样式或输入 ID 样式的名称，便可将选中的 CSS 样式应用到当前选中的网页元素上。

9.4.3 引用 CSS 样式实例

对于建立在独立文件中的样式（即外部样式表），需要先在网页中附加 CSS 样式文件，然后才能在网页中引用。

通常情况下，"标签"样式和"复合内容"样式是直接对 HTML 语言中的标签进行重定义，因此，一旦某个标签被重定义，则该标签的新特性将立即反映在当前的网页中，不需要做引用操作。对于"类"样式，Dreamweaver CS4 会自动将其放在"属性"面板中的"类"下拉列表中，以便在需要时引用。ID 样式需要通过标签的 ID 属性名应用。

在 9.3.1 节新建了两个用于格式化文本的 ID 样式（title_text）和类样式（general_text），接下来在网页中引用它们以美化网页的格式。

（1）启动 Dreamweaver CS4，打开 index（original）.htm 网页文档，如图 9-30 所示。

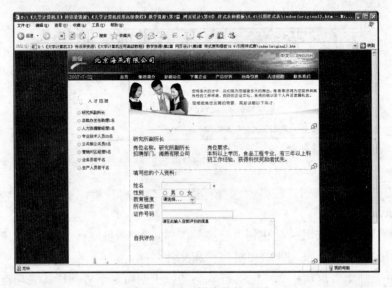

图 9-30　引用样式前的网页

（2）选中网页中的文本"填写您的个人资料："，在"属性"面板中的"类"下拉列表中选择 title_text 选项。

（3）分别选中网页中的招聘信息和表单对象左边的标题，如图 9-31 所示，在"属性"面板中的 ID 下拉列表中选择 general_text。

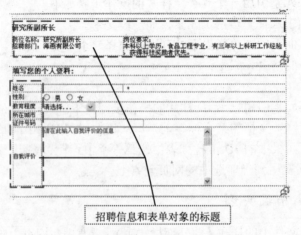

招聘信息和表单对象的标题

图 9-31　引用 general_text 的文本

（4）保存网页，按下 F12 键，在浏览器中可预览最终效果，如图 9-32 所示。

图 9-32　引用样式表的最终网页效果

9.5　利用 CSS 和 Div 标签布局网页

CSS+Div 标签是当前流行的网页布局手段。Div 标签是一个矩形容器，可以使用 Div 标签将网页分割成多个区域，每个区域可以存放各种网页元素。和表格类似，采用 Div 标签布局网页主要是通过 Div 标签平铺和嵌套两种形式实现对网页的分区。本节将通过一个简单的例子演示使用 Div 标签对网页结构的布局思路，最终效果如图 9-33 所示。

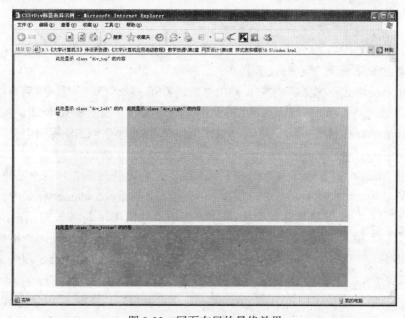

图 9-33　网页布局的最终效果

样式表和模板

（1）新建一个空的网页文档，单击"属性"面板中的"页面属性"按钮，弹出图 9-34 所示的"页面属性"对话框。按图 9-34 所示填写信息后单击"确定"按钮，关闭对话框。

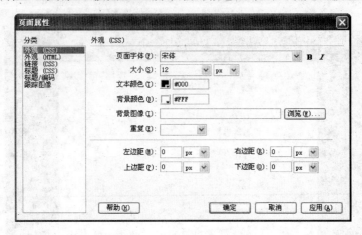

图 9-34 "页面属性"对话框

（2）单击"布局"插入面板中的"插入 Div 标签"按钮，弹出"插入 Div 标签"对话框，如图 9-35 所示。在对话框的"类"下拉列表框中输入"类"样式的名称"div_container"。

图 9-35 "插入 Div 标签"对话框（一）

注意：也可以在 ID 下拉列表框中输入样式名称，为当前的 Div 标签创建一个 ID 样式，然后单击"新建 CSS 规则"按钮设置样式。

（3）单击"新建 CSS 规则"按钮，弹出"新建 CSS 规则"对话框，然后直接单击"确定"按钮，弹出".div_container 的 CSS 规则定义"对话框，如图 9-36 所示。按图 9-36 所示设置 div_container 的样式，然后单击"确定"按钮依次关闭"CSS 规则定义"对话框和"插入 Div 标签"对话框。

注意：将 Margin 中的 Left 和 Right 设为 Auto，目的是将该层在网页中居中显示。

（4）删除 div_container 标签中的文本，并将光标放在 div_container 标签中。单击"布局"插入面板中的"插入 Div 标签"按钮，弹出"插入 Div 标签"对话框，如图 9-37 所示。在"类"下拉列表框中输入"div_top"，然后单击"新建 CSS 规则"按钮，在弹出的"新建 CSS 规则"对话框中单击"确定"按钮，弹出".div_top 的 CSS 规则定义"对话框，如图 9-38 所示。

（5）在"背景"选项中，将 Background-color 设为#FFC。按图 9-39 所示设置 div_top 的方框样式，然后单击"确定"按钮依次关闭"CSS 规则定义"对话框和"插入 Div 标签"

对话框。

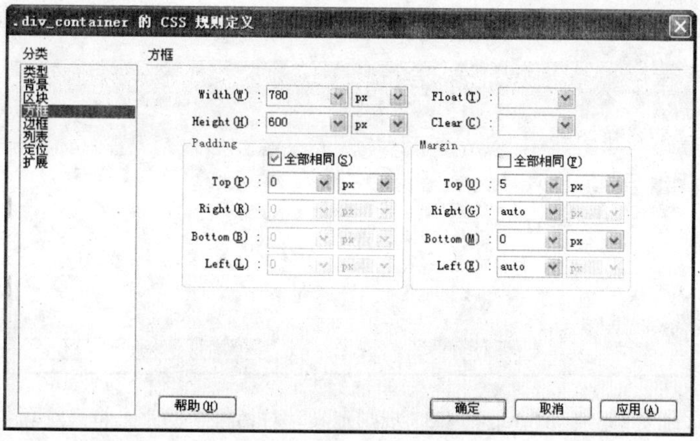

图 9-36 ".div_container 的 CSS 规则定义"对话框

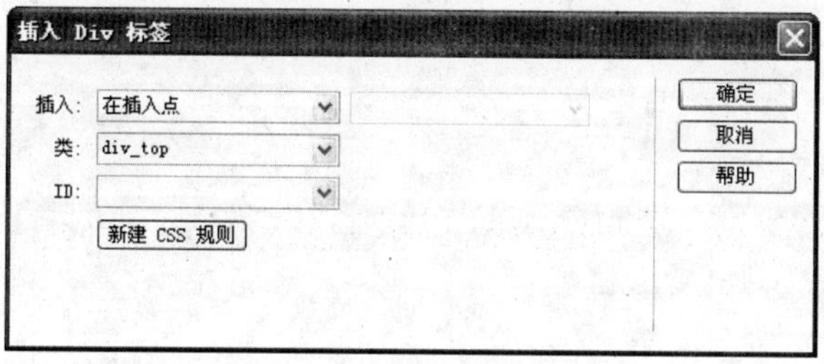

图 9-37 "插入 Div 标签"对话框（二）

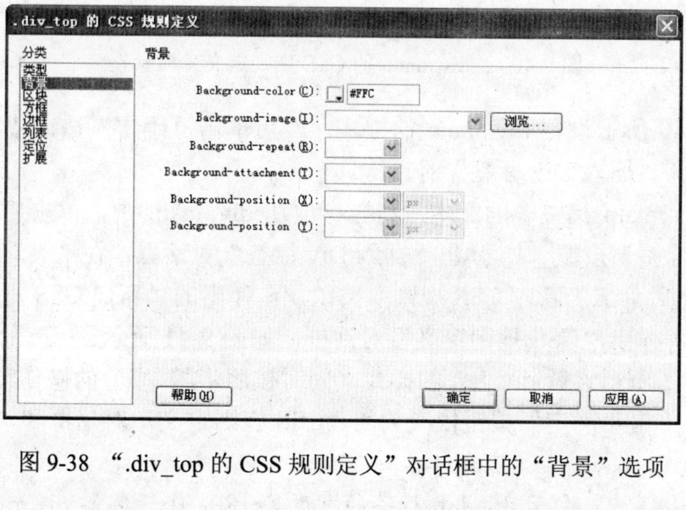

图 9-38 ".div_top 的 CSS 规则定义"对话框中的"背景"选项

注意：给 Div 标签设置背景颜色的目的是为了在预览时能看见 Div 标签的布局效果。

（6）将光标放在 div_container 标签中的 div_top 标签下面，单击"布局"插入面板中的"插入 Div 标签"按钮，弹出"插入 Div 标签"对话框，在"类"下拉列表框中输入"div_main"，然后单击"新建 CSS 规则"按钮，在弹出的"新建 CSS 规则"对话框中单击"确定"按钮，弹出"CSS 规则定义"对话框，如图 9-40 所示。

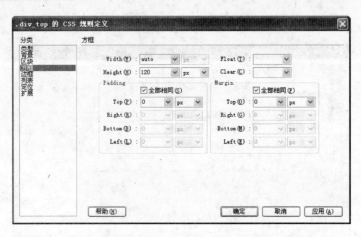

图 9-39 ".div_top 的 CSS 规则定义"对话框中的"方框"选项

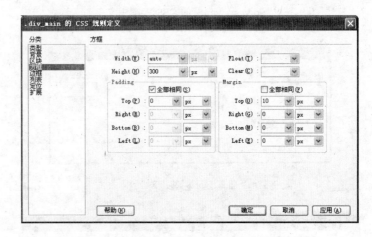

图 9-40 ".div_main 的 CSS 规则定义"对话框

（7）按图 9-40 所示设置 div_main 的样式，然后单击"确定"按钮依次关闭"CSS 规则定义"对话框和"插入 Div 标签"对话框。

（8）删除 div_main 标签中的文本，将光标放在 div_main 中，单击"布局"插入面板中的"插入 Div 标签"按钮 ，弹出"插入 Div 标签"对话框，在"类"下拉列表框中输入"div_left"，然后单击"新建 CSS 规则"按钮，在弹出的"新建 CSS 规则"对话框中单击"确定"按钮，弹出"CSS 规则定义"对话框，如图 9-41 所示。

（9）按图 9-41 所示设置 div_left 的样式，同时按照步骤（5）的操作设置 div_left 的背景颜色为#CFF。单击"确定"按钮依次关闭"CSS 规则定义"对话框和"插入 Div 标签"对话框。

注意：在图 9-41 中，由于 div_left 标签的宽度为 180，小于容器 div_main 标签的宽度，故将 Float 选项设为 Left，使得 div_left 标签在 div_main 标签中靠左显示。

（10）将光标放在 div_main 标签中，单击"布局"插入面板中的"插入 Div 标签"按钮 ，弹出"插入 Div 标签"对话框，在"类"下拉列表框中输入"div_right"，然后单击"新建 CSS 规则"按钮，在弹出的"新建 CSS 规则"对话框中单击"确定"按钮，弹出"CSS

规则定义"对话框，如图 9-42 所示。

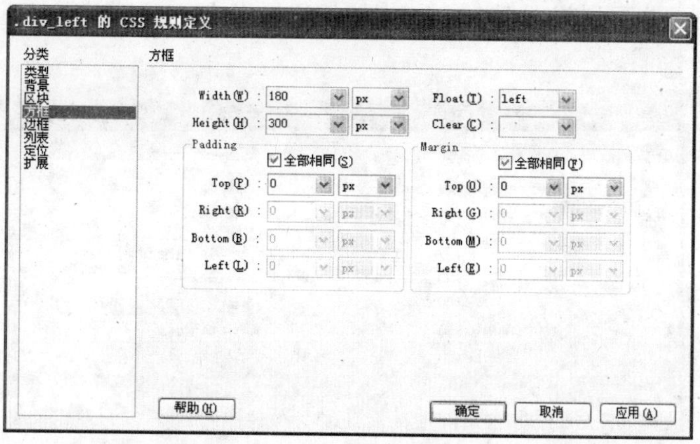

图 9-41 ".div_left 的 CSS 规则定义"对话框

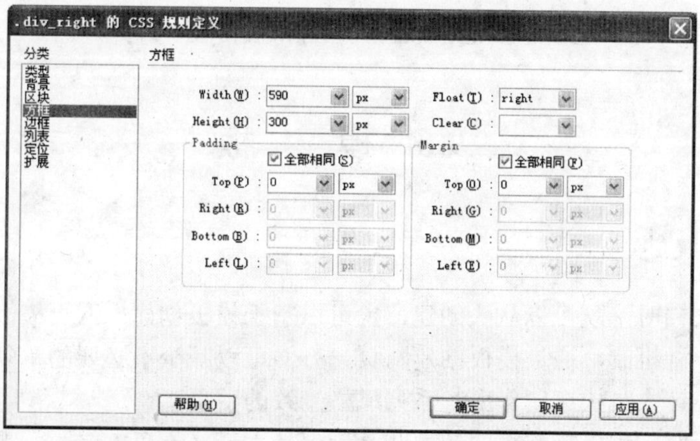

图 9-42 ".div_right 的 CSS 规则定义"对话框

（11）按图 9-42 所示设置 div_left 的样式，同时按照步骤（5）的操作设置 div_left 的背景颜色为#9CF。单击"确定"按钮依次关闭"CSS 规则定义"对话框和"插入 Div 标签"对话框。

注意：图中将 Float 选项设为 right，使得 div_right 在 div_main 中靠右显示。

（12）将光标放在 div_container 标签中的 div_main 标签下面，单击"布局"插入面板中的"插入 Div 标签"按钮，弹出"插入 Div 标签"对话框，在"类"下拉列表框中输入"div_bottom"，然后单击"新建 CSS 规则"按钮，在弹出的"新建 CSS 规则"对话框中单击"确定"按钮，弹出"CSS 规则定义"对话框，如图 9-43 所示。

（13）按图 9-43 所示设置 div_left 的样式，同时按照步骤（5）的操作设置 div_left 的背景颜色为#999。单击"确定"按钮依次关闭"CSS 规则定义"对话框和"插入 Div 标签"对话框。

（14）保存网页，按 F12 键预览网页，其效果如图 9-33 所示。

上述例子给出了使用 CSS 和 Div 标签布局的基本思路，实际上，图 9-33 中的 Div 标

237

第9章

样式表和模板

签还可以继续嵌套 Div 标签以形成更加细致的布局，而且在 Div 标签中也可以嵌入表格进一步布局。该例中也可以设置每个 Div 标签的边框样式，读者可参照 9.2.5 节的内容自行设置。

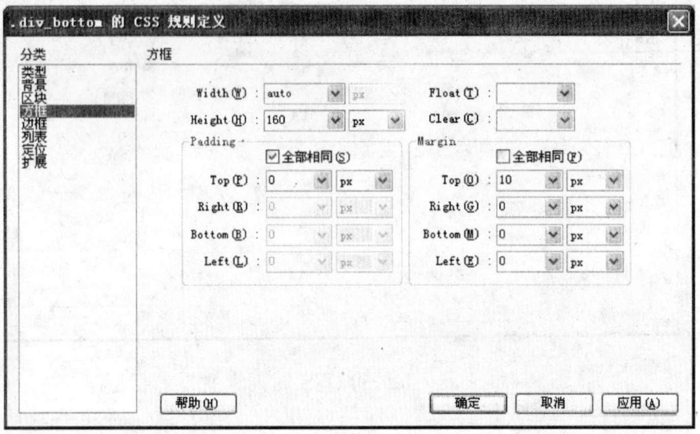

图 9-43 ".div_bottom 的 CSS 规则定义"对话框

9.6 模 板

9.6.1 模板概述

新建网页文档时，既可以从头创建，也可以基于模板创建。网页模板提供了网页内容可重复利用的一种机制，通过模板创建网页一方面可以减少不必要的重复工作，另一方面也可以让网页设计人员快速制作出一系列风格一致的网页。

在创建模板时，可以指定页面的哪些元素保持不变（不可编辑），哪些元素可以被修改（可以编辑）。例如，如果发布一本联机杂志，报头应该是不用修改的，但是标题和内容则每期不同。要指定每期内容的样式和位置，可以使用占位符文本将其定义为可编辑区域。下次要添加新内容时，只需选中占位符文本，然后在其中输入新文本就可以了。

用户甚至还可以在模板应用于文档之后重新修改模板。当使用修改后的模板更新文档时，文档中只有不可编辑的部分才会随模板更新，因此不会对文档中的可编辑内容造成破坏。

本节实例素材位于"《大学计算机应用高级教程》教学资源 \ 第 2 篇 网页设计 \ 第 9 章样式表和模板 \ 9.6"中。

9.6.2 创建模板

Dreamweaver CS4 用扩展名为*.dwt 的文件保存模板。模板一般保存在本地站点文件夹中的 Templates 文件夹中，并且在 Dreamweaver CS4 站点中首次创建模板时，自动创建该文件夹。

创建模板一般有两种方法：一种是从空模板开始创建，另一种是从现有网页文档创建模板。第二种方法是将一个普通网页另存为模板网页，编辑操作和创建普通网页相似。因此，下面主要介绍第一种建立模板的方法。

（1）在 D 盘根目录下新建一个文件夹 myjob，将"《大学计算机应用高级教程》教学资源＼第 2 篇 网页设计＼第 9 章 样式表和模板＼9.6＼新建模板"中的文件夹 images 复制到 D:＼myjob 文件夹中。启动 Dreamweaver CS4 新建一个站点 MyJob，站点设置如图 9-44 所示。

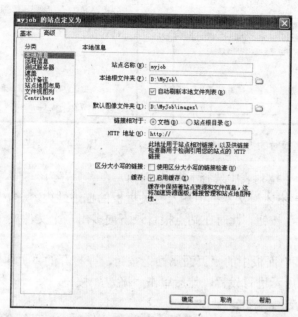

图 9-44　MyJob 站点的基本配置

注意：在"默认图像文件夹"中指定了建立模板用到的所有素材。

（2）依次选择"文件"→"新建"命令，打开"新建文档"对话框。在左侧选择"空白页"选项，在"页面类型"列表框中选择"HTML 模板"选项，如图 9-45 所示。

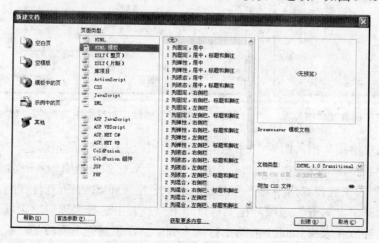

图 9-45　"新建文档"对话框

样式表和模板

（3）单击"创建"按钮，关闭"新建文档"对话框。在文档窗口创建一个空白的网页模板。依次选择"文件"→"保存"命令，打开对话框如图 9-46 所示（当模板中不包含可编辑区域时，会打开该对话框），单击"确定"按钮，打开"另存为模板"对话框，如图 9-47 所示。

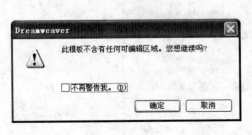

图 9-46　保存模板时的提示对话框　　　　图 9-47　"另存为模板"对话框

（4）在"站点"下拉列表中选择 MyJob 选项，在"另存为"文本框中输入模板的名称"job_template"，在"描述"文本框中输入有关模板的描述性内容。

（5）单击"保存"按钮，此时在站点根目录下便多出一个文件夹 Templates，如图 9-48 所示。

（6）单击"属性"面板中的"页面属性"按钮，在打开的"页面属性"对话框中，按照图 9-49 和图 9-50 所示进行设置，然后单击"确定"按钮。

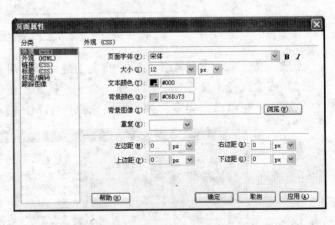

图 9-48　站点中模板文件的位置　　　　图 9-49　"页面属性"对话框中的"外观（CSS）"选项

（7）单击"常用"插入面板中的表格按钮，按照图 9-51 所示新建一个表格 Table1。

（8）选中表格 Table1，在"属性"中的"表格"下拉列表框中输入表名"Table1"，在"对齐"下拉列表中选择"居中对齐"选项；选中表格 Table1 的所有行和列，在"水平"下拉列表中选择"左对齐"选项，在"垂直"下拉列表中选择"顶端"选项。

（9）将光标放在表格 Table1 的第 1 行第 1 列中，在"属性"面板的"垂直"下拉列表中选择"居中"选项，然后单击"常用"插入面板中的图像按钮，插入图像 ff_toplogo.gif；将光标放在表格 Table1 的第 1 行第 2 列中，单击"常用"插入面板中的图像按钮，插入图像 logo_header.gif。

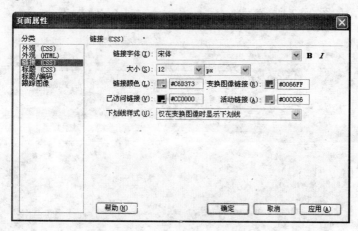

图 9-50　"页面属性"对话框中的"链接（CSS）"选项

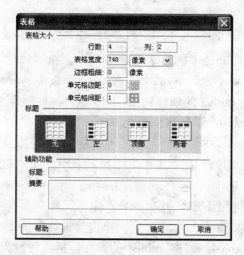

图 9-51　表格 Table1 的属性

（10）将光标放在 Table1 的第 2 行第 1 列中，单击"常规"插入面板中的表格按钮 ，在光标位置新建一个表格 Table2。表格 Table2 的属性包括：行数为 4；列数为 2；表格宽度为 100%；边框粗细为 0；单元格边距为 0；单元格间距为 1。

（11）选中表格 Table2，在"属性"中的"表格"下拉列表框中输入表名"Table2"；选中表格 Table2 的所有行和列，在"水平"下拉列表中选择"左对齐"选项，在"垂直"下拉列表中选择"居中"选项。

（12）选中表格 Table2 的第 1 行，单击"属性"面板中的"合并所选单元格，使用跨度"按钮，合并两个单元格。

（13）将光标放在表格 Table2 的第 1 行，在"属性"面板的"水平"下拉列表中选择"居中对齐"选项，然后单击"常用"插入面板中的图像按钮 ，插入图像 base_info.gif；将光标分别放在表格 Table2 第 1 列的第 2～5 行单元格中，依次插入图像 bullet_up.gif；在表格 Table2 的第 2 列第 2～5 行，依次输入文本 "个人简历"、"教育背景"、"工作简历"、

"自我评价"和"请您留言"，并设置这些文本的字体为"楷体_GB2312"，字号为18，文本颜色为#58677C，如图9-52所示。

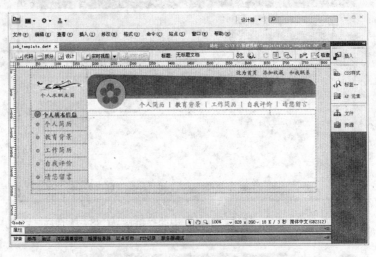

图 9-52　模板的水平导航和垂直导航效果

（14）将光标放在表格 Table1 的第 2 行第 2 列中，在"属性"面板中将"背景颜色"设置为#FFFFFF。光标位置不变，单击"常规"插入面板中的表格按钮，在光标位置新建一个表格 Table3。表格 Table3 的属性包括：行数为 1；列数为 2；表格宽度为 100%；边框粗细为 0；单元格边距为 0；单元格间距为 0。

（15）选中表格 Table3，在"属性"中的"表格"下拉列表框中输入表名"Table3"；选中表格 Table3 的所有行和列，在"水平"下拉列表中选择"左对齐"选项，在"垂直"下拉列表中选择"顶端"选项。

（16）将光标放在表格 Table3 的第 1 列，在"属性"面板中的"宽"文本框中输入"80%"；将光标放在表格 Table3 的第 2 列，单击"常规"插入面板中的表格按钮，在光标位置新建一个表格 Table4。表格 Table4 的属性包括：行数为 7；列数为 1；表格宽度为 100%；边框粗细为 0；单元格边距为 0；单元格间距为 0。

（17）选中表格 Table4，在"属性"中的"表格"下拉列表框中输入表名"Table4"；选中表格 Table4 的所有行和列，在"水平"下拉列表中选择"左对齐"选项，在"垂直"下拉列表中选择"居中"选项。

（18）在表格 Table4 的第 1 行输入文本"我的相册"；在第 2 行插入图像 0389.jpg，选中图像 0389.jpg，在"属性"面板的"宽"文本框中输入"119"，"高"文本框中输入"100"。

（19）在表格 Table4 的第 3 行输入文本"获奖证书"；在第 4 行输入列表文本"英语六级、计算机三级"。

（20）在表格 Table4 的第 5 行输入文本"兴趣爱好"；在第 6 行输入列表文本"篮球、足球、滑雪、登山、游泳、漂流"。

（21）在表格 Table4 的第 7 行插入图像 0406.jpg，选中图像 0406.jpg，在"属性"面板的"宽"文本框中输入"119"，"高"文本框中输入"100"。

（22）适当调整表格 Table4 各单元格中的文本，如图9-53所示。

（23）选中表格 Table1 的第 4 行，单击"属性"面板中的"合并所选单元格，使用跨度"按钮，合并两个单元格；将光标放在表格 Table1 的第 4 行，在"属性"面板的"水平"下拉列表中选择"居中对齐"选项。

（24）将光标放在表格 Table1 的第 4 行，依次选择"插入"→HTML→"水平线"命令，在光标位置插入一条水平线。选中水平线，在"属性"面板中将"宽"设置为 650 像素，"高"设置为 1，取消对"阴影"复选框的勾选。在水平线后面输入文本"版权所有：广东金融学院"，如图 9-53 所示。

（25）按 Ctrl+S 键，保存模板。

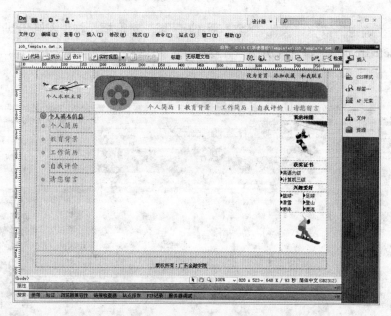

图 9-53　新建模板的最终效果（不包含可编辑区域）

9.6.3　定义模板的可编辑区域

Dreamweaver CS4 模板有两种类型的区域：可编辑区域和锁定区域（又称"不可编辑区域"）。可编辑区域是模板中内容可变的部分，锁定区域则是模板中内容静态不变的部分。例如公司徽标或标准的站点导航元素就属于锁定区域内容。

在默认情况下，模板是锁定的。可以根据需要向模板中添加内容，但在保存时所有内容都将标签为不可编辑。如果使用这类模板创建网页文档，则不能对网页作任何修改。要使模板有用，必须创建可编辑区域。

当编辑模板时，可编辑区域和锁定区域均可以修改。但是，在一个基于模板的网页文档中，只能修改模板的可编辑区域中的内容，锁定区域是不可编辑的。

下面就 9.6.2 节新建的模板，演示定义模板可编辑区域的基本操作方法。

（1）打开 9.6.2 节新建的模板 job_template.dwt，如图 9-53 所示。

（2）选中表格 Table2（即左侧的垂直导航表格），依次选择"插入"→"模板对象"→"可编辑区域"命令，打开"新建可编辑区域"对话框。在对话框的"名称"文本框中输入文本"LeftArea"，给新建可编辑区域起一个名字（命名字符最好是26个英文字母），如图9-54所示。

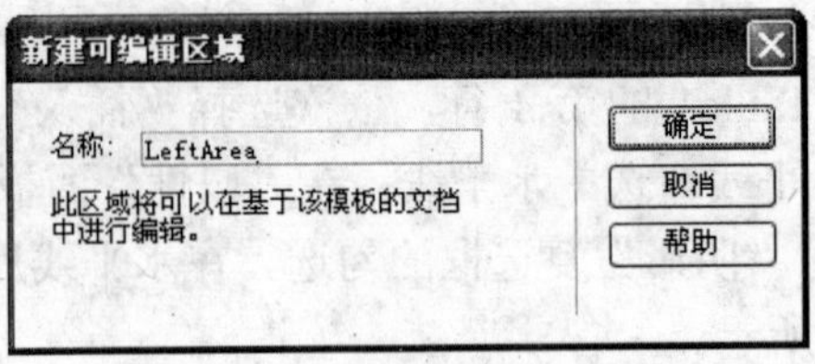

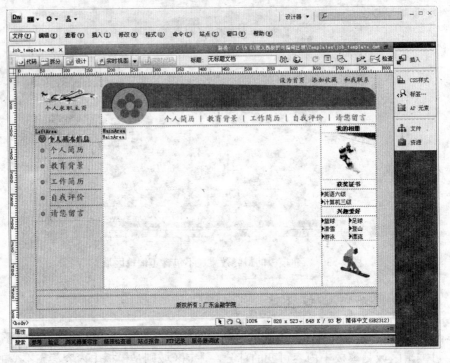

图9-54 "新建可编辑区域"对话框

（3）单击"确定"按钮，关闭"新建可编辑区域"对话框，将为表格Table2建立一个可编辑区域LeftArea，如图9-55所示（在模板中，可编辑区域突出显示淡蓝色的外框）。

图9-55 模板中的两个可编辑区域LeftArea和MainArea

（4）将光标放在表格Table3的第1列单元格中（即中间的空白区域），依次选择"插入"→"模板对象"→"可编辑区域"命令，打开"新建可编辑区域"对话框。在对话框的"名称"文本框中输入文本"MainArea"，给新建可编辑区域起一个名字。

（5）单击"确定"按钮，关闭"新建可编辑区域"对话框，在光标位置建立一个可编辑区域MainArea，如图9-55所示。

（6）按下Ctrl+S键，保存模板。

注意： 可以标记整个表格，也可以标记表格中的某个单元格（或整行）作为可编辑区域，但不能标记若干个单元格（不构成行时的情况）为可编辑区域。层和层中的内容是分离的元素，它们都可以被标记为可编辑区域。层被标记为可编辑区域之后，在其标签样式被设为可编辑区域后，该层可以随意改变其位置；而层的内容被标记为可编辑区域之后，则可以任意修改层的内容。

在模板编辑窗口中选中"可编辑区域"标记，可以在"属性"面板中修改"可编辑区域"名称；也可以依次选择"修改"→"模板"→"删除模板标记"命令，删除选中的"可编辑区域"标记。

9.6.4 删除模板

删除已创建的模板的操作步骤如下。

（1）选择"窗口"→"资源"命令，打开"资源"面板，选中"资源"面板左侧的"模板"按钮，如图 9-56 所示。

（2）在列表中选择要删除的模板文件。

（3）单击右下角的"删除"按钮，或者用鼠标右击要删除的模板文件，在弹出的快捷菜单中选择"删除"命令，如图 9-57 所示。

图 9-56　"资源"面板中的模板　　　　图 9-57　删除模板的快捷菜单

9.6.5 应用模板创建网页文档

在创建模板文件后，接下来便可以创建基于模板的网页文档。在 Dreamweaver CS4 中采用模板创建网页文档通常有两种方法：使用"资源"面板和使用"新建文档"对话框。下面就第二种方法新建两个基于模板（这里以模板 job_template.dwt 为例）的网页。

（1）启动 Dreamweaver CS4，打开"文件"面板中的 myjob 站点（即在 9.6.2 节创建的站点），如图 9-58 所示。

（2）依次选择"文件"→"新建"命令，打开"新建文档"对话框。在左侧选择"模板中的页"选项，然后在"站点"列表框中选择 MyJob 选项，最后在"站点'MyJob'的模板"中选择 job_template 选项，如图 9-59 所示。

（3）单击"创建"按钮，在文档编辑窗口中新建一个基于模板的网页，如图 9-60 所示。

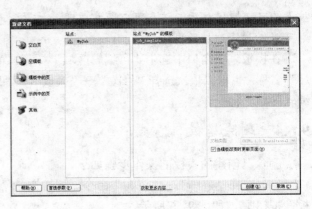

图 9-58 "文件"面板中的 myjob 站点　　　　图 9-59 "新建文档"对话框

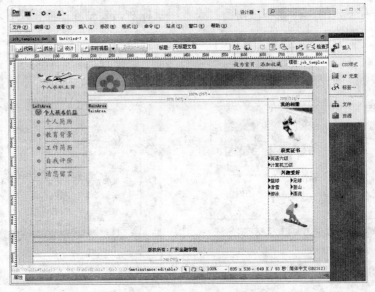

图 9-60　基于 job_template.dwt 模板新建的初始网页

（4）将光标放在文本"个人简历"单元格中，将"属性"窗口中的"背景颜色"设置为#FFFFFF，将"个人简历"左边的图片改为 bullet_at.gif；选中文本"教育背景"，在"属性"面板的"链接"下拉列表框中输入"jybj.html"，在"目标"下拉列表中选择_self 选项。

（5）删除可编辑区域 MainArea 中的文本 MainArea，并将光标放在可编辑区域 MainArea 中，单击"常用"插入面板中的"表格"按钮，按照图 9-61 所示的设置新建一个表格 Table5。

（6）选中表格 Table5，在"属性"面板中的"表格"下拉列表框中输入文本"Table5"，并将"背景颜色"设置为#FFFFFF；选中表格 Table5 的所有行和列，在"属性"面板中的"水平"下拉列表中选择"水平居中"选项，在"垂直"下拉列表中选择"顶端"选项；选中表格 Table5 的第 1 行，单击"合并所选单元格，使用跨度"按钮，合并单元格。

（7）将光标放在 Table5 的第 1 行，单击"常用"插入面板中的"图像"按钮，在光标位置插入图像 designbooks.gif。

（8）将光标放在 Table5 的第 2 行第 2 列单元格中，单击"常用"插入面板中的"表格"

按钮 ，按照图 9-62 所示的设置新建一个表格 Table6。

图 9-61 表格 Table5 的属性

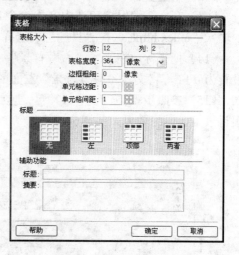

图 9-62 表格 Table6 的属性

（9）选中表格 Table6，在"属性"面板中的"表格"下拉列表框中输入文本"Table6"；选中表格 Table6 的所有行和列，在"属性"面板中的"水平"下拉列表中选择"左对齐"选项，在"垂直"下拉列表中选择"居中"选项；选中表格 Table6 的第 1 列，在"属性"面板中的"水平"下拉列表中选择"右对齐"选项，"高"设置为 20。

（10）切换至代码窗口中，在表格 Table6 的开始标签中添加背景颜色属性 bgcolor="#C6D373"（为了使表格线条有颜色）；选择表格 Table6 的所有单元格，在"属性"面板中的"背景颜色"文本框中输入"#FFF"。

（11）在表格 Table6 中输入个人简历信息，然后适当调整文本格式。最后以文件名 index.html 保存在站点根目录下，最终效果如图 9-63 所示。

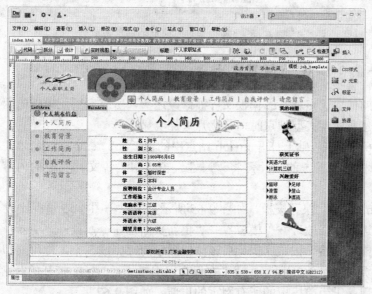

图 9-63 "个人简历"网页的最终效果

样式表和模板

（12）重复步骤（2）～（3），新建一个基于模板 job_template.dwt 的网页。

（13）在文档编辑窗口选中文本"个人简历"，在"属性"面板中的"链接"下拉列表中输入"index.html"，在"目标"中选择_self 选项。

（14）把光标放在文本"教育背景"所在的单元格，将"属性"面板中的"背景颜色"设置为#FFF，将文本"教育背景"左面的图片改为 bullet_at.gif。

（15）参照步骤（5）～（11），建立一个教育背景网页，并且以 jybj.html 保存在站点根目录下。最终效果如图 9-64 所示。

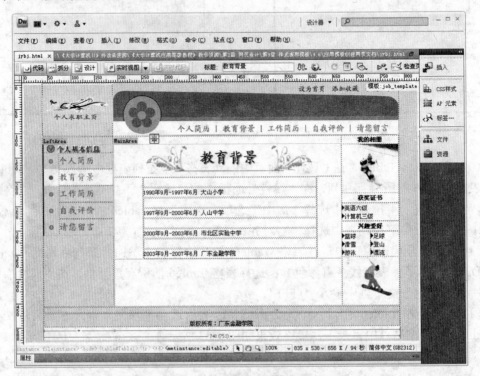

图 9-64 "教育背景"网页的最终效果

9.6.6 更新基于模板的网页文档

使用模板的最大优点就是当模板文件被修改之后，所有应用此模板的网页文档都被自动更新。在创建和管理大型站点时，其优点更加明显。

（1）在 9.6.5 节的基础上打开 myjob 站点中的模板 job_template.dwt，在文档编辑窗口中选中"我的相册"下方的图片，将"属性"窗口中"源文件"中的内容改为 ../images/persons.gif。

（2）按 Ctrl+S 键，保存模板，如图 9-65 所示，可以与图 9-55 进行比较。

（3）依次选择"修改"→"模板"→"更新页面"命令，打开"更新页面"对话框。在对话框中单击"开始"按钮（执行后该按钮显示为"完成"），便可立即更新基于当前模板的所有网页，如图 9-66 所示。或者在保存已编辑模板时，在打开的对话框中单击"更新"按钮，实现基于当前模板的所有网页的更新，如图 9-67 所示。

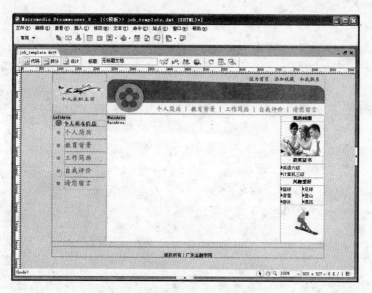

图 9-65　模板编辑后的效果

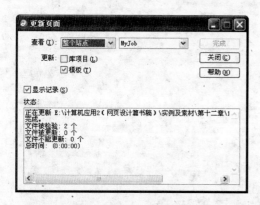

图 9-66　"更新页面"对话框中的更新记录

图 9-67　"更新模板文件"对话框

（4）单击"关闭"按钮，关闭"更新页面"对话框。此时，打开站点中的两个网页，分别是 index.html 和 jybj.html，发现都已经被更新。

9.6.7　分离网页文档中使用的模板

若要更改基于模板的网页文档的锁定区域，必须将网页文档从模板中分离。将文档分离后，整个文档将变为可编辑的，并且内容和格式不变。操作步骤如下。

（1）打开利用模板创建好的网页文档。

（2）依次选择"修改"→"模板"→"从模板中分离"命令。

执行分离操作后，网页文档已经和模板没有任何联系，即模板修改后，分离后的网页文档将不受其影响。

第3篇　Excel 数据分析与处理

　　经济、管理等学科领域的大学生往往需要对业务活动产生的各种数据进行处理、分析和预测。例如，经济与管理类专业的本科学生的毕业论文研究、撰写绝大部分必须"用数据说话"，数量分析在论文的撰写中已经是必不可少的重要环节了。因此，在掌握了数量分析原理和方法的基础上，学会使用一种软件工具进行定量分析就成为不可或缺的能力了。

　　数理统计为定量分析各种经济活动、社会现象提供了强有力的理论分析工具和方法。它依托坚实的数学基础和较高的抽象思维能力，也正是因为数量分析能够大幅度提高学生分析问题、解决问题能力，能够大幅度提升论文、研究的档次，因此，学生往往觉得数量分析的难度较大，且与实际应用相去甚远。针对于此，为了使学生保持学习的浓厚兴趣、热情，容易理解接受，并且切实学会一种数据分析的软件工具，本书的作者经过精心策划，安排本篇的教学思路和教学目标如下：

　　（1）编写脉络。本篇的各个数量分析的方法、工具都是以如下的线索来展开讲述的：简单地描述数量分析原理、目的和方法；接着，给出计算公式、模型（一般不做推导）；然后，给出典型案例，对案例进行文字分析、建立分析模型、计算；最后，总结该工具应用的技巧，包括使用方法、计算方法、建立分析模型方法，以及介绍如何解读计算结果的含义。

　　（2）案例驱动式教学。每个统计分析、数据分析工具的讲解核心和重点都是案例。案例的讲解是统一模式的：案例描述（原始数据、分析目标描述），建立分析模型，或者提出分析方法或计算公式，然后用软件工具进行数据分析，最后对计算结果进行解析。按照上述方法，通过一个典型案例，体会和掌握分析方法、分析原理，学会分析工具的操作，更重要的是学会分析、理解计算出来的数据结果的含义。

　　（3）重视学生的应用技能的培养。简化、精化、形象化数据分析和处理过程中涉及的统计学理论，突出数量分析目标的设定，同时，重视对固定的分析模式、套路的讲解，以及对结论的分析，淡化原理的解析、推导的过程。这样，如果学生已经学过了"统计学原理"、"概率论"等课程，本篇的学习正好是巩固了相关的知识，同时从软件工具的角度，学会应用统计方面的理论知识；如果学生正在学习统计学相关的课程，或者尚未学习相关课程，也可以直接从应用接触到统计分析的基本知识、计算和分析方法。

　　本篇选择了 Excel 2007 作为数据处理、数据分析的工具，这是考虑到非计算机专业的学生学习起来更容易、更直观。Excel 是微软公司出品的 Office 办公软件家族中的重要一员，是集数据录入、表格制作、表格计算、图表生成、数据分析和处理等功能于一身的应用软件。实际上，Excel 已经具备了大部分经济与管理类专业基本数据分析、研究的功能。许多学生在大学计算机基础课程中已经学会了 Excel 的基本知识，在此基础上，掌握 Excel 更多的高级应用，特别是数据分析方面的应用，将数理统计的理性逻辑思维与成功解决实际问题的感性认识统一起来，以期使学生掌握独立进行经济与管理类学科的科学研究能力。如果在 Excel 的工作表中建立了计算模型，通过变换输入变量，就能得到需要的分析结果。

第 10 章 投资与决策分析

经济与管理类专业的学生经常要和银行、证券、投资、决策等方面的数据、计算打交道，本章就是针对这种需求集中介绍银行、投资、管理相关的一些常用计算、模型、方法。具体来说，本章讲授 4 个方面的内容：各种存款方案的利息计算，各种贷款方式的还款计算、投资方案的分析和决策分析。

10.1 存款利息计算

10.1.1 存款利息计算的基本规定

我们常说的"到银行去存钱"就是储蓄存款。

目前，存款利息计算按照 1993 年 3 月 1 日发布的《储蓄管理条例》中储蓄利息计算的基本规定执行。计算公式：

$$利息 = 金额 \times 存入天数 \times 日利率$$

注意：一般银行的挂牌利率都是年利率，计算的时候需要将其换算成适用利率。本章涉及的各种计算均针对人民币，外币的计算请参照相关规定进行。

储蓄利息计算的基本规定如下：

（1）利随本清，不计复利。

（2）本金以元为起点，元以下不计息。

（3）利息保留至分位，分以下四舍五入。

（4）存期计算：算头不算尾，存入日期起息，支取日期止息；每年按 360 天计，每月以 30 天计；按对年对月对日计算到期日。

年利率除以 360 换算成日利率，而不是除以 365 或闰年实际天数 366。原因在于：依据惯例，我国按 9 的倍数确定年利率数据，年利率换算成日利率除以 360 可整除。中央银行或商业银行在确定利率水平时，已经考虑了年利率、月利率和日利率之间的换算关系。

（5）活期储蓄存款的计结息规则：目前，人民币活期储蓄存款每季度结息一次，每季末月的 20 日为结息日，按当日挂牌的活期利率计息，商业银行结算利息并于次日转入储户账户。如果储户在结息日前销户，商业银行将按当日挂牌活期利率计算利息并连同本金支付给储户。

（6）定期整存整取存款的计结息规则：目前，定期整存整取存款按存单开户日挂牌公告的相应定期储蓄存款利率计算利息。如在存期内遇利率调整，不论调高或调低，均按存单开户日所定利率计付利息，不分段计息。如储户提前支取，全部提前支取或部分提前支取的部分，按支取日挂牌公告的活期储蓄利率计息，未提前支取的部分仍按原存单所定利率计付利息。

（7）定活两便储蓄按支取日不超过一年期的相应档次的整存整取定期储蓄存款利率打6折计息。

（8）其他储种的计结息规则：目前，除活期储蓄存款和整存整取定期存款计结息规则由人民银行确定外，其他储种的计结息规则由商业银行法人（农村信用社以县联社为单位）以不超过人民银行同期限档次存款利率上限为原则，自行确定并提前告知客户。客户可向商业银行查询该行的计结息规则。

同时，根据国务院第 272 号令，《对储蓄存款利息所得征收个人所得税的实施办法》自 1999 年 11 月 1 日起施行。储蓄存款利息所得个人所得税的税率是 20%。根据法律不溯及以往的原则，个人储蓄存款在 1999 年 10 月 31 日前孳生的利息不征税；从 1999 年 11 月 1 日后孳生的利息，依法计征个人所得税。而从 2007 年 8 月 15 日起，根据全国人大常务委员会所通过的决议，国务院将储蓄存款利息个人所得税由现行的 20%调减为 5%。如某人在 2005 年 1 月 1 日存入三年期定期存款，应该在 2008 年 1 月 1 日到期，该项存款 2005 年 1 月 1 日至 2007 年 8 月 14 日孳生的利息所得按照 20%的税率计征个人所得税，而 2007 年 8 月 15 日至 2008 年 1 月 1 日孳生的利息所得应按照 5%的利息税率计征个人所得税，2008 年 10 月 9 日起国务院决定暂免征收。利息税计算公式：

$$应纳税额＝应税利息×税率$$

利息税由银行代扣代缴，所以储户可以提取的利息所得计算公式：

$$储户所得利息＝利息－应纳税额$$

10.1.2 Excel 存款利息计算

银行主要采用积数计息法或逐笔计息法计算储蓄利息。

积数计息法便于对计息期间账户余额可能会发生变化的储蓄存款计算利息，因此，银行主要对活期性质的储蓄账户采取积数计息法计算利息，包括活期存款、零存整取及通知存款等。

对于定期性质的存款，包括整存整取、整存零取、存本取息及定活两便等，银行采用逐笔计息法计算利息。

1. 活期储蓄

积数计息法就是按实际天数每日累计账户余额，以累计积数乘以日利率计算利息的方法。积数计息法的计息公式为：

$$利息 ＝ 累计计息积数×日利率$$

其中，

$$累计计息积数 ＝ 账户每日余额合计数$$

【例 10-1】 某人于 2007 年 5 月 2 日在银行开户存入 5000 元，于 2007 年 6 月 3 日存入 2000 元，于 2007 年 6 月 11 日取出 1500 元，2007 年 7 月 21 日取出 2000 元，2007 年 9 月 25 日存入 1000 元。2007 年 10 月 18 日，储户要求销户，请计算需要向他支付的本金和利息（活期存款年利率在 2007 年 7 月 21 日由 0.72%调整为 0.81%，利息税率在 2007 年 8 月 15 日由 20%调整为 5%）。

操作步骤如下。

（1）打开"《大学计算机应用高级教程》教学资源\第 3 篇 Excel 数据分析与处理\第 10 章 投资与决策分析\素材.xlsx"工作簿，选择"例 10-1 活期储蓄利息计算"工作表，如图 10-1 所示。

	A	B	C	D	E	F	G
1	活期储蓄利息计算						
2	基本信息						
3	利率	变动前	变动后	利息税率		变动前	变动后
4		0.72%	0.81%			20%	5.00%
5	利息计算						
6	日期	存取	余额	日积数	税前利息	利息税	税后利息
7	2007-5-2	5000	5,000.00				
8	2007-6-3	2000	7,000.00	160000.00			
9	2007-6-11	-1500	5,500.00	216000.00			
10	2007-6-20	0	5,500.00	271000.00	5.42	1.08	4.34
11	2007-6-21	4.34	5,504.34	0.00			
12	2007-7-21	-2000	3,504.34	165130.20			
13	2007-8-15	0	3,504.34	252738.70			
14	2007-9-20	0	3,504.34	382399.28	8.60	1.28	7.32
15	2007-9-21	7.32	3,511.66	0.00			
16	2007-9-25	1000	4,511.66	14046.64			
17	2007-10-18	-4511.66	0.00	117814.82	2.65	0.13	2.52
18	销户本利合计	4514.18					

图 10-1　活期储蓄计算

说明：图中带有底纹的单元格为原始数据单元格，不带底纹单元格为计算结果单元格。后续各章节中的工作簿文件均使用这种表示方法。

（2）按照规定，本例中 6 月 20 日和 9 月 20 日计息，利息计入本金。因此在 6 月 20 日和 9 月 20 日有一个计息操作，这个计息操作需要将 20 日结息日产生的利息一并计入。次日有一个利息转入本金的操作。为了明确表示利息结转过程，表格中专门安排了利息计算和利息结转两行。同样，为了明确表示利息税调整，专门为 8 月 15 日安排了一行以便于读者了解计算过程。

（3）输入交易数据。单元格 A7:A17 区域中是存取款及结息日期。单元格 B7:B16 区域（B11 和 B15 单元格除外）中是存取金额，存款为正，取款为负。B11 单元格中的存入数据来自 G10 单元格结转的利息，B15 单元格中的存入数据来自 G14 单元格结转的利息。B17 单元格中的数据是储户销户时的本金余额，来自 C16 单元格的余额。这三个单元格的数据需要通过计算得出。

（4）计算余额。本期余额等于上期余额加上本期存取额。在 C7 单元格输入公式"=B7"，在 C8 单元格输入公式"=C7+B8"，然后向下填充复制到单元格 C17。

（5）计算日积数。日积数是按日累积的每日余额，要将本期产生的积数与上期的积数累加。根据计息规定，元以下不计息，余额算日积数时要用 INT 函数取整。因此，在 D8 单元格输入公式"=(INT(C7))*(A8-A7)+D7"。Excel 根据 A 列单元格中数据的日期属性，将(A8-A7)计算为两日期之间的天数，然后乘以该期间的余额，得到日积数。向下填充复制到单元格 D17。按照计息规则，计息日当晚计息，当日产生的利息也要计入，实际相当于计算到 21 日。因此 D10 单元格要修改成"=(INT(C9))*(A10–A9+1)+D9"，D14 单元格要修改成"=(INT(C13))*(A14–A13+1)+D13"。同时，计息后积数清零，D11 和 D15 单元格均等于 0。

（6）计算税前利息。利息计算发生在每一季度末月的 20 日或者是储户销户时。本例中分别发生在 6 月 20 日，9 月 20 日以及储户销户时。利息等于本计息周期中日积数的和乘以计息日公布的利率（注意年利率与日利率的转换计算）。在 E10 单元格中输入公式"=D10*B4/360"。相似地，在 E14 和 E17 单元格中分别输入"=D14*C4/360"和"=D17*C4/360"。本例中存在利率调整，因此 6 月 20 日对应的利率为 B4 单元格数据，而 9 月 20 日和 10 月 18 日对应的利率为 C4 单元格数据。

（7）计算利息税和税后利息。利息税等于计税期间产生的利息乘以利息税率，税后利息等于税前利息减去利息税。6 月 20 日的利息税直接适用 20%的税率，因此在 F10 单元格直接输入公式"=E10*F4"，G10 单元格输入公式"=E10–F10"。而 6 月 21 日至 9 月 20 日之间发生了利息税率调整，按照计算规则，必须分段计算。6 月 21 至 8 月 14 日（包括 14 日，因此实际相当于计算到 8 月 15 日）之间产生的利息使用 20%税率，之后的使用 5%税率。在图 10-1 中，D13 对应的是适用 20%税率的日积数。因为日积数采用的是累计的计算方法，所以适用 5%税率的日积数需要通过 D14–D13 来求出。在 F14 单元格中输入公式"=D13*C4/360*F4+(D14–D13)*C4/360*G4"，G14 单元格中输入公式"=E14–F14"。在 F17 单元格中输入公式"=E17*G4"，G17 单元格中输入公式"=E17–F17"。最后销户时支付给储户的利息即等于 G17 单元格数据。

（8）将 G10 和 G14 单元格计算产生的税后利息结转进入 B11 和 B15 单元格，进入本金。

（9）销户时相当于将 C16 单元格的本金全部支取，因此在 B17 单元格输入公式"=–C16"。

（10）最后向储户支付的本利合计为"=–B17+G17"。

在这里提醒读者注意，计算时如果使用默认的单元格格式，有可能出现利息税与税后利息之和与税前利息不相等的情况。这时有两种处理方法：第一种方法是单击左上角的Microsoft Office 按钮⑨，然后单击"Excel 选项"按钮，弹出"Excel 选项"对话框，单击左侧"高级"项，在右侧"计算此工作簿时"栏，选中"将精度设为所显示的精度"复选框；第二种方法是使用 10.2 节中介绍的 ROUND 函数来设置运算结果的精度。

步骤（4）～（10）的总概图如图 10-2 所示。

2. 定期储蓄(整存整取储蓄)

我国目前的定期储蓄品种有三个月、半年、一年、二年、三年和五年 6 种。

计算定期储蓄利息的方法如下。

（1）如果定期储蓄按照约定到期支取，则：

税后利息 ＝ 本金 × 存期 × 对应利率 － 利息税

（2）如果没有到期就提前支取，则：

税后利息 ＝ 本金 × 实际存款天数 × 活期日利率 － 利息税

（3）存款到期后如果储户没有及时支取，则有以下几种处理方式：本息续存、本金续存和不自动续存。本息续存是自动将上一期的本金加利息一起作为下一期的本金转存；本金续存是上一期的利息转为活期，本金转存；不自动续存则是将上一期的本金加利息按活期存款处理。目前大多数银行默认储户按照本息续存办理业务，按照续存时的挂牌利率计算利息。如果自动续存期未到期，储户需要支取，则该续存期内的利息按照活期日利率计算。

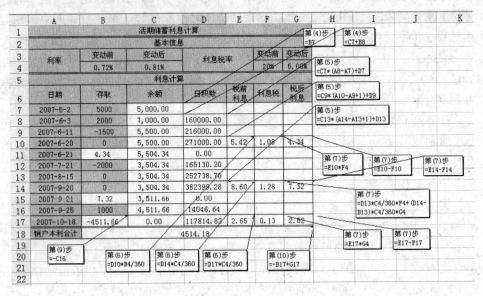

图 10-2　活期储蓄步骤总概图

税后利息＝（本金×存期×对应利率－利息税）×（1＋逾期天数×活期日利率）－利息税

【例 10-2】　某人于 2006 年 4 月 20 日存入一笔 30 000 元的一年期定期存款，利率为 2.25%，请计算如果他于 2007 年 4 月 20 日按时取款，能得到多少税后利息？如果他于 2006 年 12 月 20 日提前支取，能得到多少税后利息？如果他于 2007 年 7 月 9 日过期取款，能得到多少税后利息（假设提前支取和过期取款时的活期利率均为 0.72%）？

操作步骤如下。

（1）打开"《大学计算机应用高级教程》教学资源\第 3 篇 Excel 数据分析与处理\第 10 章 投资与决策分析\素材.xlsx"工作簿，选择"例 10-2 定期储蓄利息计算"工作表，如图 10-3 所示。

	A	B	C	D	E
1	定期储蓄利息计算				
2	基本信息				
3	存入日期	存入本金	一年期利率	活期年利率	利息税率
4	2006-4-20	30000	2.25%	0.72%	20%
5	利息计算				
6	取款日期	取款性质	税前利息	利息税	税后利息
7	2007-4-20	到期支取	675.00	135.00	540.00
8	2006-12-20	提前支取	146.40	29.28	117.12
9	2007-7-9				
10		过期支取	540.00	39.09	579.09

图 10-3　定期储蓄计算

（2）计算到期支取利息。在 C7 单元格输入公式"=B4*C4"，在 D7 单元格输入公式"=C7*$E$4"。

（3）计算提前支取利息。提前支取的定期储蓄按照同期活期储蓄利率计算，在 C8 单元格输入公式"=B4*(A8–A4)*D4/360"。因为 D7 单元格使用了绝对引用，因此可以直接将 D7 单元格的公式拖动复制到 D8 单元格计算利息税，E8 单元格也可以同样由 E7 单元格拖动复制得到。

（4）计算过期支取利息。按照到期本息自动转存的原则，定期储蓄到期储户不支取，则将其利息转入本金，自动续存为相同存期的定期储蓄。续存期未满储户要求支取，则此续存期内按照活期利率计算利息。计算方法为：在 C10 单元格输入公式"=E7"，在 D10 单元格输入公式"=(B4+C10)*(A9–A7)*D4/360*(1-E4)"，在 E10 单元格输入公式"=C10+D10"。

步骤（2）～（4）的总概图如图 10-4 所示。

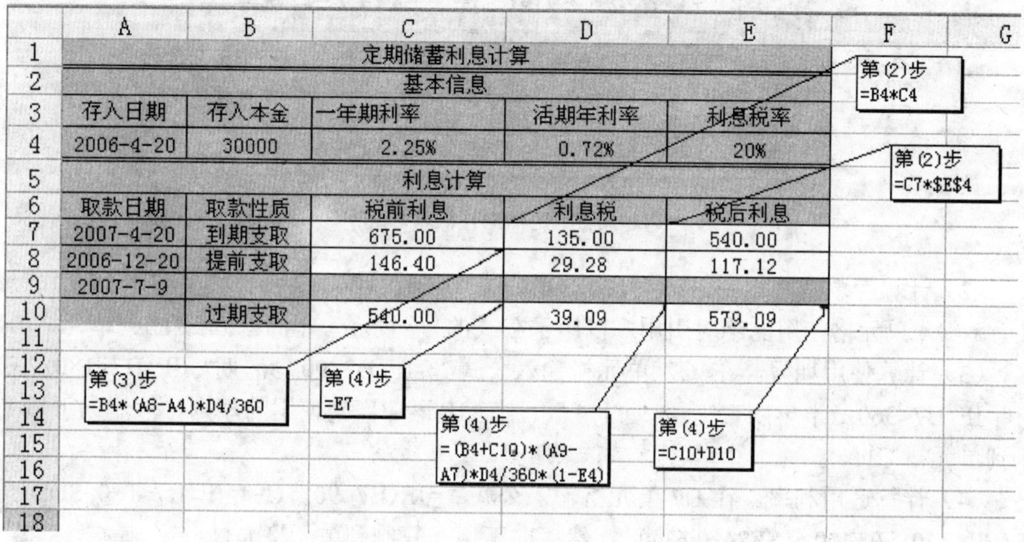

图 10-4　定期储蓄步骤总概图

3. 定活两便储蓄

定活两便储蓄具有定期和活期储蓄的双重性质，存期三个月以内的按活期计算，三个月以上的，按同档次整存整取定期存款利率的 6 折计算。存期在一年以上(含一年)，无论存期多长，整个存期一律按支取日定期整存整取一年期存款利率打 6 折计息。其公式：

税后利息 ＝ 本金 × 存期 × 相应定期利率 × 60% － 利息税

因定活两便储蓄不固定存期，支取时极有可能出现零头天数，出现这种情况，使用日利率来计算利息。

在银行的实际操作中，对于定活两便储蓄，需要使用对年对月对日的方式判断其对应的利率档次。Excel 提供了一个函数 DAYS360（Start_date, End_date, Method），其中参数 Start_date 和 End_date 是用于计算天数的起止日期，Method 为计算方法，通常省略。该函数按照每年 360 天，每月 30 天来计算两个日期间隔的天数。例如 2007 年 2 月 1 日开户，2007 年 5 月 1 日支取，按照实际天数计算结果为 89 天，使用 DAYS360 函数计算的结果是

90 天。而按照对月对日的计息法则，这笔存款已经满了 3 个月。因此可以根据 DAYS360 返回结果是否大于等于 90，180，360 来判断应该使用何种利率。

【例 10-3】 某人于 2007 年 9 月 10 日以定活两便方式存入本金 10 000 元，假设分别于 2007 年 12 月 1 日、2008 年 1 月 20 日、2008 年 4 月 18 日、2008 年 12 月 1 日、2010 年 5 月 1 日全部取出，请分别计算其税后利息。假设支取时定期储蓄三个月，半年期，一年期的利率分别为 2.88%，3.42%，3.87%，活期利率为 0.81%。

操作步骤如下。

（1）打开"《大学计算机应用高级教程》教学资源\第 3 篇 Excel 数据分析与处理\第 10 章 投资与决策分析\素材.xlsx"工作簿，选择"例 10-3 定活两便储蓄利息计算"工作表，如图 10-5 所示。

	A	B	C	D	E	F	G
1	定活两便储蓄利息计算						
2	基本信息						
3	存入日期	存入本金	活期年利率	3个月利率	半年期利率	一年期利率	利息税率
4	2007-9-10	10000	0.81%	2.88%	3.42%	3.87%	5%
5	利息计算						
6	取款日期	存款时长	适用期限	适用利率	税前利息	利息税	税后利息
7	2007-12-1	81	活期	0.81%	18.23	0.91	17.32
8	2008-1-20	130	三个月	1.73%	62.47	3.12	59.35
9	2008-4-18	218	半年期	2.05%	124.14	6.21	117.93
10	2008-12-1	441	一年期	2.32%	284.20	14.21	269.99
11	2010-5-1	951	一年期	2.32%	612.87	30.64	582.23

图 10-5　定活两便储蓄计算

（2）计算存款时间。在 B7 单元格输入公式"=DAYS360($A$4, A7)"，得到存款天数。注意对 A4 单元格使用的绝对引用，以用于公式的自动填充。向下填充复制到单元格 B11。

（3）计算使用期限。在 C7 单元格输入公式"=IF(B7<90, "活期", IF(B7<180, "三个月", IF(B7<360, "半年期", "一年期")))"，注意 IF 语句嵌套使用的规则。然后向下填充复制到单元格 C11。

（4）计算适用利率。在 D7 单元格输入公式"=IF(B7<90, $C$4, IF(B7<180, $D$4*0.6, IF(B7<360, $E$4*0.6, $F$4*0.6)))"，然后向下填充复制到单元格 D11。

（5）计算利息。在 E7 单元格输入公式"=$B$4*B7*D7/360"，然后向下填充复制到单元格 E11。

（6）计算利息税和税后利息。在 F7 单元格输入公式"=E7*$G$4"，然后向下填充复制到单元格 F11。在 G7 单元格输入公式"=E7–F7"，然后向下填充复制到单元格 G11。

步骤（2）～（6）的总概图如图 10-6 所示。

4．零存整取储蓄

零存整取存款是指开户时约定存期，约定每月存入金额，本金分次存入，到期一次支取本息的存款方式。存期分一年、三年、五年三个档次。

$$税后利息 ＝ 月存金额 × 累计月积数 × 月利率 － 利息税$$

其中，

$$累计月积数＝(存入次数＋1)× 存入次数÷2$$

据此推算一年期的累计月积数为 $(12＋1)×12÷2 ＝ 78$，依此类推，三年期、五年期的累计月积数分别为 666 和 1830。

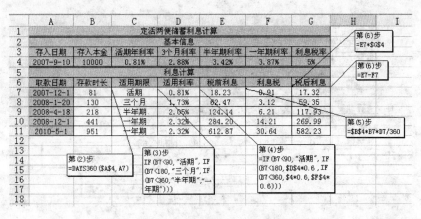

图 10-6 定活两便储蓄步骤总概图

【例 10-4】 某人于 2007 年 10 月 2 日在银行开立零存整取账户，约定每月存入 1000 元，如果存期分别为 1 年、3 年或 5 年，开户时零存整取定期储蓄 1 年、3 年和 5 年的利率分别为 2.88%，3.42%，3.87%，请计算到期可以得到的税后利息。

操作步骤如下。

（1）打开"《大学计算机应用高级教程》教学资源\第 3 篇 Excel 数据分析与处理\第 10 章 投资与决策分析\素材.xlsx"工作簿，选择"例 10-4 零存整取储蓄利息计算"工作表，如图 10-7 所示。

	A	B	C	D	E
1	零存整取储蓄利息计算				
2	基本信息				
3	每月存入本金	1年期零存整取利率	3年期零存整取利率	5年期零存整取利率	利息税率
4	1000	2.88%	3.42%	3.87%	5%
5	利息计算				
6	存期	累计月积数	税前利息	利息税	税后利息
7	一年	78	187.20	9.36	177.84
8	三年	666	1898.10	94.91	1803.19
9	五年	1830	5901.75	295.09	5606.66

图 10-7 零存整取储蓄计算

（2）计算累计月积数。将累计月积数填入与存期对应的单元格。

（3）计算税前利息。在 C7 单元格输入公式"=$A$4*B7*B4/12"，在 C8 单元格输入公式"=$A$4*B8*C4/12"，在 C9 单元格输入公式"=$A$4*B9*D4/12"。

（4）计算利息税和税后利息。在 D7 单元格输入公式"=C7*$E$4"，然后向下填充复制到单元格 D9。在 E7 单元格输入公式"=C7−D7"，然后向下填充复制到单元格 E9。

步骤（3）～（4）的总概图如图 10-8 所示。

5. 单利与复利的比较

单利是指按照固定的本金计算的利息。其特点是对已过计息日而不提取的利息不计利息。

复利是对本金及其产生的利息一并计算，也就是利上有利。其特点是把上期末的本利和作为下一期的本金，在计算时每一期本金的数额是不同的。

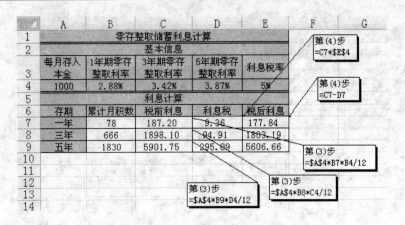

图 10-8　零存整取储蓄步骤总概图

【例 10-5】　分别用单利与复利两种方式计算 10 000 元本金，在 7%利率条件下，6 次计息的本利和。

操作步骤如下。

（1）打开"《大学计算机应用高级教程》教学资源\第 3 篇 Excel 数据分析与处理\第 10 章 投资与决策分析\素材.xlsx"工作簿，选择"例 10-5 单利与复利的比较"工作表，如图 10-9 所示。

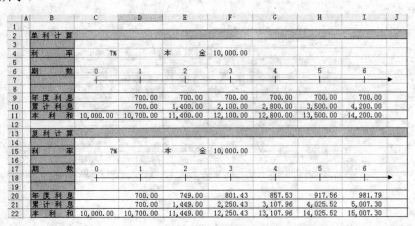

图 10-9　单利与复利的比较

（2）单利的计算。在 D9 单元格中输入公式"=$F$4*$C$4"，计算年度利息。然后向右填充复制到单元格 I9。在 D10 单元格中输入公式"=SUM($C9:D9)"，计算累计利息。然后向右填充复制到单元格 I10。在 D11 单元格中输入公式"= D9+C11"，计算本利和。然后向右填充复制到单元格 I11。

（3）复利的计算。在 D20 单元格中输入公式"=C22*$C$15"，计算年度利息。然后向右填充复制到单元格 I20。在 D21 单元格中输入公式"= SUM($C20:D20)"，计算累计利息。然后向右填充复制到单元格 I21。在 D22 单元格中输入公式"=D20+C22"，计算本利和。然后向右填充复制到单元格 I22。这样就可以看出单利与复利的差异。

步骤（2）～（3）的总概图如图 10-10 所示。

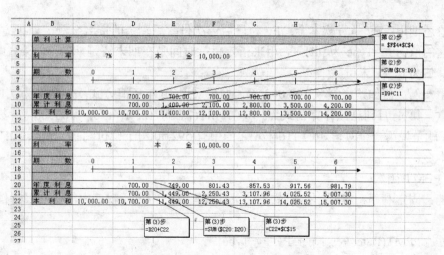

图 10-10　单利与复利的比较步骤总概图

10.2　贷　款　计　算

为了满足投资或消费的需要，单位或者个人都有可能在自有资金不足的情况下向银行借钱，这就是常说的"贷款"。

目前，银行开办的贷款业务种类繁多，为企业单位提供流动资金贷款、一般项目贷款、并购贷款、循环贷款等，为个人提供个人购置住房贷款、汽车消费贷款、国家助学贷款等。每一种贷款可以选用银行提供的不同还款方式。本节介绍使用 Excel 进行贷款计算。

10.2.1　Excel 相关函数

Excel 提供了一批功能强大的财务函数，这里介绍几个与贷款分析计算关系较密切的函数：

1. PMT 函数

功能：固定利率，等额本息还款条件下计算每期向银行支付的款项(包括本金和利息)。

语法：PMT(Rate、Nper、Pv、Fv、Type)。

参数：Rate 是贷款利率；Nper 为贷款偿还期限；Pv 是贷款本金；Fv 为最后一次付款后剩余的贷款金额，如果省略 Fv，则认为它的值为 0；Type 为 0 或 1，用来指定付款时间是在期末还是期初。如果省略 Type，则假设其值为 0，期末付款。

应用实例：假如购房贷款 100 000 万元，如果采用 10 年还清方式，年利率为 7.11%，每期末还款。月还款额计算公式为" = PMT(7.11%/12, 120, -100000) "。其结果为 ¥1166.76，就是每月须偿还贷款 1166.76 元。

2. IPMT 函数

功能：固定利率，等额本息还款条件下计算在某一特定还款期内需要向银行偿还的利息额。

语法：IPMT(Rate, Per, Nper, Pv, Fv, Type)

参数：Rate 是贷款利率；Per 用于计算其利息数额的期次，必须在 1～Nper 之间；Nper

投资与决策分析

为贷款偿还期限；Pv 是贷款本金；Fv 为最后一次付款后剩余的贷款金额，如果省略 Fv，则认为它的值为 0；Type 为 0 或 1，用来指定付款时间是在期末还是期初。如果省略 Type，则假设其值为 0，期末付款。

应用实例：假如购房贷款 100 000 元，如果采用 10 年还清方式，年利率为 7.11%，每期末还款。第 1 月利息额计算公式为 " = IPMT(7.11%/12, 1, 120, –100000)"。其结果为 592.50，就是说第一个月偿还的 1166.76 元当中有 592.50 用于偿付利息，剩余的 574.26 用于偿还本金。

3. PPMT 函数

功能：固定利率，等额本息还款条件下计算在某一特定还款期内需要向银行偿还的本金额。

语法：PPMT(Rate, Per, Nper, Pv, Fv, Type)。

参数：Rate 是贷款利率；Per 用于计算其本金数额的期次，必须在 1～Nper 之间；Nper 为贷款偿还期限；Pv 是贷款本金；Fv 为最后一次付款后剩余的贷款金额，如果省略 fv，则认为它的值为 0；Type 为 0 或 1，用来指定付款时间是在期末还是期初。如果省略 Type，则假设其值为 0，期末付款。

应用实例：假如购房贷款 100 000 元，如果采用 10 年还清方式，年利率为 7.11%，每期末还款。第 1 月本金计算公式为 " = PPMT(7.11%/12, 1, 120, –100000)"。其结果为 574.26，与 IPMT 中得出的数据吻合。

4. CUMIPMT 函数

功能：固定利率，等额本息还款条件下计算在给定的 Start-period 到 End-period 期间累计向银行偿还的利息金额。

语法：CUMIPMT(Rate, Nper, Pv, Start_period, End_period, Type)。

参数：Rate 是贷款利率；Nper 为贷款偿还期限；Pv 是贷款本金；Start_period 为计算中的首期，付款期数从 1 开始计数；End_period 为计算中的末期；Type 为 0 或 1，用来指定付款时间是在期末还是期初。如果省略 Type，则假设其值为 0，期末付款。

应用实例：假如购房贷款 100 000 元，如果采用 10 年还清方式，年利率为 7.11%，每期末还款。第 1 年中支付的利息总数为 "=CUMIPMT(7.11%/12, 120, 100000, 1, 12, 0)"。其结果为 –6880.94，就是说第 1 年一共偿还了 6880.94 元利息。

5. CUMPRINC 函数

功能：固定利率，等额本息还款条件下计算在给定的 Start-period 到 End-period 期间累计向银行偿还的本金金额。

语法：CUMPRINC(Rate, Nper, Pv, Start_period, End_period, Type)。

参数：Rate 是贷款利率；Nper 为贷款偿还期限；Pv 是贷款本金；Start_period 为计算中的首期，付款期数从 1 开始计数；End_period 为计算中的末期；Type 为 0 或 1，用来指定付款时间是在期末还是期初。如果省略 Type，则假设其值为 0，期末付款。

应用实例：假如购房贷款 100 000 元，如果采用 10 年还清方式，年利率为 7.11%，每期末还款。第 1 年中支付的本金总数为 "=CUMPRINC (7.11%/12, 120, 100000, 1, 12, 0)"。其结果为 –7120.20，就是说第 1 年一共偿还了 7120.20 元本金。

6. ROUND 函数

功能：返回某个数字按指定位数取整后的数值。

语法：ROUND (Number, Num_digits)。

参数：Number 表示需要进行四舍五入的数值；Num_digits 表示指定的位数，按此位数进行四舍五入。

应用实例：ROUND(24.149, 1)，结果为 24.1；ROUND(24.149, 2)，结果为 24.15；ROUND(24.149, 0)，结果为 24；ROUND(24.149, –1)，结果为 20。

10.2.2 Excel 贷款计算

本节介绍企业单位常用的等额利息还款、等额本息还款、等额本金还款等贷款方式的计算方法，以及助学贷款的计算方法。

1. 等额利息还款

等额利息还款是指借款人每期偿还相等的利息，到期一次偿还借款本金的方法。常用于企业单位的贷款业务。

贷款人每期偿还的利息等于贷款本金乘以期利率，贷款期内的利息总额等于贷款本金乘以期利率再乘以总期数。

【例 10-6】 某企业从银行取得 100 万元的短期流动资金贷款，年利率为 7%，期限 5 个月，采用等额利息法还本付息，还款时间在每期期末。请编制企业还款计划。

操作步骤如下。

（1）打开"《大学计算机应用高级教程》教学资源\第 3 篇 Excel 数据分析与处理\第 10 章 投资与决策分析\素材.xlsx"工作簿，选择"例 10-6 等额利息贷款计算"工作表，如图 10-11 所示。

	A	B	C	D	E
1	等额利息贷款计算				
2	基本信息				
3	贷款额（元）		1000000		
4	贷款期限（月）		5		
5	贷款年利率		7.00%		
6	还款计算表				
7	月份	应付利息	应付本金	本月偿还额	剩余本金
8	0	0.00	0.00	0.00	1000000.00
9	1	5833.33	0.00	5833.33	1000000.00
10	2	5833.33	0.00	5833.33	1000000.00
11	3	5833.33	0.00	5833.33	1000000.00
12	4	5833.33	0.00	5833.33	1000000.00
13	5	5833.33	1000000.00	1005833.33	0.00
14	合计	29166.65	1000000.00	1029166.65	

图 10-11 等额利息还款计算

（2）计算每月偿还利息额。在 B9 单元格输入公式"=ROUND($C$3*$C$5/12, 2)"，计算每月应偿还利息额。这里使用 ROUND 函数对计算结果进行以下金额的四舍五入处理，然后向下填充复制到单元格 B13。

（3）计算到期还本额。在 C8 单元格输入公式"=IF(A8<$C$4, 0, 1000000)"，计算每月应偿还本金，然后向下填充复制到单元格 C13。

（4）计算每月偿还额。在 D8 单元格中输入公式"= B8 + C8"，然后向下填充复制到单元格 D13。

（5）计算剩余本金。在 E8 单元格中输入公式"= IF(A8 < \$C\$4, 1000000, 0)"，然后向下填充复制到单元格 E13。

（6）计算支付的利息和本息合计数额。在 B14 单元格中输入公式"= SUM(B8:B13)"，在 C14 单元格中输入公式"= SUM(C8:C13)"，在 D14 单元格中输入公式"= SUM(D8:D13)"。

步骤（2）～（6）的总概图如图 10-12 所示。

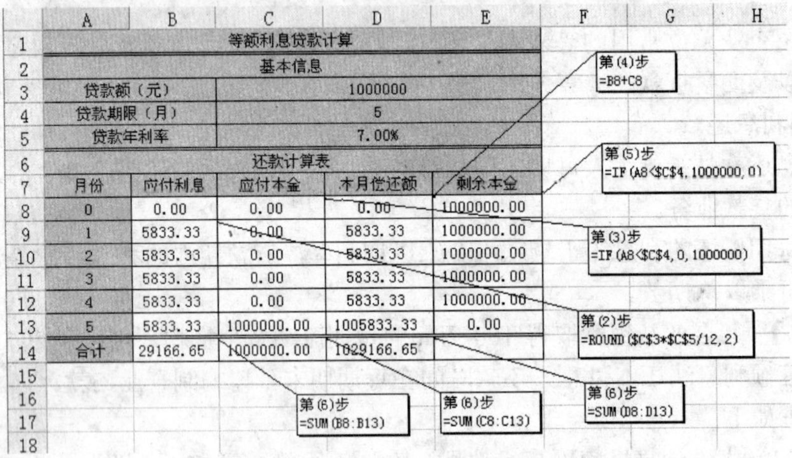

图 10-12　等额利息还款步骤总概图

2．等额本息还款

等额本息贷款还款方式是指每月以相等的还本付息数额偿还贷款本息。即借款人每月按相等的金额偿还贷款本息，其中每月贷款利息按月初剩余贷款本金计算并逐月结清。由于每月的还款额相等，因此在贷款初期每月的还款中，剔除按月结清的利息后，所还的贷款本金就较少；而在贷款后期因贷款本金不断减少，每月的还款额中贷款利息也不断减少，每月所还的贷款本金就较多。

计算公式为：

$$月还款额 = 贷款额 \times \frac{期利率}{1 - \left(\dfrac{1}{1 + 期利率}\right)^{还款期数}}$$

3．等额本金还款

等额本金还款也是一种比较常见的还款方法，这种还款方式将本金平均分摊到每期，将本金每月等额偿还，然后根据剩余本金计算利息，所以初期由于本金较多，将支付较多的利息，从而使还款额在初期较多，并在随后的时间每月递减。

计算公式为：

$$月还款额 = 贷款总额 \div 还款总期数 + 当期剩余本金 \times 期利率$$

【例 10-7】　某单位从银行贷款 500 000 元，贷款期限 10 年，贷款利率为 9%，每年还款一次，还款时间在每期末。请分别编制等额本息法还本付息和等额本金法还本付息的还款计划。

操作步骤如下。

（1）打开"《大学计算机应用高级教程》教学资源\第3篇 Excel 数据分析与处理\第10章 投资与决策分析\素材.xlsx"工作簿，选择"例10-7 等额本息，等额本金贷款计算"工作表，如图10-13所示。

	A	B	C	D	E	F	G
1	基本信息						
2	年限	10.00	年利率	9%	金额	500000.00	
3	还款计划表						
4		等额本息法			等额本金法		
5	期数	当期偿还本金	当期偿还利息	当期共偿还	当期偿还本金	当期偿还利息	当期共偿还
6	1	32910.04	45000.00	77910.04	50000.00	45000.00	95000.00
7	2	35871.95	42038.10	77910.04	50000.00	40500.00	90500.00
8	3	39100.42	38809.62	77910.04	50000.00	36000.00	86000.00
9	4	42619.46	35290.58	77910.04	50000.00	31500.00	81500.00
10	5	46455.21	31454.83	77910.04	50000.00	27000.00	77000.00
11	6	50636.18	27273.86	77910.04	50000.00	22500.00	72500.00
12	7	55193.44	22716.60	77910.04	50000.00	18000.00	68000.00
13	8	60160.85	17749.20	77910.04	50000.00	13500.00	63500.00
14	9	65575.33	12334.72	77910.04	50000.00	9000.00	59000.00
15	10	71477.11	6432.94	77910.04	50000.00	4500.00	54500.00
16	合计	499999.99	279100.45	779100.40	500000.00	247500.00	747500.00

图 10-13 等额本息与等额本金还款计算

（2）编制等额本息法还款计划。等额本息法的计算需要使用到 PPMT、IPMT 和 PMT 等函数。在 B6 单元格输入公式"=ROUND(PPMT($D$2, A6, $B$2, –$F$2), 2)"，在 C6 单元格输入公式"=ROUND(IPMT($D$2, A6, $B$2, –$F$2), 2)"，在 D6 单元格输入公式"=ROUND(PMT($D$2, $B$2, –$F$2), 2)"。分别将以上三个公式拖动复制到 B15、C15 和 D15。因为舍入精度的原因，某些行出现本金与利息的和与还款总额不等的现象，实际工作中可以采用手工调整的方法处理。

（3）编制等额本金法还款计划。等额本金法相对简单，在 E6 单元格输入公式"=$F$2/10"，向下拖动复制单元格到 E15，计算每期应偿还本金。在 F6 单元格输入公式"=ROUND((500000–50000*(A6–1))*$D$2, 2)"，计算每期应偿还利息。每期偿还的利息等于本期初剩余本金在本期内产生的利息，拖动 F6 单元格向下填充复制到 F15。在 G6 单元格输入公式"=E6+F6"，计算当期应该偿还的本息和，拖动 G6 单元格向下填充复制到 G15。

步骤（2）～（3）的总概图如图 10-14 所示。

4. 助学贷款

【例 10-8】2004 级专科学校大学生小李申请到助学贷款，2005 年放款 5000 元，2006年放款 5000 元，贷款到期时间为 2011 年 9 月 14 日。他预计于 2007 年毕业，按照规定，2007 年 6 月 30 日开始由他自付利息，第一次自付利息结息日为 2007 年 12 月 20 日，年利率为 6.84%。请为他安排还款计划。

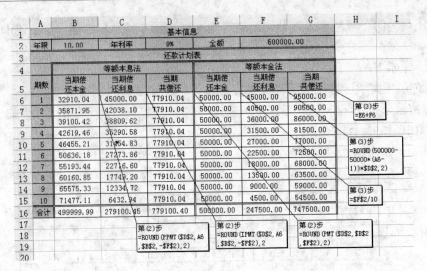

图 10-14　等额本息与等额本金还款步骤总概图

操作步骤如下。

（1）打开"《大学计算机应用高级教程》教学资源\第 3 篇 Excel 数据分析与处理\第 10 章 投资与决策分析\素材.xlsx"工作簿，选择"例 10-8 助学贷款计算"工作表，如图 10-15 所示。

助学贷款计算					
基本信息					
放款日期	金额	贷款到期日	自付利息开始日	年利率	
2005	5000	2011-9-14	2007-6-30	6.84%	
2006	5000	2011-9-14	2007-6-30	6.84%	
还款计算表					
日期	计息天数	计息本金	利息额	归还本金	当期共偿还
2007-12-20	170	10000	323.00	0	323.00
2008-12-20	360	10000	684.00	0	684.00
2009-12-20	360	10000	684.00	0	684.00
2010-12-20	360	10000	684.00	0	684.00
2011-9-14	264	10000	501.60	10000	10501.60

图 10-15　助学贷款计算

需要指出的是，助学贷款是一项政策性很强的业务，例如 2004 年以后的助学贷款，采用借款学生在校期间的贷款利息全部由财政补贴，毕业后全部自付的办法，借款学生毕业当年的 6 月 30 日开始计付利息。又如，广东省规定，部委属院校贷款学生在合同期限内贷款利息由中央财政补贴 50%，在校期间贷款利息的另外 50%由广东省财政补贴，毕业后的 4 年内贷款利息中央财政补贴 50%，学生个人承担 50%，超过 4 年的，贷款利息由学生个人全部承担；省属高校和地方高校贷款学生在校期间贷款利息 100%由省财政补贴，毕业后的贷款利息由学生个人承担。

（2）这里只介绍一般性的原理方法，实际工作中请按照签订的具体的贷款合同以及相关政策进行计算。

利息计算的相关规定如下。

① 自付利息开始时间：2007 届毕业生正式开始自付利息的时间是 2007 年 6 月 30 日，专升本学生申请展期后自付利息时间自动顺延两年。

② 每年自付利息的结息日：自学生毕业开始，每年 12 月 20 日为当年结息日，在此之前贷款毕业生应自动缴纳当年度贷款利息。

③ 利息计算方式：

利息金额＝贷款金额×应还天数×日利率×罚息系数

其中，年利率每年按当年人民银行颁布的利率实时进行调整(本例统一按 6.84%计算)。

（3）小李按期毕业，他制定了详细合理的还款计划，如图 10-15 所示。

① 在 A8:A12 单元格输入归还利息时间及归还本金时间。

② 在 B8:B12 单元格使用 DAYS360 函数计算计息天数。其中 B8 单元格输入公式"=DAYS360(D4, A8)"，B9 单元格输入公式"=DAYS360(A8, A9)"，将 B9 单元格的公式填充复制到 B12。

③ 在 C 列各单元格输入相应的计息本金。

④ 计算利息额。在 D6 单元格输入公式"=C8*B8*$E$4/360"，填充复制到单元格 D12。计算出的就是各期应付的利息额。需要说明的是，本例中贷款的利率相等，因此统一使用了 E4 单元格中的数据，遇到利率不等的情况，需要对应不同的贷款利率分别计算。

⑤ 在 E 列按贷款到期日填入归还的本金。

⑥ 计算当期应向银行偿还的本息合计。在 F8 单元格输入公式"=D8+E8"，将 F8 单元格的公式填充复制到 F12，计算结果即为需要偿还的本息合计金额。

如果小李顺利考入本科院校，并按时办理了展期手续，自付利息日期和还款截止日期自动向后顺延(升入研究生依次顺延)。按一般专升本两年计算，自付利息开始日期为 2009 年 6 月 30 日，贷款的到期时间为 2013 年 9 月 14 日。具体的计算可以参照按期还款的方式进行。

步骤（3）的总概图如图 10-16 所示。

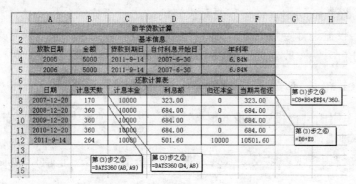

图 10-16　助学贷款步骤总概图

10.3　投资项目分析

10.3.1　基本概念

首先来了解一下基本的投资概念，包括现值、内含报酬率、折旧等。

资金具有时间价值，今天的一块钱和一年后的一块钱在价值上是不相等的。如何把一年后的一块钱和今天的一块钱在价值上进行比较呢？通常设法把一年后的一块钱折成今天的价值，这叫折现。按照何种比率来完成这一折换呢？使用折现率这一标准。折现率一般采用当前的市场利率，如同样期限的贷款利率。

于是，资金的现值 PV 等于未来收到的一组现金流以合适的折现率折现到当前的价值，计算公式：PV＝未来现金流÷(1＋折现率)。例如，一笔一年后可以得到的 1000 元钱，5％的折现率，其现值 PV=1000÷(1＋5%)＝952.38 元。也就是说，一年后的 1000 元只相当于现在的 952.38 元。这体现了金钱的时间价值概念，现在的钱比未来的钱值钱。根据现值的计算公式，折现率越高，未来现金流的现值越低，反之亦然。折现率的高低反映了这笔未来现金的预期收益率和风险的高低。现值是金融投资理论的入门概念和计算公式。

所谓净现值，是指在项目计算期内，按行业基准收益率或其他设定折现率计算的各年净现金流量现值的代数和，记作 NPV。

内含报酬率，记作 IRR。也叫"内部收益率"或"内在收益率"。是指一项长期投资方案在其寿命周期内按现值计算的实际可能达到的投资报酬率。通常它是根据这个报酬率对投资方案的各年现金净流量进行折现，使未来报酬的总现值正好等于折现在同一时点的原投资金额，即它是使投资方案净现值正好等于 0 的报酬率。它是评价投资方案优劣的一项重要的动态指标。根据投资方案的内含报酬率是否高于资金成本来确定该投资方案是否可行的决策分析方法称为"内含报酬率法"。

折旧是指固定资产由于使用磨损或陈旧等因素，价值降低。折旧实质上就是这些固定资产的贬值。在财会工作中，常说计提折旧，就是将这种贬值加入到生产成本中，使得我们对固定资产的投资能够收回。一般按固定资本的磨损程度，逐渐将转移到产品中去的那部分价值从销售商品的收入中提取，以货币形式积累起来，以备将来用于固定资本的更新。

在企业财务经营活动中，经常需要对投资活动进行事先的分析评估，对资金的使用成本和资金带来的收益进行定量的分析计算，以此来对一项或多项投资进行取舍决策。最基本和最常用的分析方法一般需要考察以上这几个指标。

10.3.2 Excel 相关函数

Excel 提供了用于进行投资分析的财务函数，以方便使用者进行财务计算。

1. NPV 净现值函数

功能：通过使用折现率以及一系列未来支出(负值)和收入(正值)，返回一项投资的净现值。

语法：NPV(Rate, Value1, Value2, …)。

参数：Value1，Value2，…所属各期间的长度必须相等，而且支付及收入的时间都发生在期末；NPV 按次序使用 Value1，Value2，…来解释现金流的次序，所以一定要保证支出和收入的数额按正确的顺序输入。如果参数是数值、空白单元格、逻辑值或表示数值的文字表达式，都会先转化为数值并参与计算；如果参数是错误值或不能转化为数值的文字则被忽略。NPV 假定投资开始于 Value1 现金流所在日期的前一期，并结束于最后一笔现金流的当期。NPV 依据未来的现金流计算。如果第一笔现金流发生在第一个周期的期初，则第一笔现金必须添加到 NPV 的结果中，而不应包含在 Values 参数中。

净现值法的判别标准：若 NPV=0，表示方案实施后的投资贴现率正好等于事先确定的贴现率，方案可以接受；若 NPV＞0，表示方案实施后的经济效益超过了目标贴现率的要求，方案较好；若 NPV＜0，则经济效益达不到既定要求，方案应予以拒绝。

【例 10-9】 某公司投资一个项目，在 7 年内的现金流量表如图 10-17 所示，求该项目的净现值为多少？

操作步骤如下。

（1）打开“《大学计算机应用高级教程》教学资源\第 3 篇 Excel 数据分析与处理\第 10 章 投资与决策分析\素材.xlsx”工作簿，选择“例 10-9 使用 NPV 函数计算累计值”工作表，如图 10-17 所示。

（2）净现值的计算。在 B12 单元格中输入公式“=NPV(B1,C4:C10)–B3”，计算净现值。从而看出该项目不具有经济可行性。在得出净现值之后，可以通过 NPV 函数求出该项目的期值。

步骤（2）的总概图如图 10-18 所示。

	A	B	C
1	资本成本率	10%	
2	年度	投资	现金流量
3	第0年	3500000	
4	第1年		125000
5	第2年		230000
6	第3年		440000
7	第4年		710000
8	第5年		1050000
9	第6年		880000
10	第7年		500000
11			
12	NPV		

图 10-17　NPV 净现值计算

	A	B	C	D	E
1	资本成本率	10%			
2	年度	投资	现金流量		
3	第0年	3500000			
4	第1年		125000		
5	第2年		230000		
6	第3年		440000		
7	第4年		710000		
8	第5年		1050000		
9	第6年		880000		
10	第7年		500000	第(2)步	
11				=NPV(B1,C4:C10)-B3	
12	NPV	-975479.42			

图 10-18　NPV 净现值步骤总概图

2．IRR 内含报酬率函数

功能：返回连续期间的现金流量的内含报酬率。

语法：IRR(Values, Guess)。

参数：Values 为数组或单元格的引用，包含用来计算内部收益率的数字。Values 必须包含至少一个正值和一个负值，以计算内部收益率。IRR 根据数值的顺序来解释现金流的顺序，故应保证支付和收入的数值按需要的顺序输入。如果数组或引用包含文本、逻辑值或空白单元格，这些数值将被忽略。Guess 为对 IRR 计算结果的估计值。在大多数情况下，并不需要为 IRR 的计算提供 Guess 值。如果省略 Guess，则默认为 0.1(10%)。如果函数 IRR 返回错误值#NUM!，或结果没有靠近期望值，可以给 Guess 换一个值再试一下。

内含报酬率是使投资方案的净现值为 0 的报酬率。在内含报酬率指标的判别上，任何一项投资方案的内含报酬率必须以不低于取得资金的成本(大多数情况下是银行贷款利率)为限度，否则方案不可行。

【例 10-10】 某公司投资一项新产品的研制工作。预支需要 18 万元的投资，并预期今后 5 年的净收益为 25 000 元、29 000 元、45 000 元、48 000 元和 51 000 元，分别求出该项目投资 2 年后、4 年后、5 年后的内含报酬率，并做交叉检验。

操作步骤如下。

（1）打开"《大学计算机应用高级教程》教学资源\第 3 篇 Excel 数据分析与处理\第 10 章 投资与决策分析\素材.xlsx"工作簿，选择"例 10-10 使用 IRR 设计内部交叉检验"工作表，如图 10-19 所示。

	A	B	C
1	投入	收入	说明
2	180000	−180000	某项业务的初期成本费用
3		25000	第1年的净收入
4		29000	第2年的净收入
5		45000	第3年的净收入
6		48000	第4年的净收入
7		51000	第5年的净收入
8			
9	结果		投资4年后的内含报酬率
10			5年后的内含报酬率
11			如果要计算2年后的内含报酬率，需要包含一个估计值
12			
13			交叉检验

图 10-19　IRR 内含报酬率计算

（2）2 年内部收益率计算。在 B11 单元格中输入公式"=IRR(B2:B4，−0.1)"，计算投资 2 年后的内部收益率。这里估计值 Guess 为 0.1。

（3）4 年、5 年内部收益率计算。在 B9 单元格中输入公式"=IRR(B2:B6)"，计算投资 4 年后的内部收益率。在 B10 单元格中输入公式"=IRR(B2:B7)"，计算投资 5 年后的内部收益率。可以看出该项目投资在 4 年内还没有开始赢利，要到第 5 年才赢利。

（4）交叉检验。在求出以上的内部收益率后，如何才能知道这些结论是否正确呢？IRR 函数和 NPV 函数的关系非常密切，可以用以下的公式来检验 IRR 的值是否正确。在 B13 单元格中输入公式"=NPV(IRR(B2:B7),B2:B7)"来检验 IRR 的值是否正确，此时的 NPV 值刚好为 0，说明计算 IRR 的方法及数据是正确的。

步骤（2）～（4）的总概图如图 10-20 所示。

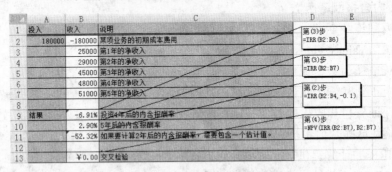

图 10-20　IRR 内含报酬率计算步骤总概图

3．SYD 折旧值函数

功能：返回某项资产按年限总和折旧法（逐年递减）计算的指定期间的折旧值。

语法：SYD(Cost, Salvage, Life, Per)。

参数：Cost 为资产原值；Salvage 为资产在折旧期末的价值（也称资产残值）；Life 为折旧期限（有时也称作资产的使用寿命）；Per 为期次，其单位与 Life 相同。

10.3.3 Excel 投资分析计算

在社会商业活动中，因为资金不足，往往会采取从银行贷款来进行投资，比方说贷款建设一条新的生产线。这种情况下，就需要综合考虑所贷款项和生产线预期收益的净现值和内部报酬率了。

【例 10-11】 如果某单位按照例 10-7 取得贷款，投资一条新的生产线，选择等额本息法偿还贷款。该生产线的预计寿命为 10 年，10 年后的残值为 15 000 元，10 年中预期每年为单位带来的利润回报如图 10-21 中 F8:F17 单元格所示。请分别用投资净现值法和内部报酬率法分析该投资是否可行。

操作步骤如下。

（1）打开"《大学计算机应用高级教程》教学资源\第 3 篇 Excel 数据分析与处理\第 10 章 投资与决策分析\素材.xlsx"工作簿，选择"例 10-11NPV，IRR 投资分析"工作表，如图 10-21 所示。

	A	B	C	D	E	F
1	NPV，IRR投资分析					
2	基本信息					
3	贷款总额：	500000.00		贷款期限：	10	
4	年利率：	9.00%		预计残值：	15000.00	
5	投资分析计算					
6	时间	归还利息	归还本金	归还本利额	折旧值	生产线回报
7	2005年10月	0.00	0.00	0.00	0.00	-779100.40
8	2006年10月	45000.00	32910.04	77910.04	88181.82	154000.00
9	2007年10月	42038.10	35871.95	77910.04	79363.64	135640.00
10	2008年10月	38809.62	39100.42	77910.04	70545.45	125890.00
11	2009年10月	35290.58	42619.46	77910.04	61727.27	102540.00
12	2010年10月	31454.83	46455.21	77910.04	52909.09	115690.00
13	2011年10月	27273.86	50636.18	77910.04	44090.91	134500.00
14	2012年10月	22716.60	55193.44	77910.04	35272.73	127630.00
15	2013年10月	17749.20	60160.85	77910.04	26454.55	145860.00
16	2014年10月	12334.72	65575.33	77910.04	17636.36	135420.00
17	2015年10月	6432.94	71477.11	77910.04	8818.18	128650.00
18	投资现值NPV	56242.73				
19	报酬率IRR	10.78%				

图 10-21 NPV，IRR 投资分析计算

（2）编制等额本息法还款计划（参考例 10-7）。

（3）计算生产线折旧值。

在 E8 单元格输入公式"=SYD($B$3, $E$4, $E$3, YEAR(A8)-2005)"，用于计算按照年限总和折旧法计算的当年折旧值。拖动 E8 单元格填充复制到 E17。

（4）为 IRR 内含报酬率函数计算初期成本费用。此处的初期成本费用等于贷款偿还的本金利息总和。在 F7 单元格输入公式"=－(SUM(D8:D17))"。

（5）计算 NPV 净现值。在 B18 单元格输入公式"=NPV(B4,F7:F17)"。

（6）计算 IRR 内含报酬率。在 B19 单元格输入公式"=IRR(F7:F17)"。

（7）分析评估。本例中，投资现值 NPV>0，内含报酬率 IRR >贷款利率 9%，因此投资可行。

需要说明的是，本例中采用与贷款利率直接比较来评估 IRR 报酬率是比较简单粗略的方法。实际工作中，还要考虑到资金管理、运营成本和行业一般利润水平等因素来确定一个切合实际的目标报酬率。

10.4　决　策　分　析

10.4.1　基本概念

人的任何活动都离不开决策。决策是人对未来实践方向、目标、原则和方法所作的决定，是将要见之于客观的主观能力。决策分析是一种为复杂的和结果不确定的决策问题提供旨在改善决策过程的合乎逻辑的系统分析方法，决策分析的任务是为决策者提供优质的或满意的决策及其可能结果的分析，供决策时参考。

中国古代著名的田忌与齐王赛马的故事就是一个通过决策分析来采取对策的问题。经过经济学家、数学家以及系统科学家的努力，决策分析日益广泛地用于商业、经济、实用统计、法律、医学、政治等各方面。近年来，决策分析已经成了工业、商业、政府部门制订决策所使用的一种重要方法。

10.4.2　使用 Excel 进行决策分析

【例 10-12】某汽车公司计划明年生产 4 种型号的车型，分别为 A，B，C，D，生产数据如图 10-22 所示。最大销量表示根据市场调查和分析，预测的该型号的最大销售量；贡献利润表示每型号每台车可以产生的利润。每台车需要经过 5 个车间加工，单位产品消耗工时表示该型号的每台车需要在该车间加工的时间；最大可用工时表示因为设备检修等原因，该车间每年最大可以利用的工作时间。根据此数据决定每个型号的产量以实现最大利润。

操作步骤如下。

（1）打开"《大学计算机应用高级教程》教学资源\第 3 篇 Excel 数据分析与处理\第 10 章 投资与决策分析\素材.xlsx"工作簿，选择"例 10-12 决策分析"工作表，如图 10-22 所示。

			A型号	B型号	C型号	D型号	小计
		生产方案					
最大销量（台）			1500	2000	2500	1000	
贡献利润（元）			5000	7500	8000	20000	
规划产量							
发动机车间	最大可用工时	单位产品消耗工时	0.3	1	0.7	2	
	2500	实际使用工时					
变速器车间	最大可用工时	单位产品消耗工时	0.6	0.7	0.6	2.5	
	2600	实际使用工时					
装配车间	最大可用工时	单位产品消耗工时	0.8	0.8	1.3	2	
	2700	实际使用工时					
电气车间	最大可用工时	单位产品消耗工时	0.4	1	1.5	1.8	
	2550	实际使用工时					
油漆车间	最大可用工时	单位产品消耗工时	1.2	1	1.2	2.1	
	2800	实际使用工时					
每型号贡献利润							

图 10-22　规划求解原始数据

（2）规划产量中输入任意的初始估计产量，比方说 1000，如图 10-23 所示。这里输入的参数是用于规划求解的初始值，可以根据实际情况和经验进行设置。Excel 在随后的计算中将对其进行优化，以产生最后的结果。

			A型号	B型号	C型号	D型号	小计	注释
		生产方案						第（2）步 输入任意初始规划产量
最大销量（台）			1500	2000	2500	1000		第（2）步，=D5*D6
贡献利润（元）			5000	7500	8000	20000		第（2）步，=E5*E6
规划产量			1000	1000	1000	1000		第（2）步，=F5*F6
发动机车间	最大可用工时	单位产品消耗工时	0.3	1	0.7	2		第（2）步，=G5*G6
2500	实际工时		300	1000	700	2000	4000	第（2）步，=SUM(D7:E7)
变速器车间	最大可用工时	单位产品消耗工时	0.6	0.7	0.6	2.5		第（2）步，=D5*D8
2600	实际工时		600	700	600	2500	4400	第（2）步，=D5*D10
装配车间	最大可用工时	单位产品消耗工时	0.8	0.8	1.3	2		第（2）步，=D5*D12
2700	实际工时		800	800	1300	2000	4900	第（2）步，=D5*D14
电气车间	最大可用工时	单位产品消耗工时	0.4	1	1.5	1.8		第（2）步，=D5*D4
2550	实际工时		400	1000	1500	1800	4700	第（2）步，=E5*E4
油漆车间	最大可用工时	单位产品消耗工时	1.2	1	1.2	2.1		第（2）步，=F5*F4
2800	实际工时		1200	1000	1200	2100	5500	第（2）步，=G5*G4
每型号贡献利润：（万元）			500	750	800	2000	4050	第（2）步，=SUM(D16:E16)

图 10-23　规划求解初始数据表格

在表格中输入以下公式：

① D7 单元格为"= D5 * D6"，E7 单元格为"= E5 * E6"，F7 单元格为"= F5 * F6"，G7 单元格为"= G5 *G6"，H7 单元格为"= SUM(D7:G7)"。

② D9 单元格为"= D5 * D8"，E9 单元格为"= E5 * E8"，F9 单元格为"= F5 * F8"，G9 单元格为"= G5 *G8"，H9 单元格为"= SUM(D9:G9)"。

③ D11 单元格为"= D5 * D10"，E11 单元格为"= E5 * E10"，F11 单元格为"= F5 * F10"，G11 单元格为"= G5 *G10"，H11 单元格为"= SUM(D11:G11)"。

④ D13 单元格为"= D5 * D12"，E13 单元格为"= E5 * E12"，F13 单元格为"= F5 * F12"，G13 单元格为"= G5 *G12"，H13 单元格为"= SUM(D13:G13)"。

⑤ D15 单元格为"= D5 * D14"，E15 单元格为"= E5 * E14"，F15 单元格为"= F5 * F14"，G15 单元格为"= G5 *G14"，H15 单元格为"= SUM(D15:G15)"。

⑥ D16 单元格为"= D5 * D4"，E16 单元格为"= E5 * E4"，F16 单元格为"= F5 * F4"，G16 单元格为"= G5 * G4"，H16 单元格为"= SUM(D16:G16)"。

H16 单元格就是当前产量下的总利润。

（3）安装"规划求解"工具。如果用户在 Excel 2007 版的"数据"菜单中没有找到"规划求解"选项，它是以加载项的方式提供，Excel 在默认安装时并不包括这些分析工具，用户初次使用时必须进行单独安装。其方法是：单击左上角的 Microsoft Office 按钮⑤，然后单击"Excel 选项"按钮，弹出"Excel 选项"对话框，单击左侧"加载项"项，在右侧"管理"栏选择"Excel 加载项"后单击"转到"按钮，在弹出的"加载宏"对话框中"可用加载宏"栏选中"规划求解加载项"复选框后单击"确定"按钮。经此加载后，"规划求解"选项将出现在"数据"选项卡的"分析"组中，在后续的操作中如果在 Excel 2007 版环境中使用"规划求解"选项中的各种分析工具，则和以上操作步骤相同。

273

第 10 章

（4）依次选择"数据"→"规划求解"命令，弹出"规划求解参数"对话框，如图10-24所示。

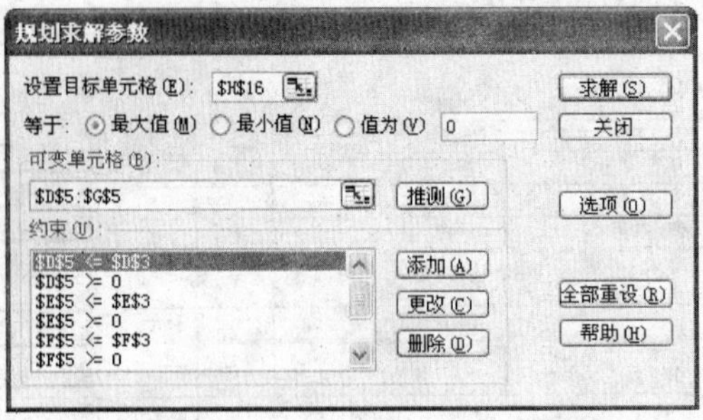

图10-24 "规划求解参数"对话框

（5）在"规划求解参数"对话框中输入图10-24中参数。

① 在"设置目标单元格"文本框中输入"$H$16"，在"等于"选项组中选择"最大值"单选按钮，目的是要寻求一种产量方案，使得该单元格中的利润值为"最大值"。

② 在"可变单元格"文本框中输入"$D$5:$G$5"，这个单元格区域是可变的每个型号的"规划产量"。

③ 在"约束"选项区域中单击"添加"按钮，弹出"添加约束"对话框，如图10-25所示。"添加约束"表示表格中的数据受到某些条件限制。本例中，主要有产量限制和工时限制两类约束。

产量限制：每种车型的"规划产量"必须取值在0和"最大销量"之间，图10-25中这个约束表示$D$5中的A车型的规划产量必须小于或等于$D$3中的最大销量。请依次添加以下其他产量约束：$D$5 <= $D$3；$D$5 >= 0；$E$5 <= $E$3；$E$5 >= 0；$F$5 <= $F$3；$F$5 >= 0；$G$5 <= $G$3；$G$5 >= 0。

工时限制：同时，各型号按照"规划产量"在每个车间分配的实际工时之和，必须取值在0和每个车间的"最大可用工时"之间。添加以下工时约束：$H$7 <= $B$7；$H$7 >= 0；$H$9 <= $B$9；$H$9 >= 0；$H$11 <= $B$11；$H$11 >= 0；$H$13 <= $B$13；$H$13 >= 0；$H$15 <= $B$15；$H$15 >= 0。

（6）所有约束条件输入完成，开始求解。在"规划求解参数"对话框中单击"求解"按钮，在弹出的"规划求解结果"对话框中选择"保存规划求解结果"单选按钮和"运算结果报告"选项，如图10-26所示。

图10-25 规划求解添加约束条件

图10-26 规划求解结果保存

（7）单击"确定"按钮，生成分析结果，如图10-27所示。

	A	B	C	D	E	F	G	H
1				生产方案				
2				A型号	B型号	C型号	D型号	小计
3		最大销量（台）		1500	2000	2500	1000	
4		贡献利润（元）		5000	7500	8000	20000	
5		规划产量		132	897	222	704	
6	发动机车间	最大可用工时	单位产品消耗工时	0.3	1	0.7	2	
7		2500	实际工时	40	897	155	1408	2500
8	变速器车间	最大可用工时	单位产品消耗工时	0.6	0.7	0.6	2.5	
9		2600	实际工时	79	628	133	1759	2600
10	装配车间	最大可用工时	单位产品消耗工时	0.8	0.8	1.3	2	
11		2700	实际工时	105	718	289	1408	2520
12	电气车间	最大可用工时	单位产品消耗工时	0.4	1	1.5	1.8	
13		2550	实际工时	53	897	333	1267	2550
14	油漆车间	最大可用工时	单位产品消耗工时	1.2	1	1.2	2.1	
15		2800	实际工时	158	897	266	1478	2800
16	每型号贡献利润:（万元）			66	673	178	1408	2324

图 10-27　规划求解结果

可见，在当前生产条件和销售情况下，应该为 A，B，C，D 这 4 个型号分别安排的产量为 132，897，222，704 台（D5:G5 单元格数据），这样可以实现的最大利润为 2324 万元（H16 单元格数据）。

第11章 数据整理与描述性分析

当买了一台电视机时，被告知三年内可以免费保修。那么，厂家凭什么这样说？说多了，厂家会损失；说少了，会失去竞争力，也是损失。到底这个保修期是怎样决定的呢？在同一年级中，同样的计算机课程可能由一些不同教师讲授。教师讲课方法通常不一样，考试题目也不一定相同。那么如何比较不同班级的计算机成绩呢？如何通过问卷调查来得到性别、年龄、职业、收入等各种因素与公众对某项事物(比如商品)的态度的关系呢？这些都是统计应用的例子，这样的例子太多了。人们在利用统计方法进行分析与决策时，往往首先面对的是大量数据，这些杂乱无章的数据使人们不能直接观察到现象的本质。统计软件的发展，使得统计工作的专业化变成了大众化。只要输入这些数据，点几下鼠标，做一些选项，马上就得到令人满意的结果。Excel 是众多的统计软件之一，利用 Excel 对数据进行加工、整理，可以使现象的本质及其规律清晰地呈现出来。

数据整理是统计分析与决策的基础环节。通过各种渠道搜集来的数据资料，必须经过加工、整理，使之系统化、条理化，才符合统计分析的需要。数据整理一般包括数据分类或分组、汇总等几个方面的内容。

Excel 提供了许多数据整理的工具，如以前学习的 Excel 排序、筛选和分类汇总，本章将继续学习 Excel 的数据分组工具：频数分布函数、直方图、复杂的数据透视表、描述性统计分析函数以及描述性统计分析工具等。

11.1 频数分布函数

将数据及其相应的频数全部列出来就是频数分布，将频数分布用表格的形式表现出来就是频数分布表。通过频数分布函数，可以对数据进行分组与归类，从而使数据的分布形态更加清楚地表现出来。

【例 11-1】 在商品经济社会，产品的任何一个环节都离不开市场定位。在企业成功开发一个新产品之前，通常还需要通过一系列的市场调查对产品的价格进行定位，从而得出最适当的价格，有助于将产品大力推广到市场中去。某数码相机厂商为某新款数码相机的价格定位进行市场调查，得到相关数据(具体数据见"《大学计算机应用高级教程》教学资源\第 3 篇 Excel 统计分析与处理\第 11 章数据整理与描述性分析\第 11 章数据整理与描述性分析.xlsx"工作簿中的"例 11-1 数据"工作表)。通过数据整理了解消费者最中意的价格。

操作步骤如下。

(1) 打开"《大学计算机应用高级教程》教学资源\第 3 篇 Excel 统计分析与处理\第 11 章数据整理与描述性分析\第 11 章数据整理与描述性分析.xlsx"工作簿，选择"例 11-1

数据"工作表，如图 11-1 所示。

（2）在"例 11-1 数据"工作表之后插入一个空白工作表，并重命名为"例 11-1 价格数据分析"，并在该工作表中输入数据，目的是设定价格段来做频率分析，如图 11-2 所示。

	A	B	C	D	E
1	序号	性别	年龄	月收入	数码相机价格
2	1	男	21	1500.00	2588.00
3	2	女	22	1800.00	2668.00
4	3	男	18	2000.00	2888.00
5	4	女	23	2000.00	2788.00
6	5	女	25	1500.00	2188.00
7	6	男	27	3000.00	2688.00
8	7	男	28	3500.00	3088.00
9	8	男	32	1500.00	2198.00
10	9	女	30	1600.00	2298.00
11	10	女	25	1200.00	2098.00
12	11	女	26	1800.00	2598.00
13	12	男	33	1900.00	2698.00
14	13	女	19	1200.00	2188.00
15	14	男	20	1600.00	2798.00
16	15	男	24	1800.00	2888.00
17	16	男	26	1700.00	2788.00
18	17	男	28	1800.00	2888.00
19	18	男	29	1800.00	2988.00
20	19	男	32	2300.00	2888.00
21	20	男	35	2800.00	2998.00
22	21	女	23	1600.00	2998.00
23	22	女	25	1700.00	2998.00
24	23	女	27	1800.00	2888.00
25	24	女	28	1900.00	2898.00
26	25	女	29	1800.00	2898.00
27	26	女	31	1300.00	2188.00
28	27	女	30	1450.00	2188.00
29	28	男	36	1200.00	2188.00
30	29	女	35	3200.00	2998.00
31	30	女	20	1200.00	2188.00

图 11-1 "例 11-1 数据"工作表原始数据

	A	B	C
1	频率分析		
2			
3			
4	分隔点	价格分段说明	次数
5	2500	≤2500	
6	2600	(2500, 2600]	
7	2700	(2600, 2700]	
8	2800	(2700, 2800]	
9	2900	(2800, 2900]	
10	3000	(2900, 3000]	

图 11-2 "例 11-1 价格数据分析"工作表

（3）选定 C5:C10 单元格区域，在功能区选择"公式"选项卡，在"函数库"组中单击"插入函数"按钮，弹出"插入函数"对话框，如图 11-3 所示。

注意：这里不能只选 C5 单元格，要同时选定 C5:C10 单元格区域。

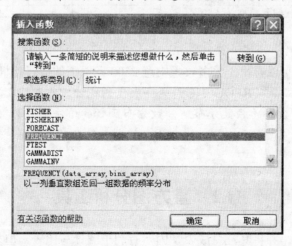

图 11-3 "插入函数"对话框

数据整理与描述性分析

（4）在"或选择类别"下拉列表中选择"统计"选项，在"选择函数"列表框中选择 FREQUENCY 选项，单击"确定"按钮，弹出"函数参数"对话框，如图 11-4 所示。

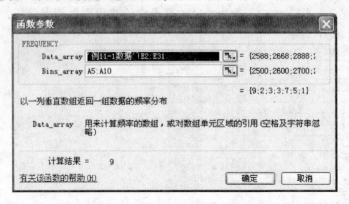

图 11-4 "函数参数"对话框

（5）在 Data_array 文本框中输入"'例 11-1 数据'!E2:E31"，在 Bins_array 文本框中输入单元格"A5:A10"，在对话框中可以看到其相应的频数是{9; 2; 3; 3; 7; 5; 1}。

（6）由于频数分布函数是数组操作，因此此处不能直接单击"确定"按钮，而应按 Ctrl+Shift+Enter 键，得到频数分布函数的结果显示在 C5:C10 单元格区域中，如图 11-5 所示。

注意：这里一定要同时按下 Ctrl+Shift+Enter 键，否则就会出错。

	A	B	C	D	E	F
	C5	▼	f_x {=FREQUENCY('例11-1数据'!E2:E31,A5:A10)}			
1	频率分析					
2						
3						
4	分隔点	价格分段说明	次数			
5	2500	≤2500	9			
6	2600	(2500, 2600]	2			
7	2700	(2600, 2700]	3			
8	2800	(2700, 2800]	3			
9	2900	(2800, 2900]	7			
10	3000	(2900, 3000]	5			

图 11-5 消费者中意照相机价格分布

从频数分布结果可以看出，大多数人中意 2500 元以下的数码相机。

说明：频数分布函数（FREQUENCY）是 Excel 的统计工作表函数，它可以对一列垂直数组返回某个区域中数据的频数分布。频数分布函数的语法形式为 FREQUENCY（Data_Array，Bins_Array）。其中，Data_Array 为用来编制频数分布的数据；Bins_Array 为频数或次数的接收区间。

11.2 直方图分析工具

用文字说明数据，并将其汇总成表，固然有利于阅读与比较，但如果能绘成图表，不仅可使数据变得生动有趣，而且有助于分析与比较数据。在 Excel 中使用直方图分析工具在创建图表的同时也可以显示频数分布。直方图是用矩形的宽度和高度表示频数分布的图形。在平面直角坐标轴中，用横轴表示数据分组，纵轴表示频数或频率，这时，各组与相应的频数就形成了一个个矩形，将这些矩形依次排列，就形成直方图。

【例 11-2】 （接例 11-1）假如需要从此次调查的数据中选出出现次数最多的价格数值作为新款数码相机的市场价格，可以使用 Excel 中的"直方图"工具进行分析。

操作步骤如下。

（1）打开"《大学计算机应用高级教程》教学资源\第 3 篇 Excel 数据分析与处理\第 11 章 数据整理与描述性分析\第 11 章 数据整理与描述性分析.xlsx"工作簿。

（2）在"例 11-1 价格数据分析"工作表后插入"例 11-2 直方图分析"工作表，将"例 11-1 数据"工作表中的 A1:E31 单元格区域中的数据复制到该工作表中。

（3）选定"例 11-2 直方图分析"工作表数据区的任意单元格。

（4）在功能区选择"数据"选项卡，在"排序和筛选"组中单击"排序"按钮，弹出"排序"对话框，如图 11-6 所示。

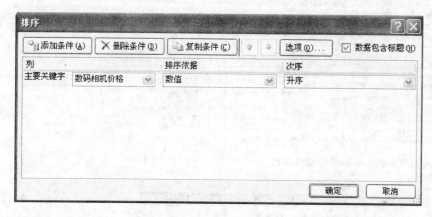

图 11-6 "排序"对话框

（5）在"排序"对话框中选择"主要关键字"下拉列表中的"数码相机价格"作为排序关键字，并选择"排序依据"下拉列表中的"数值"，"次序"下拉列表中的"升序"和"数据包含标题"复选框，然后单击"确定"按钮，即可得到排序的结果。

（6）在 G2 单元格输入"接收区域"，根据排序结果，在 G3:G12 单元格区域顺序输入10 个特定的价格数据，如图 11-7 所示。

（7）在功能区选择"数据"选项卡，在"分析"组中单击"数据分析"按钮，弹出"数据分析"对话框，在"分析工具"列表框中选择"直方图"选项，并单击"确定"按钮，如图 11-8 所示。

提示： 如果用户在 Excel 2007 版的"数据"菜单中没有找到"数据分析"选项，它是以加载项的方式提供，Excel 在默认安装时并不包括这些分析工具，用户初次使用时必须进行单独安装。其方法是：单击左上角的 Microsoft Office 按钮，然后单击"Excel 选项"按钮，弹出"Excel 选项"对话框，单击左侧"加载项"项，在右侧"管理"栏选择"Excel 加载项"后单击"转到"按钮，如图 11-9(a)所示，在弹出的"加载宏"对话框中"可用加载宏"栏，如图 11-9(b)所示，选中"分析工具库"和"分析工具库—VBA 函数"复选框后单击"确

数据整理与描述性分析

定"按钮。经此加载后，"数据分析"选项将出现在"数据"选项卡的"分析"组中，在后续的操作中如果在 Excel 2007 版环境中使用"数据分析"选项中的各种分析工具，则和以上操作步骤相同。

	A	B	C	D	E	F	G
1	序号	性别	年龄	月收入	数码相机价格		接收区域
2	10	女	25	1200.00	2098.00		2098
3	5	女	25	1500.00	2188.00		2188
4	13	女	19	1200.00	2188.00		2198
5	26	女	31	1300.00	2188.00		2298
6	27	女	30	1450.00	2188.00		2588
7	28	男	36	1200.00	2188.00		2668
8	30	女	20	1200.00	2188.00		2788
9	8	男	32	1500.00	2198.00		2888
10	9	女	30	1600.00	2298.00		2898
11	1	男	21	1500.00	2588.00		2998
12	11	女	26	1800.00	2598.00		
13	2	女	22	1800.00	2668.00		
14	6	男	27	3000.00	2688.00		
15	12	男	33	1900.00	2698.00		
16	4	女	23	2000.00	2788.00		
17	16	男	26	1700.00	2788.00		
18	14	男	20	1800.00	2798.00		
19	3	男	18	2000.00	2888.00		
20	15	男	24	1800.00	2888.00		
21	17	男	28	1800.00	2888.00		
22	19	男	32	2300.00	2888.00		
23	23	女	28	1800.00	2888.00		
24	24	女	28	1900.00	2898.00		
25	25	女	29	1800.00	2898.00		
26	18	男	29	1800.00	2988.00		
27	20	男	35	2800.00	2998.00		
28	21	女	25	1600.00	2998.00		
29	22	女	25	1700.00	2998.00		
30	29	女	35	3200.00	2998.00		
31	7	男	28	3500.00	3088.00		

图 11-7　数码相机价格接收区域

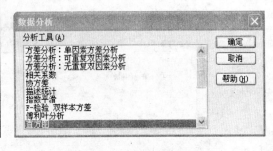

图 11-8　"数据分析"对话框

(a) "Excel 选项"对话框

(b) "加载项"对话框

图 11-9　加载项与加载宏

（8）在弹出的"直方图"对话框中，在"输入区域"文本框中输入"$E$1:$E$31"（或使用折叠/展开按钮选定输入区域），在"接收区域"文本框中输入"$G$2:$G$12"，选中"输出区域"单选按钮并在其后的文本框中输入"H3",并选中"标志"、"柏拉图"、"累积百分率"和"图表输出"复选框,然后单击"确定"按钮。如图 11-10 所示。

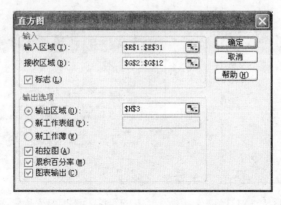

图 11-10 "直方图"对话框

利用"直方图"分析工具输出的"数码相机价格直方图"如图 11-11 所示。从图表中可以直观地看出,出现频率最高的价格数值为 2188 元、2888 元和 2998 元。

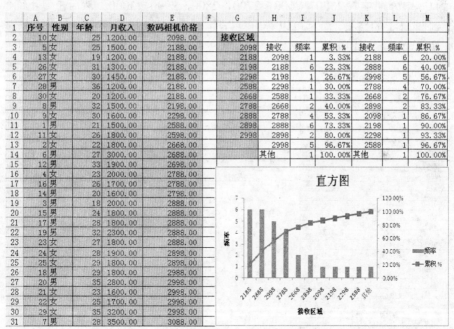

图 11-11 数码相机价格直方图

(9) 为了使图表更容易理解,需要将各个柱形图连接起来,并对图 11-11 所示的直方图进行格式化。将鼠标移动到图表上的数据系列上右击,从弹出的快捷菜单中选择"设置数据系列格式"命令,弹出图 11-12 所示的"设置数据系列格式"对话框,在左侧列表中单击"系列选项"项,在右侧"系列选项"选项栏中将"分类间距"从 150%改成 0%。单击"关闭"按钮,则直方图之间的界限就可以去除。

(10) 最后可以对直方图进行坐标轴刻度等适当的编辑和修饰,如图 11-13 所示。

数据整理与描述性分析

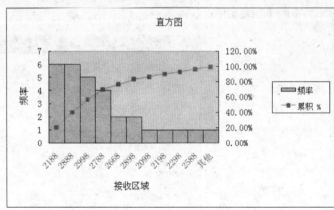

图 11-12 "设置数据系列格式"对话框   图 11-13 编辑修饰完成后的直方图

显然，图 11-13 所示的直方图分布形态更加清晰、美观。

（11）如果将第(6)步中的 G2 单元格"接收区域"下面的 G3 到 G12 的数据清除，并重新在 G3 到 G8 中分别填入 2500，2600，2700，2800，2900，3000。然后重复上面的步骤，就可以得到例 11-1 的结果，而且可以看出直方图分析工具要比频数分布函数分析工具更详细和更直观。如图 11-14 所示。

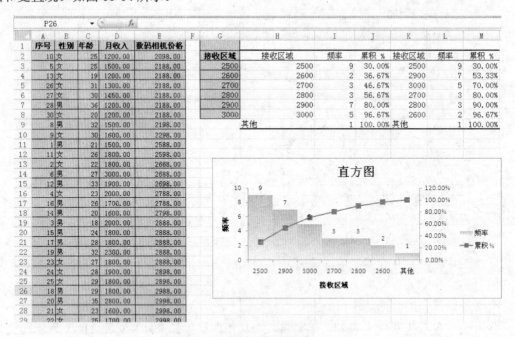

图 11-14 用直方图分析例 11-1

说明： 在图 11-10 中，"直方图"对话框中各选项的主要含义如下：

（1）输入区域：在此输入待分析数据区域的单元格引用。

（2）接收区域(可选)：在此输入接收区域的单元格引用，该区域应包含一组可选的用来定义接收区间的边界值，这些值应当按升序排列。只要存在的话，Excel 将统计在当前边界点和相邻的高值边界点之间的数据点个数。如果某个数值等于或小于某个边界值，则该值将被归到以该边界值为上限的区间中。因此，小于第一个边界值的数值将在第一个边界值内一同计数，同样，所有大于最后一个边界值的数值也将一同另外计数。如果省略此处的接收区域，Excel 将在数据组的最小值和最大值之间创建一组平滑分布的接收区间。

（3）标志：如果输入区域的第一行或第一列中包含标志项，则选中标志；如果输入区域没有标志项，不要选择标志，Excel 将在输出表中自动生成数据标志。

（4）输出区域：指定输出表左上角单元格的引用，输出表将覆盖已有的数据，Excel 自动确定输出区域的大小并显示信息。

（5）新工作表组：选择此单选按钮，可在当前工作簿中插入新工作表，并从新工作表的 A1 单元格开始粘贴计算结果。如果需要给工作表命名，则在右侧的文本框中输入名称。

（6）新工作簿：选择此复选框，直方图单独占用一个新的工作簿。

（7）柏拉图：选择此复选框，可以在输出表中同时按降序排列频数数据。如果不选，Excel 将只按升序来排列数据，并且省略输出表中最右边的 3 列数据。

（8）累积百分率：选中此复选框，可以在输出表中添加一列累积百分比数值，并同时在直方图表按升序来排列百分比折线。如果不选此复选框，则会省略累积百分比。

（9）图表输出：选中此复选框，可以在输出表中同时生成一个嵌入式直方图表。

直方图有着广泛的应用，例如，产品产量、化验数据、销售量等，可以从这些繁多的数据中找出规律，从而找出存在的问题，以便作进一步的决策。另外，许多学校的教学管理除了要求给出成绩以外，还要求给出试卷分析报告。其中成绩分布的直方图是必不可少的基本内容，可以参考与本书配套的《大学计算机应用高级教程（第 2 版）习题解答与实验指导》中的实验 13.2。

11.3 创建数据透视表与数据透视图

数据透视表的名字来源于它具有"透视"表格的能力，从大量看似无关的数据中寻找背后的联系，从而将纷繁的数据转化为有价值的信息，以供研究和决策所用。数据透视表是一种对大量数据快速汇总和建立交叉列表的交互式动态表格，能帮助用户分析组织数据，它有机地综合了数据排序、筛选、分类汇总等数据分析优点。在 Excel2007 中，数据透视表的性能得到很大的提升，创建和使用数据透视表比以前容易得多。

数据透视图是数据透视表的图形形式，继承了数据透视表的交互式特点，同时具有图表的可视性特点，能有效显示数据透视表中的数据规律。当用户需要按不同的方式查看数据的预测趋势和动态变化特点时，就可以使用数据透视图。在创建数据透视图时，Excel 会自动创建相关联的数据透视表，两者是相互链接的。

例如，对于上面的例子，仅仅对价格进行分析，并不能准确掌握消费者对价格的接受情况，也不能准确地对产品进行价格定位。市场调查中的其他数据，包括以文字形式表现的特征都可能对价格产生影响。只有通过数据透视表才可以简捷方便地进行分析。

【例 11-3】（接例 11-1）试根据相关数据（见《大学计算机应用高级教程》教学资源\第 3 篇 Excel 数据分析与处理\第 11 章数据整理与描述性分析\第 11 章数据整理与描述性分析.xlsx"工作簿中的"例 11-1 数据"工作表)创建数据透视表分析购买数码相机产品的性

别结构特征。

操作步骤如下。

（1）打开"《大学计算机应用高级教程》教学资源\第 3 篇 Excel 数据分析与处理\第 11 章数据整理与描述性分析\第 11 章数据整理与描述性分析.xlsx"工作簿，选定"例 11-1 数据"工作表。

（2）在功能区选择"插入"选项卡，在"表"组中单击"数据透视表"按钮，选择"数据透视表"选项，弹出"创建数据透视表"对话框，在"表/区域"文本框中输入"例 11-1 数据'!\$A\$1:\$E\$31"，在"选择放置数据透视表的位置"选项区域中选中"新工作表"单选按钮，如图 11-15 所示。

（3）单击"确定"按钮，打开"数据透视表字段列表"面板，如图 11-16 所示，选中"性别"字段复选框，并将它拖动到左下边的"行标签"区，再选中"性别"字段复选框，将其拖动到右下角的"数值"区域中，显示为"计数项：性别"，以便进行数据汇总。

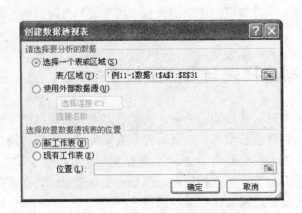

图 11-15 "创建数据透视表"对话框　　　图 11-16 "数据透视表字段列表"面板

计数项的汇总方式有多种形式，如"求和"、"最大值"、"平均值"、"方差"等；数据显示方式也有多种，如"普通"、"百分比"、"占同列数据总和的百分比"、"占总和的百分比"等，这些都可以根据情况进行选择。

（4）单击右下角的"计数项：性别"字段，选择"值字段设置"菜单，打开"值字段设置"对话框，如图 11-17 所示，在"汇总方式"选项卡的"计算类型"列表框中选择"计数"汇总方式。

（5）选择"值显示方式"选项卡，如图 11-18 所示，在"值显示方式"下拉列表中选择"占同列数据总和的百分比"选项，单击"确定"按钮。

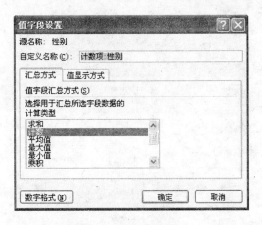
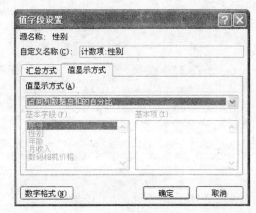

图 11-17 "值字段设置"对话框——汇总方式　　图 11-18 "值字段设置"对话框——值显示方式

（6）得到"性别结构特征数据透视表"，将数据透视表工作表名称重命名为"例 11-3 性别结构特征"，如图 11-19 所示。

图 11-19　性别结构特征数据透视表

（7）如果将第（2）步改为单击"数据透视表"按钮右下角的下拉按钮，在弹出的列表中选择"数据透视图"，并重复上面的步骤，通过自行设置数据标签格式，就可以得到所创建的"性别结构特征数据透视图"，如图 11-20 所示。

从图 11-19 或图 11-20 可以看出，性别对数码相机的购买影响不大，这说明在对数码相机的价格定位时可以不考虑性别的差异。当然，这只是一种数据整理的结果，要想准确地说明数码相机价格定位是否需要考虑性别差异，还需要使用推断统计方法进行假设检验。

利用 Excel 数据透视表工具，可以从任意多个角度对数据进行高效的分析、汇总以及筛选，而且能够非常方便地制作出专业的数据透视图。如果要对工作表的数据进行汇总比较，尤其是在数据量较大的工作表中进行数据的多种对比分析，数据透视表应该是首选的

数据整理与描述性分析

方法。

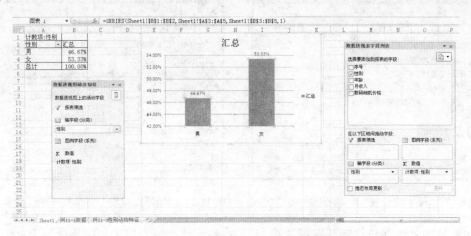

图 11-20　性别结构特征数据透视图

11.4　描述性统计分析函数与图表

在日常生活中，用户会看到各种统计数据，大部分的数据是通过描述性统计得到的。例如，在研究某一地区居民的消费水平时，很多时候只关心该地区居民的平均消费水平。又如，广东人的平均收入是多少？东西部的收入差距是多少？这些"平均"、"差距"都是用来概括的数字。这些概括的数字也叫统计量，如随机事件的集中趋势、离中趋势和分布形态。使用这些统计量能够对总体的数量规律性给以精确、简洁的描述。

描述性统计的任务是描述随机变量的统计规律性。要完整地描述随机变量的统计特性需要分布函数，但在实际问题中，求出随机变量的分布函数是比较困难的。很多时候也不需要去全面考察随机变量的变化规律，而只是知道随机变量的某些特征就够了。描述性统计主要包括集中趋势、离中趋势和分布形态等。这些方法对数据的集中性、分散性或对称性等进行统计。

1．集中趋势的测定与分析

人们常说哪个地方穷，哪个地方富。也常说，哪个国家人高，哪个国家人矮。说这些话的人绝对不是说富地方的所有人都比穷地方的所有人富，也不是说一个国家的人都比另一个国家的所有人高。他们仅仅省略了"平均起来"，"大部分"等词语。这些说法实际上是关于数据中某变量观测值的"中心位置"或者数据分布中心的某种表述，和这种"位置"有关的统计量称为位置统计量。最常用的位置统计量就是数学中的算术平均值，它在统计中叫做均值，严格地说叫做样本均值。

虽然均值包含了样本的很多信息，但它容易被少数极端值影响。比如，一个数据输入人员的疏忽很可能造成某些数目出错，比如多输入若干个 0，这时均值就可能变得很大。(样本)中位数是另外一个常见的位置统计量，它是数据按照大小排列之后位于中间的那个数(如果样本量为奇数)，或者中间两个数目的平均(如果样本数为偶数)。由于中位数不易被极端值影响，因此通常称中位数比均值稳健。

除了中位数和均值之外，把样本中出现次数最多的数目称为众数，众数可能不唯一或不存在。数据分布通常有集中的趋势，并呈现出一定的规律性。对于对称单峰分布（"对称"相当于对称直方图所反映的形状，"单峰"是指分布中只有一个局部极大值），均值和中位数的功能相似。如果单峰分布形状在右边拖尾（即直方图在右边有长尾巴），则中位数通常小于均值；相反，如果在左边拖尾，则均值通常小于中位数。也就是说，和中位数相比，均值总是偏向长尾巴那一侧。如果各个变量值（即样本值）与"中心位置"的距离越近，所出现的次数越多；与"中心距离"的距离越远，所出现的次数越少，则样本在"中心位置"有集中的趋势。这个集中趋势是随机事件共有的特征，是随机事件规律性的数量表现。一般来说，在数据分析时，利用均值描述总体分布的集中趋势，并用它代表总体中各指标值的一般水平。

描述性统计的中心趋势指标包括算术平均数（AVERAGE）、几何平均数（GEOMEAN）、调和平均数（HARMEAN）、众数（MODE）、中位数（MEDIAN）、均尾平均数（TRIMMEAN）等。在 Excel 2007 中，在"公式"选项卡的"函数库"组中单击"插入函数"按钮，在"选择函数类别"选"统计"的"选择函数"栏就可以找到它们。

【例 11-4】 股票价格指数是用以表示多种股票平均价格水平及其变动并衡量股市行情的指标。由于股票市场上有成百上千的股票同时进行交易，因此需要有一个总的尺度标准来衡量股市价格的涨落。股票价格指数一般是由一些有影响的金融机构或金融研究组织编制的，并且定期及时公布。现在以 DEC 公司股票的收盘价格来代替股票指数进行集中趋势描述性分析。

操作步骤如下。

（1）打开"《大学计算机应用高级教程》教学资源\第 3 篇 Excel 数据分析与处理\第 11 章数据整理与描述性分析\第 11 章数据整理与描述性分析.xlsx"工作簿，选定"例 11-4 股票数据"工作表，如图 11-21 所示。

	A	B	C	D	E	F	G	H	I
1	日期	成交量	开盘价	最高	最低	收盘价		一、中心趋势分析	
2	08-5-19	6,868,075	17.07	17.78	16.92	17.40		统计指标	
3	08-5-20	6,415,693	17.61	18.15	17.17	18.06		算术平均值（AVERAGE）	
4	08-5-21	6,144,053	18.17	18.35	17.82	18.33		几何平均值（GEOMEAN）	
5	08-5-22	5,302,493	18.31	18.40	18.00	18.24		调和平均数（HARMEAN）	
6	08-5-23	5,369,122	18.41	18.48	17.85	18.08		众数（MODE）	
7	08-5-26	6,487,330	17.38	18.00	17.17	17.92		中位数（MEDIAN）	
8	08-5-27	6,186,485	18.21	18.88	17.83	18.50		均尾平均数（TRIMMEAN）	
9	08-5-28	7,489,650	16.98	17.83	16.51	17.36			
10	08-5-29	7,679,862	17.52	17.90	17.18	18.48		二、离中趋势分析	
11	08-5-30	8,564,278	17.78	18.50	17.17	18.48		全距	
12	08-6-2	10,541,235	19.16	19.51	18.32	19.24		四分位差（QUARTILE）	
13	08-6-3	10,898,998	20.01	20.15	19.73	19.52		第一分位点	
14	08-6-4	9,252,137	19.33	19.68	19.16	19.12		第二分位点	
15	08-6-5	9,878,160	19.20	19.61	18.85	19.25		第三分位点	
16	08-6-6	10,720,738	19.85	20.25	19.20	20.14		第四分位点	
17	08-6-9	10,715,367	20.45	20.99	19.98	20.69		方差（VAR）	
18	08-6-10	9,142,965	20.91	21.15	20.46	20.75		标准差（STDEV）	
19	08-6-11	8,339,080	21.01	21.19	20.61	21.18		最大值（MAX）	
20	08-6-12	8,272,530	21.25	21.31	20.75	21.15		最小值（MIN）	
21	08-6-13	8,673,187	21.16	21.20	20.74	20.73			
22	08-6-16	9,488,082	20.64	20.82	20.19	20.31		三、分布形态	
23	08-6-17	9,361,230	20.29	20.55	20.16	19.87		偏度（SKEW）	
24	08-6-18	10,444,113	20.02	20.11	20.16	19.87		峰度（KURT）	
25	08-6-19	11,344,330	19.57	19.82	18.81	19.69			
26	08-6-20	9,381,715	19.86	20.16	19.63	19.81			
27	08-6-23	7,458,692	19.78	20.13	19.40	19.46			
28	08-6-24	7,114,257	19.56	19.93	19.28	19.61			
29	08-6-25	7,011,683	19.71	19.89	19.47	19.51			
30	08-6-26	8,105,393	19.54	19.69	19.08	19.08			
31	08-6-27	9,038,958	19.06	19.15	18.77	18.66			

图 11-21 "例 11-4 股票数据"工作表

数据整理与描述性分析

（2）以"收盘价"为关键字进行排序，结果如图 11-22 所示。

（3）在 I3 单元格中输入公式"=AVERAGE($F$2:$F$31)"，按 Enter 键后计算出这段时间收盘价的算术平均数。

（4）在 I4 单元格中输入公式"=GEOMEAN($F$2:$F$31)"，按 Enter 键计算出这段时间收盘价的几何平均数。

（5）在 I5 单元格中输入公式"=HARMEAN($F$2:$F$31)"，按 Enter 键计算出这段时间收盘价的调和平均数。

（6）在 I6 单元格中输入公式"=MODE($F$2:$F$31)"，按 Enter 键计算出这段时间收盘价的众数，众数是出现频率最高的数值。

（7）在 I7 单元格中输入公式"=MEDIAN($F$2:$F$31)"，按 Enter 键计算出这段时间收盘价的中位数，中位数是指位于一组数据中最中间的数据。

（8）在 I8 单元格中输入公式"=TRIMMEAN($F$2:$F$31，0.15)"，按 Enter 键计算出这段时间收盘价的均尾平均数，即除去 30 天中 2 个最高收盘价和 2 个最低收盘价后的平均数，均尾平均数可以消除极端数对均值的影响。计算结果如图 11-22 的 I 列所示。

	A	B	C	D	E	F	G	H	I
1	日期	成交量	开盘价	最高	最低	收盘价		一、中心趋势分析	
2	08-5-28	7,489,850	16.98	17.83	16.51	17.36		统计指标	
3	08-5-19	6,868,075	17.07	17.78	16.92	17.40		算术平均值（AVERAGE）	19.28
4	08-5-26	6,487,330	17.38	18.00	17.17	17.92		几何平均值（GEOMEAN）	19.25
5	08-5-20	6,415,693	17.61	18.15	17.17	18.06		调和平均数（HARMEAN）	19.23
6	08-5-23	5,369,122	18.41	18.46	17.85	18.08		众数（MODE）	18.48
7	08-5-22	5,302,493	18.31	18.40	18.00	18.24		中位数（MEDIAN）	19.36
8	08-5-21	6,144,053	18.17	18.35	17.82	18.33		均尾平均数（TRIMMEAN）	19.28
9	08-5-29	7,679,882	17.52	17.90	17.18	18.48			
10	08-5-30	8,564,278	17.78	18.50	17.83	18.48		二、离中趋势分析	
11	08-5-27	6,186,485	18.21	18.88	17.83	18.50		全距	
12	08-6-27	9,038,958	19.06	19.15	18.77	18.66		四分位差（QUARTILE）	
13	08-6-26	8,105,393	19.54	19.69	19.08	19.08		第一分位点	
14	08-6-4	9,252,137	19.33	19.68	19.16	19.12		第二分位点	
15	08-6-2	10,541,235	19.16	19.51	18.32	19.24		第三分位点	
16	08-6-5	9,878,160	19.20	19.61	18.85	19.25		第四分位点	
17	08-6-23	7,458,692	19.78	20.13	19.40	19.46		方差（VAR）	
18	08-6-25	7,011,683	19.71	19.89	19.47	19.51		标准差（STDEV）	
19	08-6-3	10,898,998	20.01	20.15	19.73	19.52		最大值（MAX）	
20	08-6-24	7,114,257	19.56	19.93	19.26	19.61		最小值（MIN）	
21	08-6-19	11,344,330	19.57	19.82	18.81	19.69			
22	08-6-20	9,381,715	19.86	20.16	19.63	19.81		三、分布形态	
23	08-6-17	9,361,230	20.29	20.55	20.16	19.87		偏度（SKEW）	
24	08-6-18	10,444,113	20.02	20.11	20.16	19.87		峰度（KURT）	
25	08-6-6	10,720,738	19.85	20.25	19.20	20.14			
26	08-6-16	9,488,082	20.64	20.82	20.19	20.31			
27	08-6-9	10,715,367	20.45	20.99	19.98	20.69			
28	08-6-13	8,673,187	21.16	21.20	20.74	20.73			
29	08-6-10	9,142,965	20.91	21.15	20.46	20.75			
30	08-6-12	8,272,530	21.25	21.31	20.75	21.15			
31	08-6-11	8,339,080	21.01	21.19	20.62	21.18			

图 11-22 "例 11-4 股票数据"工作表中股票收盘价集中趋势分析结果

从计算结果可以看出，股票从 08-5-19～08-6-27 的 30 个交易日中，DEC 公司的股票收盘价格约为 19.2 元，出现最多的收盘价格为 18.48 元，收盘价格的中位数为 19.36 元，而去掉 15%的极端收盘价后的收盘价平均数为 19.28 元。

2．离中趋势的测定与分析

测定中心趋势反映了指标的一般数量水平，但是却不能测定指标之间的数量变异。离中趋势主要是测定数据集中各数值之间的差异程度，表现在一个分布中各数值与均值的离差程度。离中趋势用于说明均值代表性的大小。描述性统计的离中趋势指标包括全距、四分位数(QUARTILE)、方差(VAR)、标准差(STDEV)、最大值(MAX)和最小值(MIN)等,利用 Excel 提供的函数可以方便地计算离中趋势指标。这些函数既可以用鼠标选中单元格后在编辑栏中直接输入,也可以通过在功能区选择"公式"选项卡的"插入函数"按钮来调用。

【例 11-5】 以 DEC 公司 30 个交易日的收盘价为例,进行离中趋势描述性统计分析。

操作步骤如下。

(1)打开"《大学计算机应用高级教程》教学资源\第 3 篇 Excel 数据分析与处理\第 11 章数据整理与描述性分析\第 11 章数据整理与描述性分析.xlsx"工作簿,选定"例 11-4 股票数据"工作表。

(2)选定 I19 单元格,在功能区选择"公式"选项卡,在"函数库"组中单击"插入函数"按钮,弹出"插入函数"对话框,在"或选择类别"列表中选择"统计"选项,在"函数名"列表中选择 MAX 选项,单击"确定"按钮,打开"函数参数"对话框。

(3)在对话框中输入或选定参数区域 F2:F31,计算结果将显示在对话框下面,其值为 21.18,单击"确定"按钮。

(4)选定单元格 I20,按照步骤(2)和(3)的操作方法,选择最小值函数 MIN,计算收盘价的最小值。

(5)分别选定 I17、I18 单元格,按照步骤(2)和(3)的操作方法,分别选择方差函数 VAR 和标准差函数 STDEV,计算收盘价的方差和标准差。

(6)在 I11 单元格中输入公式"=I19-I20",按 Enter 键计算出这段时间收盘价的最大差值,即全距。

(7)分别选定 I13、I14、I15 和 I16 单元格,在功能区选择"公式"选项卡,在"函数库"组中单击"插入函数"按钮,弹出"插入函数"对话框,在该对话框的"或选择类别"列表中选择"统计"选项,在"函数名"列表中选择 QUARTILE 选项(即四分位数函数),将 QUARTILE 函数的第二个参数分别设为 1、2、3、4,则在 I13:I16 单元格区域分别显示分位点值。

说明:QUARTILE 函数将总体分成 4 个相等部分的测定指标,位于总体第 25% 位置的数值是第 1 四分位数 Q1,位于第 50% 位置的数值是第 2 四分位数 Q2,即中位数,位于第 75% 位置的数值是第 3 个四分位点 Q3。四分位数函数 QUARTILE 可以计算一组数据的四分位数。其语法结构为 QUARTILE(array, quart)。其中 Array 为计算四分位数的数组或数据区域;Quart 决定返回第几个四分位数。Quart=0,QUARTILE 函数返回最小值;Quart=1,QUARTILE 函数返回第 1 个四分位点;Quart=2,QUARTILE 函数返回第 2 个四分位点;Quart=3,QUARTILE 函数返回第 3 个四分位点;Quart=4,QUARTILE 函数返回第 4 个四分位点,即最大值点,如图 11-23 所示。

(8)在 I12 单元格中输入公式"= I15-I13",按 Enter 键计算出这段时间收盘价的四分位差(四分位差是总体中第 3 四分位点与第 1 四分位点的差),如图 11-24 所示。

从计算结果可以看出,股票从 08-5-19~08-6-27 的 30 个交易日中,DEC 公司的股票收盘价格最大差距为 3.82 元,而收盘价格的变动幅度约为 1 元左右。

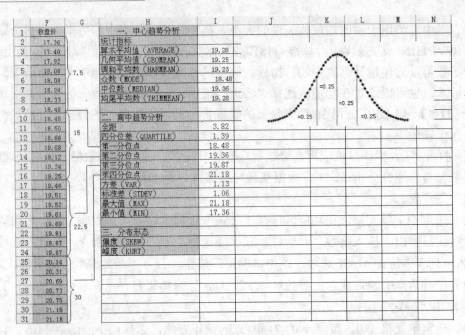

图 11-23 "例 11-4 股票数据"工作表"收盘价"的四分位数函数说明

日期	成交量	开盘价	最高	最低	收盘价		一、中心趋势分析	
08-5-28	7,489,850	16.98	17.83	16.51	17.36		统计指标	
08-5-19	6,868,075	17.07	17.78	16.92	17.40		算术平均值（AVERAGE）	19.28
08-5-26	6,487,330	17.38	18.00	17.17	17.92		几何平均值（GEOMEAN）	19.25
08-5-20	6,415,693	17.61	18.15	17.17	18.06		调和平均数（HARMEAN）	19.23
08-5-23	5,369,122	18.41	18.46	17.85	18.08		众数（MODE）	18.48
08-5-22	5,302,493	18.31	18.40	18.00	18.24		中位数（MEDIAN）	19.36
08-5-21	6,144,053	18.17	18.35	17.82	18.33		均尾平均数（TRIMMEAN）	19.28
08-5-29	7,679,882	17.52	17.90	17.18	18.48			
08-5-30	8,564,278	17.78	18.50	17.17	18.48		二、离中趋势分析	
08-5-27	6,186,485	18.21	18.88	17.83	18.50		全距	3.82
08-6-27	9,038,958	19.06	19.15	18.77	18.66		四分位差（QUARTILE）	1.39
08-6-26	8,105,393	19.54	19.69	19.08	19.08		第一分位点	18.48
08-6-4	9,252,137	19.33	19.68	19.16	19.12		第二分位点	19.36
08-6-2	10,541,235	19.16	19.51	18.32	19.24		第三分位点	19.87
08-6-5	9,878,160	19.20	19.61	18.85	19.25		第四分位点	21.18
08-6-23	7,458,692	19.78	20.13	19.40	19.46		方差（VAR）	1.13
08-6-25	7,011,683	19.71	19.89	19.47	19.51		标准差（STDEV）	1.06
08-6-3	10,898,998	20.01	20.15	19.73	19.52		最大值（MAX）	21.18
08-6-24	7,114,257	19.56	19.93	19.26	19.61		最小值（MIN）	17.36
08-6-19	11,344,330	19.57	19.82	18.81	19.69			
08-6-20	9,381,715	19.86	20.16	19.63	19.81		三、分布形态	
08-6-17	9,361,230	20.29	20.55	20.16	19.87		偏度（SKEW）	
08-6-18	10,444,113	20.02	20.11	20.16	19.87		峰度（KURT）	
08-6-6	10,720,738	19.85	20.25	19.20	20.14			
08-6-16	9,488,082	20.64	20.82	20.19	20.31			
08-6-9	10,715,367	20.45	20.99	19.98	20.69			
08-6-13	8,673,187	21.16	21.20	20.74	20.73			
08-6-10	9,142,965	20.91	21.15	20.46	20.75			
08-6-12	8,272,530	21.25	21.31	20.75	21.15			
08-6-11	8,339,080	21.01	21.19	20.62	21.18			

图 11-24 "例 11-4 股票数据"工作表离中趋势分析结果

3. 分布形态的测定与分析

对于一组数据，不仅要描述其集中趋势、离中趋势，还要描述其分布形态，这是因为一个总体即使均值相同，标准差相同，分布形态也可能不同。另外，分布形态有助于识别整个总体的数量特征。总体的分布形态可以从两个角度考虑：一是分布的对称程度，另一个是分布的高低。前者的测定参数称为偏度或偏斜度，后者的测定参数称为峰度。如果偏度数值等于 0，说明分布对称；如果偏度数值大于 0，说明分布呈现右偏态；如果偏度数值小于 0，说明分布呈现左偏态。同理，如果峰度数值等于 0，说明分布为正态；如果峰度数值大于 0，说明分布呈陡峭状态；如果峰度值小于 0，则说明分布形态趋于平缓。

Excel 提供了偏度函数(SKEW)与峰度函数(KURT)，分别用于计算偏度与峰度。

【例 11-6】 以 DEC 公司 30 个交易日收盘价为例，计算其偏度和峰度。

操作步骤如下。

（1）打开"《大学计算机应用高级教程》教学资源\第 3 篇 Excel 数据分析与处理\第 11 章数据整理与描述性分析\第 11 章数据整理与描述性分析.xlsx"工作簿，选定"例 11-4 股票数据"工作表。

（2）在 I23 单元格中输入公式"=SKEW(F2:F31)"，按 Enter 键计算出这段时间收盘价的偏度 0.0319，呈右偏态。

（3）在 I24 单元格中输入公式"=KURT(F2:F31)"，按 Enter 键计算出这段时间收盘价的峰度–0.78164，分布比较平缓。结果如图 11-25 所示。

	A	B	C	D	E	F	G	H	I
1	日期	成交量	开盘价	最高	最低	收盘价		一、中心趋势分析	
2	08-5-28	7,489,850	16.98	17.83	16.51	17.36		统计指标	
3	08-5-19	6,868,075	17.07	17.75	16.92	17.40		算术平均值 (AVERAGE)	19.28
4	08-5-26	6,487,330	17.38	18.00	17.17	17.92		几何平均值 (GEOMEAN)	19.25
5	08-5-20	6,415,693	17.61	18.15	17.17	18.06		调和平均数 (HARMEAN)	19.23
6	08-5-23	5,369,122	18.41	18.46	17.85	18.08		众数 (MODE)	18.48
7	08-5-22	5,302,493	18.31	18.40	18.06	18.24		中位数 (MEDIAN)	19.36
8	08-5-21	6,144,053	18.17	18.35	17.82	18.33		均尾平均数 (TRIMMEAN)	19.28
9	08-5-29	7,679,882	17.52	17.90	17.18	18.48			
10	08-5-30	8,564,278	17.78	18.50	17.17	18.48		二、离中趋势分析	
11	08-5-27	6,186,485	18.21	18.88	17.83	18.50		全距	3.82
12	08-6-27	9,038,958	19.06	19.16	18.77	19.08		四分位差 (QUARTILE)	1.39
13	08-6-26	8,105,393	19.54	19.69	19.08	19.08		第一分位点	18.48
14	08-6-4	9,252,137	19.33	19.68	19.16	19.12		第二分位点	19.36
15	08-6-2	10,541,235	19.16	19.51	18.32	19.24		第三分位点	19.87
16	08-6-5	9,978,160	19.20	19.61	18.85	19.25		第四分位点	21.18
17	08-6-23	7,458,692	19.78	20.13	19.40	19.46		方差 (VAR)	1.13
18	08-6-25	7,011,683	19.71	19.89	19.47	19.51		标准差 (STDEV)	1.06
19	08-6-3	10,898,998	20.01	20.15	19.73	19.52		最大值 (MAX)	21.18
20	08-6-24	7,114,257	19.56	19.93	19.26	19.61		最小值 (MIN)	17.36
21	08-6-19	11,344,330	19.57	19.82	18.81	19.69			
22	08-6-20	9,381,715	19.86	20.16	19.63	19.81		三、分布形态分析	
23	08-6-17	9,361,230	20.29	20.55	20.16	19.87		偏度 (SKEW)	0.031907
24	08-6-18	10,444,113	20.02	20.11	20.16	19.87		峰度 (KURT)	-0.78164
25	08-6-6	10,720,738	19.85	20.25	19.20	20.14			
26	08-6-16	9,488,082	20.64	20.82	20.19	20.31			
27	08-6-9	10,715,367	20.45	20.99	19.98	20.69			
28	08-6-13	8,673,187	21.16	21.20	20.74	20.73			
29	08-6-10	9,142,965	21.15	21.15	20.46	20.75			
30	08-6-12	8,272,530	21.25	21.31	20.85	21.15			
31	08-6-11	8,339,080	21.01	21.19	20.62	21.18			

图 11-25 "例 11-4 股票数据"工作表分布形态分析结果

图 11-25 给出了 DEC 公司 30 个股票交易日描述性统计的中心趋势分析、离中趋势分析和分布形态分析等统计量。

4．创建股价图进行描述性分析

除了知道上述 DEC 公司 30 个股票交易日描述性统计的统计量的规律外，各种图形是对股票市场进行技术分析的基本工具，通过图形可以清楚地反映一段时期内股市的升跌变

数据整理与描述性分析

化以及发展规律，大致判断未来的股市行情。由此，各种类型图表的应用也就在股票分析中显得尤为重要。

K线图是用来描述上市公司股价在一定周期内的涨跌变化图表，利用股价图可以很容易地绘制出 K 线图。

【例 11-7】 以 DEC 公司 30 个交易日数据为例，绘制 K 线图。

操作步骤如下。

（1）打开"《大学计算机应用高级教程》教学资源\第 3 篇 Excel 数据分析与处理\第 11 章数据整理与描述性分析\第 11 章数据整理与描述性分析.xlsx"工作簿，选定"例 11-4 股票数据"工作表。

（2）在"例 11-4 股票数据"工作表后插入一个空白工作表，并重命名为"例 11-7K 线图"工作表。

（3）单击"例 11-4 股票数据"工作表，选择 A1:F31 单元格区域，将该区域的数据复制到"例 11-7K 线图"工作表相应的单元格中。

（4）以"日期"为关键字进行升序排序。

（5）在功能区选择"插入"选项卡，在"图表"组中单击"其他图表"按钮，在弹出的下拉列表中选择"股价图"列表中的"成交量-开盘-盘高-盘低-收盘图"选项，如图 11-26 所示。

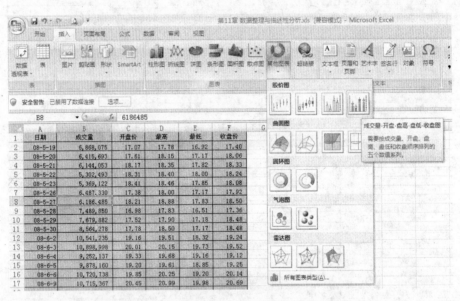

图 11-26 "成交量-开盘-盘高-盘低-收盘图"选项

（6）在 Excel 2007 中，股价图的创建比以前容易得多，当完成上面这一步后就直接得到 K 线图，如图 11-27 所示。

一般来说，还需要对所得图形的标题、字体、填充、线条颜色、阴影、三维格式、对齐方式等进行修饰。

（7）设置分类刻度（Y 轴）。用鼠标右击垂直（值）轴，在弹出的快捷菜单中选择"设置坐标轴格式"命令，弹出"设置坐标轴格式"对话框，在左侧列表中单击"坐标轴选项"

项，在右侧的"最大值"选项按钮组中选择"固定"单选按钮，并设置为18000000，并在右侧"显示单位"下拉列表中选择"百万"选项，如图11-28所示。在左侧列表中单击"数字"项，在右侧"类别"下拉列表中选择"货币"，设置"小数位数"为0，并在右侧"符号"下拉列表中选择"￥"，然后单击"关闭"按钮。

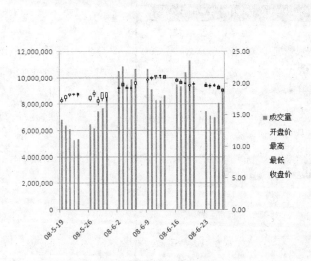

图 11-27　K 线图

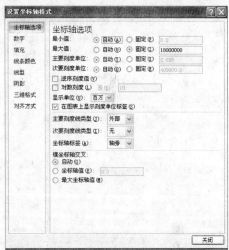

图 11-28　设置 "坐标轴选项"（Y 轴）

（8）设置分类刻度（X 轴）。用鼠标右击水平（类别）轴，在弹出的快捷菜单中选择"设置坐标轴格式"命令，弹出"设置坐标轴格式"对话框，在左侧列表中单击"坐标轴选项"项，选中右侧的"文本坐标轴"单选按钮，然后将"刻度线间隔"设置为 5，在"标签间隔"选项按钮组中选中"指定间隔单位"单选按钮，并设置为 5，如图 11-29 所示。然后单击"关闭"按钮。

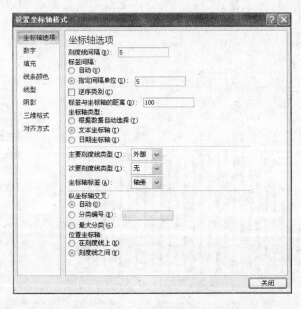

图 11-29　设置"坐标轴选项"（X 轴）

数据整理与描述性分析

（9）添加趋势线。将鼠标移动到图表上的数据系列上右击，在弹出的快捷菜单中选择"添加趋势线"命令，弹出"设置趋势线格式"对话框。在"趋势预测/回归分析类型"选项区域中选中"移动平均"单选按钮，并设置"周期"为5；如图 11-30 所示，然后单击"关闭"按钮。

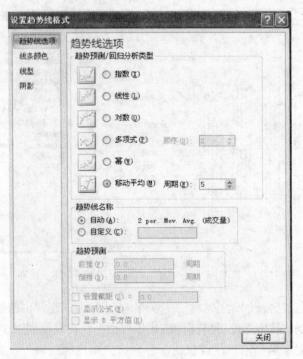

图 11-30 "设置趋势线格式"对话框

最后适当设置和美化图表格式，得到最终的 K 线图效果如图 11-31 所示。

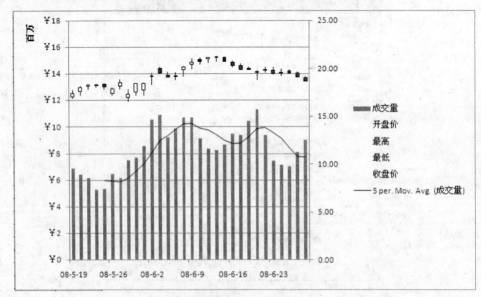

图 11-31 DEC 公司 30 个交易日 K 线图

图 11-31 所示的 K 线图以柱形图表示成交量的大小，用上、下影线的矩形表示一天的股价变动情况。对于阳线(图上白色的矩形)，矩形的底部表示开盘价，顶部表示收盘价，即矩形的长度表示了该日股价的上涨幅度。而对于阴线(图上黑色的矩形)，矩形的顶部表示开盘价，底部表示收盘价，即矩形的长度表示了该日股价的下跌幅度，而上影线和下影线则分别表示最高价和最低价，所以 K 线图表示了较为全面的股价变动信息。K 线图还清晰地反映了多空双方的强弱程度。例如较长的阳线反映了多方力量较强，而没有上影线的阳线(收盘价等于最高价)属于超强的涨势，通常表示未来仍然有上涨的空间。而上影线较长的阳线则反映了涨势较虚。类似的较长的阴线反映了空方的力量较强，而没有下影线的阴线(收盘价等于最低价)则属于超强的跌势，通常表示未来仍然有下跌的空间。而下影线较长的阴线则反映了跌势较虚。还有十字 K 线，表示多空双方势均力敌，通常可通过上影线和下影线的长度判断多空双方的强弱。在高价圈或低价圈出现十字 K 线时，通常意味着反转变盘的迹象。

说明："成交量-开盘-盘高-盘低-收盘图" K 线图的制作，注意源数据必须完整而且排列顺序应与图形要求的顺序一致，即按成交量、开盘、盘高、盘低和收盘的数据排列，否则将出现不良的后果。

11.5 描述性统计分析工具的使用

Excel 不仅提供丰富的统计函数和图表描述总体分布的特征，同时也提供了描述统计分析工具来计算数据的集中趋势、离中趋势、偏度等有关的描述性统计指标。使用描述性统计分析工具可以根据原始数据一次性计算出平均数、样本标准差等十几个描述数据分布规律与分布形态的统计指标。

选择原始数据区域后，在功能区"数据"选项卡的"分析"组中单击"数据分析"按钮，出现"数据分析"选项，在"数据分析"对话框中的"分析工具"列表框中选择"描述统计"，单击"确定"按钮，弹出"描述统计"对话框。如图 11-32 和图 11-33 所示。

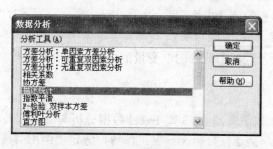

图 11-32 例 11-8 的"数据分析"对话框

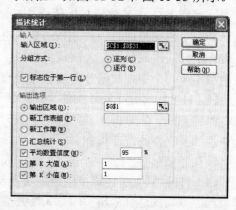

图 11-33 例 11-8 的"描述统计"对话框

说明："描述统计"对话框中选项的主要内容如下。

（1）输入区域：在此输入待分析数据区域的单元格引用，该引用必须由两个或两个以上按列或行组织的相邻数据区域组成。

（2）分组方式：用于指出输入区域中的数据是按行还是按列排列。

（3）标志位于第一行：如果输入区域的第一行中包含标志项，则选中"标志位于第一行"复选框；如果输入区域没有标志项，则不选择，Excel将在输出表中自动生成数据标志。

（4）输出区域：在此输入对输出表左上角单元格的引用。此工具将为每个数据集产生两列信息：左边一列包含统计标志项，右边一列包含统计值。根据所选择"分组方式"的不同，Excel将为输入表中的每一行或每一列生成一个两列的统计表。

（5）新工作表组：选择此单选按钮，可在当前工作簿中插入新工作表，并由新工作表的A1单元格开始粘贴计算结果。

（6）新工作簿：选择此单选按钮，可创建一个新工作簿，并在新工作簿的Sheet1表中粘贴计算结果。

（7）汇总统计：如果需要Excel在输出表中生成下列统计结果，则选中此复选框。这些统计结果有均值、标准差、中位数、众数、标准误差、方差、峰值、偏度、全距、最小值、最大值、总和、总个数、第K个最大值、第K个最小值等。

（8）平均数置信度：如果需要在输出表的某一行中包含均值的置信度，则选中此复选框，然后在右侧的文本框中输入所要使用的置信度（例如，数值95%可用来计算在显著性水平为5%时的均值置信度。

（9）第K大值：如果需要在输出表的某一行中包含每个区域中数据的第K个最大值，则选中此复选框，然后在右侧的文本框中输入K的数值。如果输入1，则这一行将包含数据集中的最大数值。

（10）第K小值：如果需要在输出表的某一行中包含每个区域中数据的第K个最小值，则选中此复选框，然后在右侧的文本框中输入K的数值。如果输入1，则这一行将包含数据集中的最小数值。

使用描述性统计分析工具可以同时计算出16项指标，但实际上这些统计参数都可以用Excel函数单独进行计算。

回到例11-1中某数码相机厂商为某新款数码相机的价格定位进行市场调查问题上，前面已利用了数据整理的频数分布函数、直方图和数据透视表的统计方法对所得到的相关数据进行不同层次的分析，为决策提供科学依据。现在直接采用"描述统计"分析工具一次性地给出十几个描述数据分布规律与分布形态的统计指标。

【例11-8】 使用Excel中的"描述统计"分析工具分析例11-1的年龄和月收入两组数据。"描述统计"分析工具常用于生成对输入区域中数据的单变量值分析，提供有关数据趋中性和易变性的统计指标。

操作步骤如下。

（1）打开"《大学计算机应用高级教程》教学资源\第3篇Excel数据分析与处理\第11章数据整理与描述性分析\第11章数据整理与描述性分析.xlsx"工作簿，选定"例11-1数据"工作表。

（2）在"例11-7K线图"工作表后插入空白工作表，并将名称重命名为"例11-8价格描述分析"，将"例11-1数据"工作表的原始数据复制到"例11-8价格描述分析"工作表。

（3）在功能区选择"数据"选项卡，在"分析"组中单击"数据分析"选项，在弹出的"数据分析"对话框中的"分析工具"列表框中选择"描述统计"选项，如图 11-32 所示，然后单击"确定"按钮。

（4）在弹出的"描述统计"对话框的"输入区域"文本框中输入"C1:D31"；选择"逐列"单选按钮；选定"标志位于第一行"复选框；在"输出区域"文本框中输入 G1 单元格。

（5）选中"汇总统计"复选框；选中"平均数置信度"复选框，在右侧文本框中输入"95"；选中"第 K 大值"复选框，在右侧文本框中输入"1"；选中"第 K 小值"复选框，在右侧文本框中输入"1"。

（6）设置结果如图 11-33 所示，然后单击"确定"按钮。

（7）"描述统计"分析工具输出结果如图 11-34 所示。

描述统计分析工具输出结果包括平均值、标准误差(标准差)、中位数、众数、偏度、峰度和最值等统计指标。

	A	B	C	D	E	F	G	H	I	J
1	序号	性别	年龄	月收入	数码相机价格		年龄		月收入	
2	1	男	21	1500.00	2588.00					
3	2	女	22	1800.00	2668.00		平均	26.9	平均	1848.333333
4	3	男	18	2000.00	2888.00		标准误差	0.896160392	标准误差	106.0926545
5	4	女	23	2000.00	2788.00		中位数	27	中位数	1800
6	5	女	25	1500.00	2188.00		众数	25	众数	1800
7	6	男	27	3000.00	2688.00		标准差	4.908472619	标准差	581.0934006
8	7	男	28	3500.00	3088.00		方差	24.09310345	方差	337669.5402
9	8	男	32	1500.00	2198.00		峰度	-0.722644522	峰度	1.9756478
10	9	女	30	1600.00	2298.00		偏度	0.036439601	偏度	1.499887975
11	10	女	25	1200.00	2098.00		区域	18	区域	2300
12	11	男	26	1800.00	2598.00		最小值	18	最小值	1200
13	12	男	33	1900.00	2698.00		最大值	36	最大值	3500
14	13	女	19	1200.00	2188.00		求和	807	求和	55450
15	14	男	20	1600.00	2798.00		观测数	30	观测数	30
16	15	男	24	2888.00	2888.00		最大(1)	36	最大(1)	3500
17	16	男	26	1700.00	2788.00		最小(1)	18	最小(1)	1200
18	17	男	28	1800.00	2888.00		置信度(95.0%)	1.83285377	置信度(95.0%)	216.9838385
19	18	男	29	1800.00	2988.00					
20	19	男	32	2300.00	2888.00					
21	20	男	35	2800.00	2998.00					
22	21	女	23	1600.00	2998.00					
23	22	女	25	1700.00	2998.00					
24	23	女	27	1800.00	2888.00					
25	24	女	28	1900.00	2898.00					
26	25	女	30	1800.00	2898.00					
27	26	女	31	1300.00	2188.00					
28	27	女	30	1450.00	2188.00					
29	28	男	36	1200.00	2188.00					
30	29	女	35	3200.00	2998.00					
31	30	女	20	1200.00	2188.00					

图 11-34　例 11-8 的描述统计结果

从图 11-34 所描述数据分布规律与分布形态的统计指标可以看出，数码相机的购买者平均年龄为 27 岁，平均月收入在 1800 元左右。

同样采用"描述性统计分析工具"对 DEC 公司 30 个交易日股价一次性地给出十几个描述数据分布规律与分布形态的统计指标。

【例 11-9】　使用 Excel 中的"描述统计"分析工具分析例 11-4 中成交量、开盘价、最高、最低和收盘价 5 组数据。

数据整理与描述性分析

操作步骤如下。

（1）打开"《大学计算机应用高级教程》教学资源\第3篇Excel数据分析与处理\第11章数据整理与描述性分析\第11章数据整理与描述性分析.xlsx"工作簿，选定"例11-4股票数据"工作表。

（2）建立"例11-9股票描述分析工具"工作表，并将"例11-4股票数据"工作表中原始数据复制到"例11-9股票描述分析工具"工作表中。

（3）在功能区选择"数据"选项卡，在"分析"组中单击"数据分析"选项，在弹出的"数据分析"对话框中的"分析工具"列表框中选择"描述统计"选项，然后单击"确定"按钮。

（4）在"描述统计"对话框的"输入区域"文本框中输入"B1:F31"；选中"逐列"单选按钮；选中"标志位于第一行"复选框；在"输出选项"选项区域中选中"新工作表组"单选按钮，并输入新工作表名"股票描述分析工具"。

（5）选中"汇总统计"复选框；选中"平均数置信度"复选框，在右侧文本框中输入"95"；选中"第K大值"复选框，在右侧文本框中输入"1"；选中"第K小值"复选框，在右侧文本框中输入"1"。

（6）设置结果如图11-35所示，然后单击"确定"按钮。

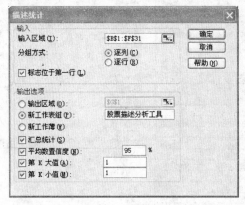

图11-35　例11-9的"描述统计"对话框

（7）"描述统计"分析工具的输出结果如图11-36所示。

	A	B	C	D	E	F	G	H	I	J
1	成交量		开盘价		最高		最低		收盘价	
2										
3	平均	8389670.37	平均	19.26	平均	19.58467	平均	18.8785	平均	19.283
4	标准误差	314584.452	标准误差	0.22935592	标准误差	0.205681	标准误差	0.2311298	标准误差	0.194403
5	中位数	8451679	中位数	19.55	中位数	19.755	中位数	19.12	中位数	19.355
6	众数	#N/A	众数	#N/A	众数	#N/A	众数	17.17	众数	18.48
7	标准差	1723050	标准差	1.25623411	标准差	1.126562	标准差	1.26595007	标准差	1.064788
8	方差	2.9689E+12	方差	1.57812414	方差	1.269143	方差	1.60262957	方差	1.133773
9	峰度	-0.9897596	峰度	-0.9329655	峰度	-1.17109	峰度	-1.1076873	峰度	-0.78164
10	偏度	-0.0747388	偏度	-0.2673467	偏度	-0.14802	偏度	-0.2440805	偏度	0.031907
11	区域	6041837	区域	4.27	区域	3.53	区域	4.24	区域	3.82
12	最小值	5302493	最小值	16.98	最小值	17.78	最小值	16.51	最小值	17.36
13	最大值	11344330	最大值	21.25	最大值	21.31	最大值	20.75	最大值	21.18
14	求和	251690111	求和	577.8	求和	587.54	求和	566.355	求和	578.49
15	观测数	30	观测数	30	观测数	30	观测数	30	观测数	30
16	最大(1)	11344330	最大(1)	21.25	最大(1)	21.31	最大(1)	20.75	最大(1)	21.18
17	最小(1)	5302493	最小(1)	16.98	最小(1)	17.78	最小(1)	16.51	最小(1)	17.36
18	置信度(95.0%)	643397.436	置信度(95.0%)	0.46908552	置信度(95.0%)	0.420665	置信度(95.0%)	0.47271352	置信度(95.0%)	0.397598

图11-36　例11-9的描述统计结果

说明：在分析工具所提供的分析结果中，有几个描述统计指标的含义如下。

（1）区域。区域即全距，也称为极差，是一组数据中最大数和最小数的差。

（2）观测数。观测数也称样本数。抽样是根据随机原则从总体中抽取一部分单位作为样本，并根据样本数量特征对总体数量做出具有一定可靠性的估计与推断。在统计中将从总体中抽取的部分单位称为样本。假设从一个总体中随机抽取容量相同的样本，则由这些样本可以计算出某统计量(如样本均值)的取值，这个统计量所有可能取值的概率分布称为该统计量(如均值)的抽样分布。

（3）标准误差。总体分布与抽样分布之间具有一定的数量关系，这个数量关系可以描述为 $E(\bar{x}) = \mu$，即样本均值抽样分布的均值等于总体的均值。$V(\bar{x}) = \sigma_{\bar{x}}^2 = \dfrac{\sigma^2}{n}$，即样本均值抽样分布的方差等于总体方差除以样本容量，从而抽样分布的标准差为 $\sigma_{\bar{x}} = \dfrac{\sigma}{\sqrt{n}}$，此式又称为标准误差。

（4）置信度。置信度即概率保证程度，是统计学中很重要的概念。通俗地说，它表明了统计结果的可靠程度。

11.6 正态分布与概率密度分布

11.6.1 正态分布的概念

正态分布(Z 分布)是最重要和最常见的一种数据分布。

日常生活的经验表明，如果对某些人群进行调查，对某种产品进行测量等这些数据统计分析时，一般都会发现大多数得到的数据都集中在这一批数据的均值左右，特别大或者特别小的都是少数。比方说调查中国成年男性的体重，大多数人的体重都是在50～75公斤之间，只有少数人的体重超出这个范围；高考考生的成绩，也大多数是在总分的55%～85%之间，分数特别高或者特别低的只有少数人。

【例 11-10】 某高校对一年级 1000 名新生英语学习情况进行调查，从中随机抽取 100 名学生，其成绩资料整理如表 11-1 所示。

表 11-1 新生英语考试成绩

按成绩分组	人数	比重
0~59	3	3%
60~64	9	9%
65~69	13	13%
70~74	14	14%
75~79	25	25%
80~84	16	16%
85~89	10	10%
90~94	8	8%
95~100	2	2%
合计	100	100%

如果把这些数据用图表的形式表达出来，可以得到图 11-37 所示的图形。

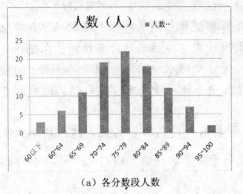

（a）各分数段人数

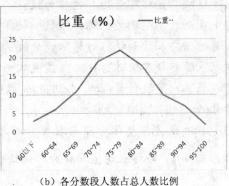

（b）各分数段人数占总人数比例

图 11-37　分数的分布图

图 11-37（a）为按分数段人数描绘的柱状图，图 11-37（b）为按各分数段人数占总人数比例描绘的折线图。

观察图 11-37（b），有点像一口老式的挂钟。这也是为什么正态分布有时候叫作钟型分布的原因。用比较严格的方法来描述，正态分布的概率密度曲线是一个对称的钟型曲线（最高点在均值处）。所谓的概率密度，就是指某一个数据占整个采样集的百分比，比方说图 11-37 中得分在 75～79 分数段的考生占整个考生人数的百分比。

正态分布描述的是一类分布，各种正态分布根据它们的均值和标准差不同而有区别。正态分布可用 $X \sim N(\mu, \sigma^2)$ 表示。其中 X 是随机变量，μ 为（总体）均值，而 σ 为（总体）标准差。通俗地说，均值表示的是整个样本数据平均值的大小，而标准差就反映了样本在均值上下波动剧烈的程度。如果同学 A 每次考试都在班级的 5～8 名之间；而另一位同学 B 有时候考到前 3 名，有时候落到 10 名以后。有可能两位同学平均下来的名次都是第 6 名，但是明显的是同学 A 更稳定。那么反映到数据上，就是 A 的标准差比较小，而 B 的标准差较大。

均值为 0，标准差为 1 的正态分布称为标准正态分布。任何具有正态分布 $N(\mu, \sigma^2)$ 的随机变量 X 都可以通过简单的变换（减去均值 μ，再除以标准差 σ，即 $Z = \dfrac{X - \mu}{\sigma}$）变成标准正态分布随机变量。

11.6.2　绘制正态分布图

正态分布密度函数图可以很清晰地表现正态分布密度函数 $f(x)$ 的曲线形状，为分析随机变量提供了帮助。

【例 11-11】　绘制 –3～+3 之间的正态分布图形。

本例可以理解为这样一个实验：要求若干被访者在 –3～+3 之间随便挑一个精确到小数点后一位的数，然后统计出这些数的分布情况。绘制出分布情况的图形。如果被访者的数量足够多，根据实际经验，最后得到的结果是服从正态分布的。因此本例实际上就是用正态分布来模拟实验的结果。

为了说明标准正态分布与正态分布的关系，绘制两个图形，一个是标准正态分布；另一个是均值与标准差可以变化的一般正态分布。

操作步骤如下。

（1）打开"《大学计算机应用高级教程》教学资源\第 3 篇 Excel 数据分析与处理\第 11 章数据整理与描述性分析\第 11 章数据整理与描述性分析.xlsx"工作簿，选定"例 11-11 正态分布图像"工作表，如图 11-38 所示。图中 A 列数据为正态随机变量，表示被访者可能选出的数值。在 A2 单元格输入"–3"，在 A3 单元格输入"–2.9"，选定 A2 和 A3 单元格，拖动填充柄到 A62，完成随机变量的输入。B 列表示如果采样得到的结果符合一般正态分布，那么被访者给出的数值在某一个区间的分布密度；C 列表示如果采样得到的结果符合标准正态分布密度，那么被访者给出的数值在某一个区间的分布密度。单元格 E1 和 E2 中的"0"和"1"是一般正态分布的特征值，标准正态分布就是当一般正态分布的均值为 0，标准差为 1 的一个特例。

	A	B	C	D	E
1	x	一般正态分布	标准正态分布	均值	0
2	-3			标准差	1
3	-2.9				
4	-2.8				
5	-2.7				
57	2.5				
58	2.6				
59	2.7				
60	2.8				
61	2.9				
62	3				

图 11-38　正态分布计算表格

（2）选择 B2 单元格，在功能区选择"公式"选项卡，在"函数库"组中单击"插入函数"按钮，打开"插入函数"对话框。

（3）在"选择类别"列表中选择"统计"选项，在"选择函数"列表中选择 NORMDIST 选项，单击"确定"按钮，打开"函数参数"对话框，如图 11-39 所示。

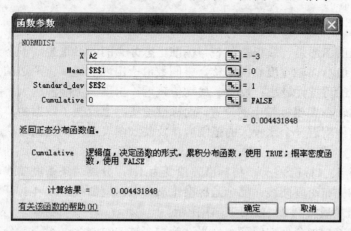

图 11-39　NORMDIST 函数参数

（4）在 X 文本框中输入"A2"，在 Mean 文本框中输入"$E$1"，在 Standard_dev 文本框中输入"$E$2"，在 Cumulative 文本框中输入"0"。

（5）单击"确定"按钮，在B2单元格出现值0.004431848。

（6）选定C2单元格，在编辑栏里输入公式"=NORMDIST(A2,0,1,0)"，按Enter键在C2单元格里也出现值0.004431848。

（7）选择B2:C2单元格区域，将公式复制到B3:C62单元格区域中，得到一般正态分布与标准正态分布的关于随机变量–3～+3的概率密度值。

（8）在功能区选择"插入"选项卡，在"图表"组中单击"散点图"按钮。在下拉列表中选择"带平滑线和数据标记的散点图"图标按钮。此时工作表中出现了一个空白的图表区域。

（9）在图表区域右击鼠标，在弹出的快捷菜单中选中"选择数据"命令，打开"选择数据源"对话框。

（10）在"图表数据区域"文本框中输入"='例11-11正态分布图像'!$A$1:$C$62"，单击"确定"按钮。

（11）在功能区选择"图表工具"下的"布局"选项卡，在"标签组"中单击"图例"按钮，在下拉菜单中选择"在底部显示图例"命令。得到正态分布图如图11-40所示。

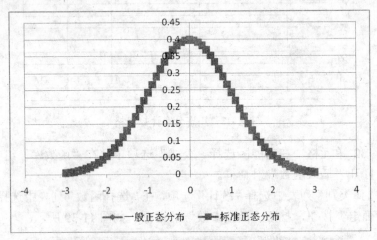

图11-40　正态分布图

此时屏幕上的图形是一般正态分布与标准正态分布的图形重叠。正态分布密度曲线表明：从中心至两边沿X轴宽度相同对称，中间数值所出现的概率比两边的大，密度曲线离均值越远，出现的可能性越小；反之，离均值越近，出现的可能性越大。简单地说，均值决定了曲线对称轴在X坐标轴上的位置。而标准差实际上反映了数据是集中分布在均值周围还是分布在均值附近一个比较大的范围内，反映到图表上，就是曲线凸起是比较尖锐还是比较平缓。

选择单元格E2（标准差σ），将标准差值变为1.1，分离两条密度曲线，从而可以确定哪个是一般正态分布密度曲线，哪个是标准正态分布密度曲线。从1.1开始，依次每步增加0.1，使E2值最后增到2，如图11-41所示。

结论是标准差增加会使曲线变得扁平，峰顶变矮。对一个一般正态分布来说，标准差越小，随机变量取均值附近的值的可能性越大，曲线越高。

在单元格E1中输入数值1，均值增大，正态分布向右平移，如图11-42所示。可以看出，均值μ的变化引起曲线向左或向右平移，不论均值如何变化，峰值总在均值位置，所以均值是正态分布中随机变量出现可能性最大的位置。

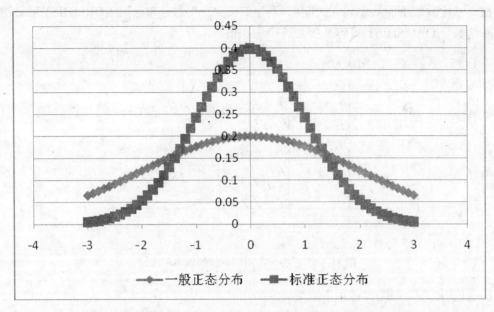

图 11-41　均值为 0，标准差为 2 的一般正态分布与标准正态分布

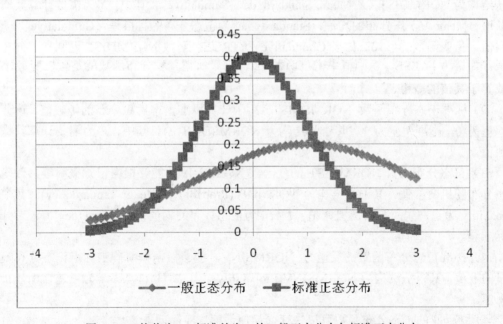

图 11-42　均值为 1，标准差为 2 的一般正态分布与标准正态分布

11.6.3　概率分布计算

　　如果经过数据采样，得到了一个数据集的概率密度曲线，也知道了这个数据集是服从正态分布 $N(\mu, \sigma^2)$ 的，那么就可以计算出整个数据集中，取值范围在[a,b]范围内采样值占整个数据集的百分比。或者反过来，估计下一个待测样本取值在[a,b]之间的可能性有多大。

数据整理与描述性分析

如图 11-43 所示，$f(x)$ 是正态分布概率密度曲线，而随机变量落在区间 $[a, b]$ 中的概率就是概率密度曲线下面从 a 到 b 的面积。利用 Excel 的正态分布函数 NORMDIST 或标准正态分布函数 NORMSDIST 很容易得到这个面积值。

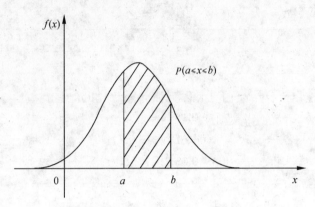

图 11-43　正态分布随机变量的概率密度

Excel 为正态分布提供了 4 个函数。

（1）正态分布函数 NORMDIST。用于计算给定均值和标准差的正态分布的函数值。其语法结构为 NORMDIST（X, Mean, Standard_dev, Cumulative）。其中，X 为需要计算其概率的数值；Mean 为正态分布的均值；Standard_dev 为正态分布的标准差；Cumulative 为一个逻辑值，指明函数的形式。如果 Cumulative 为 TRUE，函数 NORMDIST 返回累积分布函数值；如果为 FALSE，返回概率密度函数 $f(x)$ 值。所谓累积分布函数就是随机变量 X 小于或等于某值的概率。

（2）标准正态分布函数 NORMSDIST。用于计算标准正态累积分布的函数值，该分布的均值为 0，标准偏差为 1。其语法结构为 NORMSDIST(Z)。其中，Z 为需要计算其概率的数值。

（3）正态分布函数 NORMDIST 的反函数 NORMINV。能够根据已知概率等参数确定正态分布随机变量值。其语法结构为 NORMINV(Probability, Mean, Tandard_dev)。其中，Probability 为正态累积分布的概率值；Mean 为正态分布的均值；Standard_dev 为正态分布的标准差。

（4）标准正态分布函数的反函数 NORMSINV。能够根据概率确定标准正态分布随机变量的取值。其语法结构为 NORMSINV(Probability)。其中，Probability 为正态累积分布的概率值。

利用 Excel 的正态分布函数可以快速而简便地解决实际问题。

【例 11-12】 已知某校入学考试成绩为正态分布，$\mu = 600$，$\sigma = 100$，求低于 500 分的百分比是多少？

其操作步骤如下：

打开一个空白工作表，选定 A1 单元格，然后输入公式 "=NORMDIST(500, 600, 100, TRUE)"，结果为 "0.15866"，即成绩低于 500 分者占总人数的 15.87%。

【例 11-13】 假定已知某国际贸易公司的某类供应商在目的港的交货期 $X \sim N(21, 10)$。

对于海运的实际交货期，客户通常认为：两个星期内非常好；三个星期内是一般水平；一个月内尚可接受。试问：

（1）如果该国际贸易公司选择此类供应商，那么该供应商能够在两个星期内交货的可能性有多大？

（2）若客户要求明确交货日期，而公司希望违约的可能性不超过10%，那么公司应在销售合同中承诺订单签订后多少天交货为宜？

操作步骤如下。

（1）打开一个空白工作簿，在 A1 单元格输入"=NORMDIST(14,21,10,1)"，按 Enter 键则得到 0.242，也就是说该供应商能够在两个星期内交货的可能性只有 24.2%；

（2）在 B1 单元格输入公式"=NORMINV(0.9,21,10)"，按 Enter 键则得到 33.8，这说明如果公司按期交货的可能性为 90%，则销售合同中承诺签订 34 天为宜。

数据整理与描述性分析

第12章　相关分析与回归分析

　　社会经济现象之间存在着大量的相互联系、相互依赖、相互制约的数量关系。

　　相关分析法是测定经济现象之间相关关系的规律性，并据以进行预测和控制的分析方法。规律性的关系可分为两种类型：一类是函数关系，它反映着现象之间严格的依存关系，也称确定性的依存关系。在这种关系中，对于变量的每一个数值，都有一个或几个确定的值与之对应。另一类为相关关系，在这种关系中，变量之间存在着不确定、不严格的依存关系，对于变量的某个数值，可以有另一变量的若干数值与之相对应，这若干个数值围绕着它们的平均数呈现出有规律的波动。例如，批量生产的某产品产量与相对应的单位产品成本，某些商品价格的升降与消费者需求的变化，就存在着这样的相关关系。

　　回归分析法是在掌握大量观察数据的基础上，利用数理统计方法建立因变量与自变量之间的回归关系函数表达式(称回归方程式)。

　　相关分析和回归分析之间既有联系又有区别。二者具有共同的研究对象，且在具体研究现象之间相关关系时起到互相补充的作用。相关分析需要借助回归分析来说明变量间数量相关的具体形式；而回归分析需要借助相关分析来说明变量间数量变化的相关程度，只有当变量之间显著相关时，进行回归分析寻求其相关的具体形式才有实际意义。

12.1　相　关　分　析

　　进行相关分析要依次解决以下问题。

　　(1) 确定现象之间有无相关关系以及相关关系的类型。对不熟悉的现象，则需收集变量之间大量的对应资料，用绘制相关图的方法做初步判断。从变量之间相互关系的方向看，变量之间有时存在着同增同减的同方向变动，是正相关关系；有时变量之间存在着一增一减的反方向变动，是负相关关系。从变量之间相关的表现形式看有直线关系和曲线相关，从相关关系涉及的变量的个数看，有一元相关或简单相关关系和多元相关或复杂相关关系。

　　(2) 判定现象之间相关关系的密切程度，通常是计算相关系数 R，其绝对值在 0.8 以上表明高度相关，必要时应对 R 进行显著性检验。

　　(3) 拟合回归方程，如果现象间相关关系密切，就根据其关系的类型建立数学模型，用相应的数学表达式——回归方程来反映这种数量关系，这就是回归分析。

　　(4) 判断回归分析的可靠性，要用数理统计的方法对回归方程进行检验。只有通过检验的回归方程才能用于预测和控制。

　　(5) 根据回归方程进行内插外推预测和控制。

　　基本的相关分析指标是协方差和相关系数。

12.1.1 协方差

设 (X, Y) 为二元随机变量，称数值 $E\{[X - E(X)][Y - E(Y)]\}$ 为随机变量 X 与 Y 的协方差，记作 $\mathrm{Cov}(X,Y)$，即：

$$\mathrm{Cov}(X,Y) = E\{[X-E(X)][Y-E(Y)]\} = E(XY) - E(X)E(Y)$$

1．协方差的性质

（1）$\mathrm{Cov}(X,Y) = \mathrm{Cov}(Y,X)$。

（2）如果 $\mathrm{Cov}(X,Y) > 0$，则称随机变量 X 与 Y 之间存在正相关；如果 $\mathrm{Cov}(X,Y) < 0$，则称随机变量 X 与 Y 之间存在负相关；如果 $\mathrm{Cov}(X,Y) = 0$，则称随机变量 X 与 Y 之间不相关。

（3）如果随机变量 X 与 Y 相互独立，则 $\mathrm{Cov}(X,Y) = 0$，即 X 与 Y 不相关；但反过来不一定成立。

2．协方差的计算：COVAR 函数

Excel 当中提供了协方差计算函数 COVAR。

功能：返回单元格区域 Array1 和 Array2 之间的协方差，利用协方差可以判断两个数据集之间的关系。

语法：COVAR（Array1, Array2）。

参数：Array1 是进行求协方差运算的第一个单元格区域，Array2 是进行求协方差运算的第二个单元格区域。

Excel 不仅提供协方差计算函数 COVAR，同时也提供了"协方差分析工具"来计算数据的协方差。步骤如下：选择原始数据区域后，在功能区选择"数据"选项卡，在"分析"组中单击"数据分析"按钮，弹出"数据分析"对话框，在"数据分析"对话框中的"分析工具"列表框中选择"协方差"，单击"确定"按钮，就可以进入"协方差"对话框进行计算。

【例 12-1】 已知 2006 年 10 个大城市的人均可支配收入与商品房成交均价的数据如图 12-1 所示，试计算其协方差。

B13		f_x	=COVAR(B3:B12, C3:C12)	
	A	B	C	D
1	2006年10大城市人均可支配收入与商品房成交均价			
2	城市	人均可支配收入	商品房成交均价	
3	深圳	22567	9081.24	
4	上海	20668	8102	
5	北京	19978	7825	
6	杭州	19027	7805.3	
7	温州	21716	6750.5	
8	广州	19850	6343	
9	苏州	18532	5225	
10	天津	14283	4915	
11	南京	17538	4460	
12	长沙	13924	2962	
13	Cov	4247844.815		

图 12-1 协方差计算

相关分析与回归分析

操作步骤如下。

（1）打开"《大学计算机应用高级教程》教学资源\第3篇 Excel 数据分析与处理\第12章相关分析与回归分析\素材.xlsx"工作簿，选择"例12-1协方差计算"工作表。

（2）在 B13 单元格输入公式"=COVAR(B3:B12, C3:C12)"，得到图 12-1 所示计算结果。

（3）按上面的步骤，也可以用"协方差分析工具"计算人均可支配收入与商品房成交均价之间的协方差。在功能区选择"数据"选项卡，在"分析"组中单击"数据分析"按钮，弹出"数据分析"对话框，在"数据分析"对话框中的"分析工具"列表框中选择"协方差"，单击"确定"按钮，就可以进入"协方差"对话框进行计算。输入参数如图 12-2 所示，计算结果与使用函数得到的结果相同。

需要说明的是，协方差是没有单位的量，取值范围没有固定范围，其值的大小不具备可比性。如果将此例中的数据单位改为万元，则其协方差为 0.0424784。它仅仅定性地反映了两组数据之间存在正相关关系，至于定量的正相关关系的强弱，将在 12.1.2 节中使用协方差来计算相关系数。

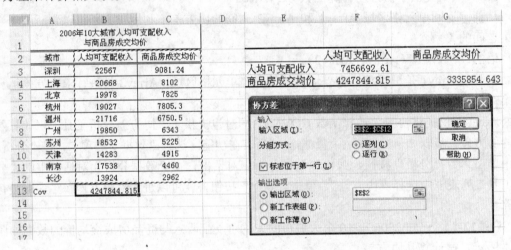

图 12-2　协方差分析工具计算结果

12.1.2　相关系数

相关分析是用相关系数 ρ 来表示两个变量间相互的离散程度的指标，用于判断两个变量的变化是否相关。相关系数 ρ 没有单位，取值在$-1\sim+1$ 范围内变动。其绝对值越接近 1，两个变量间的直线相关越密切，越接近 0，相关越不密切。相关系数若为正，说明一个变量随另一个变量增减而增减，方向相同；若为负，表示一个变量增加，另一个变量减少，即方向相反，但它不能表达直线以外（如各种曲线）的关系。

设$(X，Y)$为二元随机变量，则

$$\rho_{XY} = \frac{E(XY) - E(X)E(Y)}{\sqrt{E(X^2) - [E(X)]^2}\sqrt{E(Y^2) - [E(Y)]^2}} = \frac{\mathrm{Cov}(X,Y)}{\sqrt{D(X) - D(Y)}}$$

ρ_{XY} 为随机变量 X 与 Y 的相关系数。ρ_{XY} 是度量随机变量 X 与 Y 之间线性相关密切程度的数字特征。

1．相关系数的性质

（1）$|\rho| \le 1$。

（2）如果 $\rho > 0$，则称随机变量 X 与 Y 之间存在正的线性相关关系。ρ 越接近于 1，X 与 Y 之间正的线性相关程度越强。

如果 $\rho = 1$，则称随机变量 X 与 Y 之间存在正的线性函数关系；

如果 $\rho = -1$，则称随机变量 X 与 Y 之间存在负的线性相关关系；

如果 $\rho = 0$，则称随机变量 X 与 Y 之间不相关。

2．相关系数的计算：CORREL 函数

Excel 当中提供了相关系数函数 CORREL。

功能：返回单元格区域 Array1 和 Array2 之间的相关系数。使用相关系数可以确定两种属性之间的线性相关的关系。

语法：CORREL（Array1, Array2）。

参数：Array1 是求相关系数运算的第一个单元格区域，Array2 是求相关系数运算的第二个单元格区域。

【例 12-2】 原始数据同例 12-1，试计算人均可支配收入与商品房成交均价的相关系数。

操作步骤如下。

（1）打开"《大学计算机应用高级教程》教学资源\第 3 篇 Excel 数据分析与处理\第 12 章相关分析与回归分析\素材.xlsx"工作簿，选择"例 12-2 相关系数计算"工作表。

（2）在 B13 单元格输入公式"=CORREL(B3:B12, C3:C12)"，得到计算结果如图 12-3 所示。

B13		f_x =CORREL(B3:B12,C3:C12)	
	A	B	C	D

	A	B	C	D
1	2006年10大城市人均可支配收入与商品房成交均价			
2	城市	人均可支配收入	商品房成交均价	
3	深圳	22567	9081.24	
4	上海	20668	8102	
5	北京	19978	7825	
6	杭州	19027	7805.3	
7	温州	21716	6750.5	
8	广州	19850	6343	
9	苏州	18532	5225	
10	天津	14283	4915	
11	南京	17538	4460	
12	长沙	13924	2962	
13	相关系数	0.851710425		

图 12-3　相关系数计算

相关系数表明了两组数据之间的直线相关关系。本例中计算得到的相关系数为 0.851710425，其绝对值和 1 较接近，说明在人均可支配收入与商品房成交均价间存在着正的线性相关关系。可以借助 Excel 的图表功能直观地反映其关系。

（3）先用鼠标选中需要生成图表的区域 B2:C12。

（4）在功能区选择"插入"选项卡，在"图表"组中单击"散点图"按钮向下箭头，弹出"散点图"列表，单击"仅带数据标记的散点图"图标按钮，图表就自动嵌入当前工作表中。

（5）在图表中用鼠标右击任一数据点，在弹出的快捷菜单中选择"添加趋势线"命令，弹出"设置趋势线格式"对话框，在"趋势线选项"栏中选中"线性"单选按钮，单击"关闭"按钮。Excel自动生成反映数据变化趋势的直线，如图12-4所示。从图表中可以看出，数据点基本均匀地分布在黑色斜线两旁（黑色实线为"趋势线"）。相关系数的绝对值越接近1，则数据点与直线的距离越小。所以说，相关系数是衡量线性相关关系的量。提醒读者注意的是，如果是非线性相关关系，如指数相关、对数相关等关系，则相关系数不适用。

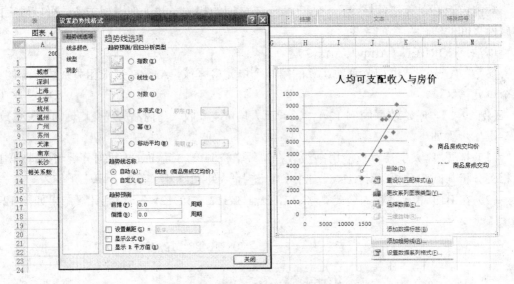

图12-4　添加趋势线

12.1.3　相关分析工具

前面已介绍了相关系数主要用于确定两变量之间的相关关系，当用户需要分析多个变量之间的相关分析时，使用相关系数就会非常烦琐。这个时候，用户可以使用相关分析工具来解决。

【例12-3】　已知某公司随机抽样的10个销售地广告费用与销售额的数据，试计算广告费用与销售额的相关系数。

操作步骤如下。

（1）打开"《大学计算机应用高级教程》教学资源\第3篇Excel数据分析与处理\第12章相关分析与回归分析\素材.xlsx"工作簿，选择"例12-3相关分析工具"工作表，如图12-5所示。

（2）在功能区选择"数据"选项卡，在"分析"组中单击"数据分析"按钮，弹出"数据分析"对话框，在"数据分析"对话框中的"分析工具"列表框中选择"相关系数"选项，单击"确定"按钮，弹出"相关系数"对话框，如图12-6所示。

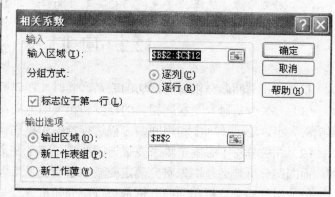

	A	B	C
1	广告费与销售额数据（单位：万元）		
2	城市	广告费	销售额
3	地点1	20	400
4	地点2	22	420
5	地点3	25	440
6	地点4	28	489
7	地点5	32	510
8	地点6	36	527
9	地点7	40	550
10	地点8	42	540
11	地点9	45	580
12	地点10	47	600

图 12-5　相关分析工具数据　　　　　　　图 12-6　"相关系数"对话框

（3）在"输入区域"文本框中输入"$B$2:$C$12"，并选中"逐列"单选按钮，选中"标志位于第一行"复选框，选中"输出区域"单选按钮并在右侧的文本框中输入"$E$2"，然后单击"确定"按钮。得到"相关系数计算结果"如图 12-7 所示。

	A	B	C	D	E	F	G
1	广告费与销售额数据（单位：万元）						
2	城市	广告费	销售额			广告费	销售额
3	地点1	20	400		广告费	1	
4	地点2	22	420		销售额	0.981334	1
5	地点3	25	440				
6	地点4	28	489				
7	地点5	32	510				
8	地点6	36	527				
9	地点7	40	550				
10	地点8	42	540				
11	地点9	45	580				
12	地点10	47	600				

图 12-7　相关系数计算结果

输出结果由一个相关系数矩阵组成，该矩阵显示了每个变量对应于其对应变量的相关系数，如图 12-7 所示。从图中可以看出，求得的相关系数均为 0.981334，说明广告投入和销售额之间存在着高度的正相关关系，几乎接近完全正相关，它们之间存在着线性关系。后面的例 12-4 将会采用回归分析的方法来得到这一线性关系的线性方程。

说明：在图 12-6 中，相关系数对话框各选项的主要含义如下。

（1）输入区域：在此输入待分析数据区域的单元格引用。

（2）分组方式：要指示输入区域中的数据是按行还是按列排列，则选择"逐行"或"逐列"单选按钮。

（3）标志位于第一行或列：如果输入区域的第一行或第一列包含标志项，则选中"标志位于第一行"复选框或选中"标志位于第一列"复选框；如果输入区域没有标志项，该复选框将被清除。

（4）输出区域：指定输出表左上角单元格的引用。

（5）新工作表组：选择此复选框，可在当前工作簿中插入新工作表，并从新工作表的A1 单元格开始粘贴计算结果。如果需要给工作表命名，则在右侧的文本框中输入名称。

相关分析与回归分析

（6）新工作簿：选择此复选框，相关系数的计算单独占用一个新的工作簿。

12.2 回归分析

相关分析与回归分析有着密切的联系，同时，在研究目的和应用上又各有侧重。

（1）相关分析研究变量间相关的程度和相关的方向；而回归分析不仅可以反映变量间影响的大小，还可进一步利用回归方程进行预测和控制。

（2）相关分析不必确定哪个变量为因变量，哪个变量为自变量，各变量的地位是平等的；而回归分析则必须事先研究确定变量中哪个变量为因变量，处于被解释的特殊地位。

（3）尽管相关分析和回归分析都可以研究随机变量与随机变量、随机变量与非随机变量之间的关系，但在通常的回归分析中，总是假定自变量为非随机的固定变量。

回归分析中，当研究的因果关系只涉及因变量和一个自变量时，叫做一元回归分析；当研究的因果关系涉及因变量和两个或两个以上自变量时，叫做多元回归分析。此外，回归分析中，又依据描述自变量与因变量之间因果关系的函数表达式是线性的还是非线性的，分为线性回归分析和非线性回归分析。通常线性回归分析法是最基本的分析方法，遇到非线性回归问题可以借助数学手段化为线性回归问题处理。

当在实验中获得自变量与因变量的一系列对应数据(x_1, y_1), (x_2, y_2), (x_3, y_3), …, (x_n, y_n), 要找出一个函数$y = f(x)$，与之拟合。同时要想办法使得拟合的误差与测量得到的数据的误差最小。也就是使得实际数据和理论曲线的离差平方和$\sum_{i=1}^{n}(y_i - x_i)^2$为最小。这种求$f(x)$的方法叫做最小二乘法。求得的函数$y = f(x)$常称为经验公式，在工程技术和科学研究的数据处理中广泛使用。

例如，坐标轴上有 5 个点(1.1,2)、(2.1,3.2)、(3,4)、(4,6)、(5.1,6)，求经过这些点的图像的一次函数关系式。当然，这条直线不可能经过每一个点，只要做到 5 个点到这条直线的距离的平方和最小即可，这就是最小二乘法的思想，也就是回归分析的一元线性回归。通过计算得到一次函数关系式为 $y = 1.085x + 0.919$，如图 12-8 所示。

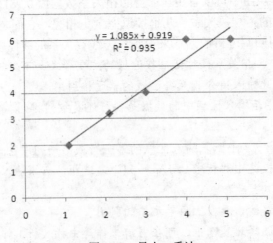

图 12-8　最小二乘法

12.2.1　一元线性回归

一元线性回归是最简单和基本的回归分析，主要是寻找并确定两个变量之间形如 $y=ax+b$ 的线性关系。通常使用最小二乘法来进行线性回归分析和计算。

如果有一组变量 x_i $(i=1,\cdots,\ n)$，y_i $(i=1,\cdots,\ n)$，x_i 与 y_i 一一对应。已知两者之间存在某种线性相关关系，这种线性相关关系可以使用方程 $y=ax+b$ 来描述表达。但是因为各种条件限制，只能得到 $y'=a'+b'x$ 作为近似结果。在 a 与 a'，b 与 b' 之间存在着差距。怎么样缩小这个差距，使得找到的 $y'=a'+b'x$ 可以尽可能准确地作为 $y=ax+b$ 的回归方程？可以借助 Excel 使用最小二乘法来达到这个目的。

【例 12-4】 已知某公司随机抽样的 10 个销售地广告费用与销售额的数据，推测销售额 y 和广告投放额 x 之间存在某种线性关系 $y=ax+b$，请根据数据求出一元线性回归方程，预测当广告投放 50 万元时的销售额。

操作步骤如下。

（1）打开"《大学计算机应用高级教程》教学资源\第 3 篇 Excel 数据分析与处理\第 12 章相关分析与回归分析\素材.xlsx"工作簿，选择"例 12-4 一元线性回归"工作表，如图 12-9 所示。

（2）在功能区选择"数据"选项卡，在"分析"组中单击"数据分析"按钮，弹出"数据分析"对话框，在 "分析工具"列表框中选择"回归"选项，弹出"回归"对话框，如图 12-10 所示。

注意： 若"数据分析"选项没出现在"数据"选项卡的"分析"组中，则需进行加载。有关加载操作请参见例 11-2。

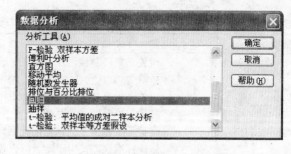

	A	B	C
1	广告费与销售额数据（单位：万元）		
2	城市	广告费	销售额
3	地点1	20	400
4	地点2	22	420
5	地点3	25	440
6	地点4	28	489
7	地点5	32	510
8	地点6	36	527
9	地点7	40	550
10	地点8	42	540
11	地点9	45	580
12	地点10	47	600

图 12-9　一元线性回归数据　　　　　　　图 12-10　"数据分析"对话框

（3）在"回归"对话框中的"Y 值输入区域"文本框中输入"$C$2:$C$12"，在"X 值输入区域"文本框中输入"$B$2:$B$12"，并选中"标志"、"置信度"复选框，在"置信度"复选框右侧的文本框中输入"95"，选中"输出区域"单选按钮，并在右侧的文本框中输入"$A$17"，如图 12-11 所示。

（4）单击"确定"按钮后，从 A17 单元格开始产生输出，如图 12-12 所示。

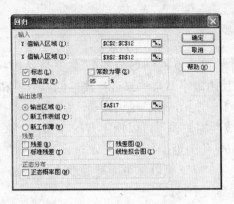

图 12-11 一元线性回归参数设置

	A	B	C	D	E	F	G	H	I
17	SUMMARY OUTPUT								
18									
19		回归统计							
20	Multiple I	0.981333511							
21	R Square	0.96301546							
22	Adjusted I	0.958392392							
23	标准误差	13.79044434							
24	观测值	10							
25									
26	方差分析								
27		df	SS	MS	F	gnificance F			
28	回归分析	1	39614.98916	39614.989	208.3066	5.194E-07			
29	残差	8	1521.410842	190.17636					
30	总计	9	41136.4						
31									
32		Coefficients	标准误差	t Stat	P-value	Lower 95%	Upper 95%	下限 95.0%	上限 95.0%
33	Intercept	276.0880459	16.4891973	16.743571	1.638E-07	238.06389	314.1122	238.06389	314.1122
34	广告费	6.810443742	0.471871664	14.43283	5.194E-07	5.7223057	7.8985818	5.7223057	7.8985818

图 12-12 一元线性回归结果

（5）表 12-1～表 12-3 列出了部分输出结果的解释，其具体含义请读者参阅相关数理统计学的资料。与一元线性回归分析关系紧密的是表 12-3 中的 Coefficients 列，其中的两个数据分别对应回归方程 $y=ax+b$ 中的 a 和 b。

表 12-1 回归统计

数据项	含　义
Multiple R	相关系数，越接近 1，说明变量与结果之间越相关。就是前面所说的"相关系数"
R Square	相关系数 R 的平方。统计学上用来说明自变量解释因变量变化的程度。称为复相关系数或可决系数
Adjusted R Square	调整后的相关系数，对多元回归才有意义。称为调整可决系数
标准误差	估计标准误差，用于衡量拟合程度的大小，此值越小，说明回归方程与实际观测值吻合得越好
观测值	观测值的数量

表 12-2 方差分析

数据项	含　义
Significance F	显著水平下的 Fα 临界值，本例中为 5.194E-7，说明回归方程效果显著，可以认为正是广告额投放的变化引起了销售额的变化

表 12-3 回归参数表

数 据 项	含 义
Coefficients 列	回归方程系数 b 与 a
Lower 95%列与 Upper95%列	对 b 和 a 估计值的 95%置信区间的上下限

从图 12-12 中的数据得出广告费 x 与销售额 y 的关系是 $y=6.8104x+276.0880$(图 12-12 中 B33 与 B34 单元格数据),估计标准误差为 13.79044434。根据此关系算出的 $x=50$ 时,$y=616.61$。即投入 50 万元广告,可以产生 616.61 万元的销售额。

(6)另一方面,可以借助 Excel 的图表功能来直观地反映上述的回归分析关系。先用鼠标选中需要生成图表的区域 B2:C12,在功能区选择"插入"选项卡,在"图表"组中单击"散点图"按钮向下箭头,弹出"散点图"列表,单击"仅带数据标记的散点图"图标按钮,图表就自动嵌入当前工作表中。在图表中用鼠标右击任一数据点,在弹出的快捷菜单中选择"添加趋势线"命令,弹出"设置趋势线格式"对话框,在"趋势线选项"栏中选中"线性"单选按钮,选中"并显示公式"和"显示 R 平方值"复选框,单击"关闭"按钮。Excel 自动生成反映数据变化趋势的回归分析直线,如图 12-13 所示。

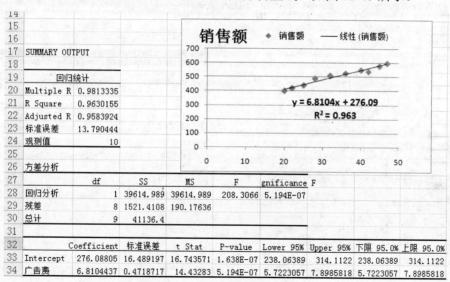

图 12-13 一元线性回归图表结果

从图 12-13 可以看出,对应的线性趋势方程为 $y=6.81x+276$,相关系数 R 为 0.981334 和 R 平方值为 0.963。即与上述所采用的一元线性回归方法所得到的回归方程是一致的,换句话说,Excel"添加趋势线"的功能是采用回归分析的方法来得到趋势曲线的。这里的 R 平方值称为回归方程的复相关系数或可决系数,一般来说,R 平方值越接近于 1,说明回归方程与实际观测值吻合得越好,回归方程效果就越好。

12.2.2 多元线性回归

很多时候,研究的问题是受多个因素影响的,其关系可以描述为多元一次方程 $y=\beta_0+\beta_1x_1+\beta_2x_2+\beta_3x_3+\cdots+\beta_nx_n$,与一元线性回归问题相似,得到的观察结果是 $y'=\beta_0'+\beta_1'x_1+\beta_2'x_2+$

315

第 12 章

相关分析与回归分析

$\beta_3' x_3 + \cdots + \beta_n' x_n$。要使得作为回归方程的观察结果与已知数据的误差尽可能的小，可以借助 Excel 当中提供的回归分析工具来帮助我们进行多元回归分析。

【例 12-5】 仍然是该公司随机抽样的 10 个销售地广告费用与销售额的数据，为了更加准确地判断广告投放效果，将广告费用细分为电视广告费和平面广告费，请根据此数据确定多元线性回归方程 $y = \beta_0 + \beta_1 x_1 + \beta_2 x_2$。其中 y 为销售额，x_1 为电视广告费，x_2 为平面广告费。

操作步骤如下。

（1）打开"《大学计算机应用高级教程》教学资源\第 3 篇 Excel 数据分析与处理\第 12 章相关分析与回归分析\素材.xlsx"工作簿，选择"例 12-5 多元线性回归"工作表，如图 12-14 所示。

（2）在功能区选择"数据"选项卡，在"分析"组中单击"数据分析"选项，在"数据分析"对话框中的"分析工具"列表框中选择"回归"选项，弹出"回归"对话框。在"Y 值输入区域"文本框中输入"\$E\$2:\$E\$12"，在"X 值输入区域"文本框中输入"\$C\$2:\$D\$12"，并选中"标志"、"置信度"复选框，在"置信度"复选框右侧的文本框中输入"95"，选中"输出区域"单选按钮，并在右侧的文本框中输入"\$A\$14"，如图 12-15 所示。

广告费与销售额数据（单位：万元）				
城市	广告费合计	其中电视广告费	其中平面广告费	销售额
地点1	20	15	5	400
地点2	22	17	5	420
地点3	25	20	5	440
地点4	28	24	4	489
地点5	32	26	6	510
地点6	36	30	6	527
地点7	50	44	6	550
地点8	42	36	6	540
地点9	45	38	7	580
地点10	47	42	5	600

图 12-14　多元线性回归数据

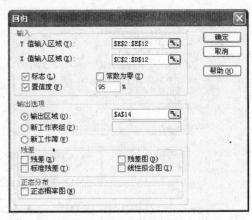

图 12-15　多元线性回归参数设置

（3）单击"确定"按钮后产生输出，如图 12-16 所示。

从图 12-16 中的数据得出电视广告费 x_1，平面广告费 x_2 与销售额 y 的关系是 $y = 5.9956 x_1 + 2.7976 x_2 + 315.14$（图 12-16 中 B31，B32，B30 单元格数据）。

从以上多元回归方程可以看出，电视广告费 x_1 变动对 y 的影响要比平面广告费 x_2 对 y 的影响显著，也就是说增加电视广告费可以更好地促进销售额的增长。

12.2.3　非线性回归

在许多实际问题中，回归函数往往是较复杂的非线性函数，主要有以下几种形式：

（1）多项式模型：$y = a + bx + cx^2$。

（2）对数模型：$y = a + b\ln x$。

	A	B	C	D	E	F	G
13							
14	SUMMARY OUTPUT						
15							
16		回归统计					
17	Multiple	0.9442					
18	R Square	0.8915					
19	Adjusted	0.8605					
20	标准误差	25.249					
21	观测值	10					
22							
23	方差分析						
24		df	SS	MS	F	gnificance F	
25	回归分析	2	36673.8598	18336.9299	28.764	0.0004205	
26	残差	7	4462.54021	637.505744			
27	总计	9	41136.4				
28							
29		Coefficier	标准误差	t Stat	P-value	Lower 95%	Upper 95%
30	Intercept	315.14	55.3784169	5.69069025	0.0007	184.19227	446.09056
31	其中 电视广告费	5.9956	0.94876657	6.31937522	0.0004	3.7521355	8.2390884
32	其中 平面广告费	2.7976	11.6473488	0.24019066	0.8171	-24.74402	30.339188

图 12-16 多元线性回归结果

（3）指数模型：$y=ae^{bx}$。

（4）幂函数模型：$y=ax^b$。

一般情况下，首先通过观察 Excel 生成的数据图表，大致判断变量之间的关系，然后将非线性方程转化成线性方程，再进行回归分析计算。需要指出的是，对于较复杂的系统，非线性回归分析需要应用多学科的综合知识，这里向大家介绍的是一个基本的、初步的方法。

【例 12-6】 已知有某公司的日生产产量与日耗电量的数据，推测两者之间存在某种关系，试确定其回归方程。

操作步骤如下。

（1）打开"《大学计算机应用高级教程》教学资源\第 3 篇 Excel 数据分析与处理\第 12 章相关分析与回归分析\素材.xlsx"工作簿，选择"例 12-6 非线性回归"工作表，如图 12-17 所示。

（2）使用 Excel 的图表功能，观察其变量之间的图形关系，以初步确定其回归方程的形式，如图 12-18 所示。

从生成的图表看，数据与添加的多项式类型的趋势线吻合较好(趋势线添加参见前面章节)，因此推测其回归方程为二次多项式模型 $y=ax^2+bx+c$。其中 x 为坐标横轴，表示产量；y 为坐标纵轴，表示耗电量。

（3）在表中"产量"与"耗电量"之间加入一列"产量平方"，其值为产量的平方，如图 12-17 所示(因为 Excel 要求自变量必须相邻，因此"产量平方"必须与"产量"相邻)。这样，一元二次多项式 $y=ax^2+bx+c$ 转变成了二元一次多项式 $y=az+bx+c$，其中 $z=x^2$。

（4）在功能区选择"数据"选项卡，在"分析"组中单击"数据分析"选项，在"数据分析"对话框中的"分析工具"列表框中选择"回归"选项，弹出"回归"对话框。在"Y 值输入区域"文本框中输入"$D$2:$D$13"，在"X 值输入区域"文本框中输入

"$B$2:$C$13"，并选中"标志"、"置信度"复选框，在"置信度"复选框右侧的文本框中输入"95"，选中"输出区域"单选按钮，并在右侧的文本框中输入"$A$15"，如图12-19所示。

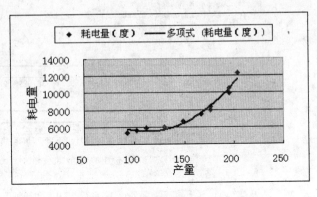

	A	B	C	D
1		产量耗电量数据		
2		产量（台）	产量平方	耗电量（度）
3	1	93	8649	5313
4	2	102	10404	5621
5	3	111	12321	5852
6	4	130	16900	6006
7	5	149	22201	6622
8	8	167	27889	7469
9	6	177	31329	7931
10	9	177	31329	8316
11	7	195	38025	9933
12	10	195	38025	10549
13	11	204	41616	12320

图 12-17　非线性回归数据　　　　　　　图 12-18　非线性回归拟合图

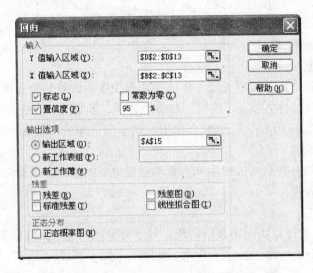

图 12-19　非线性回归参数设置

（5）单击"确定"按钮后产生输出，如图12-20所示。

计算数据得出耗电量 y 与产量 x 之间的回归方程是 $y=0.756x^2-172.1x+15\,250$（图12-20中 B31，B32，B33 单元格数据）。回归方程的复相关系数为 0.968（图12-20中 B19 单元格数据），即 R 平方值很接近于1，回归方程效果较好。根据此关系算出的 $x=220$ 时，$y=13\,978$，即产量为 220 台时，耗电量为 13 978 度。

Excel 的非线性回归功能比较弱，其他类型的非线性回归也许可以通过采用与本例类似的"图表观察→拟合趋势线→推断回归方程形式→转化成多元线性回归问题→使用'数据分析'→'回归'工具→计算各项参数"的步骤完成。但是有些非线性回归是很难用上述这种方法的，下面介绍一种方法针对指数 $y=ab^x$ 非线性回归进行预测，这种对指数非线性回归分析的预测主要是通过函数 LOGEST 和 GROWTH 来实现的。

		df	SS	MS	F	gnificance F
15	SUMMARY OUTPUT					
16						
17	回归统计					
18	Multiple	0.9839041				
19	R Square	0.9680672				
20	Adjusted	0.960084				
21	标准误差	456.73941				
22	观测值	11				
23						
24	方差分析					
25		df	SS	MS	F	gnificance F
26	回归分析	2	50593631	25296815.44	121.26316	1.04E-06
27	残差	8	1668887.1	208610.8904		
28	总计	10	52262518			

		Coefficient	标准误差	t Stat	P-value	Lower 95%	Upper 95%	下限 95.0%	上限 95.0%
29									
30		Coefficient	标准误差	t Stat	P-value	Lower 95%	Upper 95%	下限 95.0%	上限 95.0%
31	Intercept	15250.31	2744.9392	5.555791495	0.0005373	8920.4686	21580.151	8920.4686	21580.151
32	产量(台)	-172.1116	38.978664	-4.415534292	0.0022398	-261.9966	-82.22667	-261.9966	-82.22667
33	产量平方	0.7562879	0.1308083	5.781648875	0.0004137	0.4546433	1.0579325	0.4546433	1.0579325

图 12-20 非线性回归结果

（1）LOGEST 函数：在回归分析中，最符合数据的指数回归拟合曲线能返回描述该曲线的数值数组。

此曲线的公式为：

$$y = ab^x$$

或

$$y = ab_1{}^{x1}b_2{}^{x2}\cdots \text{(多元情况)}$$

其中，因变量 y 值为自变量 x 值的函数。b 为对应于每一个指数 x 值的基底，而 a 为常数。y、x 与 b 可以为向量，LOGEST 传回的数组为 $\{b_n, b_{n-1}, \cdots, b_1, a\}$。

语法：LOGEST(known_y's,known_x's,const,stats)。

参数：Known_y's 为一组符合 $y = bm^x$ 运算关系的已知 y 值，Known_x's 为一组符合 $y = bm^x$ 运算关系的已知 x 值，它是一个非必要的自变量。Const 为强迫指定 b 为 1 的逻辑值，如果 const 为 TRUE 或被省略了，常数项 b 将依计算而得；如果 const 为 FALSE，则将 b 设定为 1，而由 $y=m^x$ 求算 m 值。Stats 为指定是否要传回额外的回归分析统计数据的逻辑值，如果 stats 为 TRUE，LOGEST 将传回额外的回归统计资料；如果 stats 为 FALSE 或省略，LOGEST 将只传回 m 系数和常数项 b。

（2）GROWTH 函数：用来验证使用指数回归函数的有效性。

语法：GROWTH(known_y's, [known_x's], [new_x's], [const])。

参数：Known_y's 是在 $y=bm^x$ 关系式中已知的一组 y 值，Known_x's 是在 $y=bm^x$ 关系式中已知的一组选择性 x 值。New_x's 是要 GROWTH 传回对应 y 值的新 x 值。const 是指定是否要强制常数项 b 等于 1 的逻辑值，如果 const 为 TRUE 或被省略了，常数项 b 将依计算而得；如果 const 为 FALSE，常数项 b 将被设定为 1，公式变作 $y = m^x$。

【例 12-7】已知某公司雇用销售业务员与销售额的数据，试分析它们之间的回归模型。

操作步骤如下。

（1）打开"《大学计算机应用高级教程》教学资源\第 3 篇 Excel 数据分析与处理\第 12 章相关分析与回归分析\素材.xlsx"工作簿，选择"例 12-7 非线性回归与 LOGEST 函数"

工作表，如图 12-21 所示。

（2）从散点图上看，符合多项式或指数回归拟合曲线。现采用指数回归拟合曲线，选中 D2:E2 单元格区域，在功能区选择"公式"选项卡，在"函数库"组中单击"插入函数"按钮，弹出"插入函数"对话框，如图 12-22 所示。

注意： 这里不能只选 D2 单元格，要同时选定 D2:E2 单元格区域。

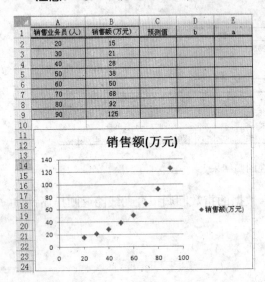

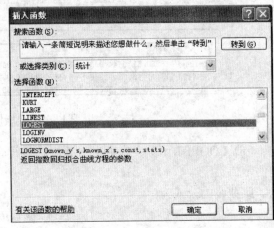

图 12-21　销售业务员与销售额的数据　　　　图 12-22　"插入函数"对话框

（3）在"插入函数"对话框的"或选择类别"下拉列表中选择"统计"选项，在"选择函数"列表框中选择 LOGEST 选项，单击"确定"按钮，弹出"函数参数"对话框，在 Known_y's 文本框中输入"B2:B9"，在 Known_x's 文本框中输入"A2:A9"。如图 12-23 所示。

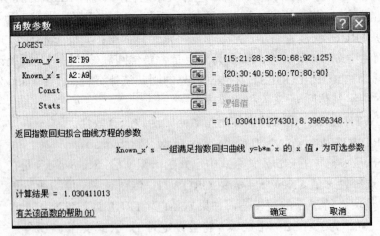

图 12-23　"函数参数"对话框

（4）由于 LOGEST 函数是数组操作，因此此处不能直接单击"确定"按钮，应按 Ctrl+Shift+Enter 键，得到频数分布函数的结果显示在 D2:E2 单元格区域中，并得到销售业务员与销售额之间的指数回归拟合曲线为 $y = 8.39656349(1.030411013)^x$，如图 12-24 所示。

注意：这里一定要同时按下 Ctrl+Shift+Enter 键，否则就会出错。

	A	B	C	D	E
1	销售业务员(人)	销售额(万元)	预测值	b	a
2	20	15	15.28662	1.030411	8.396563
3	30	21	20.62606		
4	40	28	27.83051		
5	50	38	37.5514		
6	60	50	50.66769		
7	70	68	68.36534		
8	80	92	92.24459		
9	90	125	124.4646		

图 12-24　指数回归结果

（5）GROWTH 函数验证所得到的指数回归函数有效性。选定 C2:C9 单元格区域，输入公式"=GROWTH（B2:B9，A2:A9)"，输入完毕后按 Ctrl+Shift+Enter 键，如图 12-24 所示，可以得到预测 y 值，与实际的 y 值比较接近，说明回归模型是有效的。

上面用 Excel 所提供的回归分析工具来做预测，其实也可以利用 Excel 的图表"散点图"和"添加趋势线"的步骤直接添加趋势线、显示公式和显示 R 平方值来做，它所采用的就是回归分析的方法。

下面简单地利用"添加趋势线"和根据 R 平方值的大小的方法，对例 12-5 的预测进行比较，看看用哪种回归方程做预测较好。

【例 12-8】　接例 12-5，给出日生产产量与日耗电量数据，试用不同的回归方程当日生产产量为 220 台时对耗电量进行预测，并确定用哪种回归方程来做预测较好。

操作步骤如下。

（1）打开"《大学计算机应用高级教程》教学资源\第 3 篇 Excel 数据分析与处理\第 12 章相关分析与回归分析\素材.xlsx"工作簿，选择"例 12-8 回归分析比较"工作表，如图 12-25 所示。

（2）用鼠标选中需要生成图表的区域 B2:C13。

（3）在功能区选择"插入"选项卡，在"图表"组中单击"散点图"按钮向下箭头，弹出"散点图"列表，单击"仅带数据标记的散点图"图标按钮，图表就自动嵌入当前工作表中。

	A	B	C	D	E	F
1		产量耗电量数据		预测		
2		产量（台）	耗电量（度）	线性回归	幂函数回归	二次多项式回归
3	1	93	5313			
4	2	102	5621			
5	3	111	5852			
6	4	130	6006			
7	5	149	6622			
8	8	167	7469			
9	6	177	7931			
10	9	177	8316			
11	7	195	9933			
12	10	195	10549			
13	11	204	12320			
14	预测	220				

图 12-25　回归分析比较

（4）在图表中用鼠标右击任一数据点，在弹出的快捷菜单中选择"添加趋势线"命令，弹出"设置趋势线格式"对话框，在"趋势线选项"栏中选中"线性"单选按钮，选中"并显示公式"和"显示 R 平方值"复选框，单击"关闭"按钮。

（5）重复第（4）步两次，在"趋势线选项"栏中分别选择"幂"和"多项式"单选按钮，其他设置相同。Excel 分别自动生成反映数据变化趋势的回归分析曲线，如图 12-26 所示。

从图 12-26 可以得到线性回归方程为 $y = 52.28x-267.3$ 和 $R^2 = -0.835$。幂函数回归方程为 $y = 74.57x^{0.922}$ 和 $R^2 = 0.853$。二次多项式回归方程为 $y=0.756x^2-172.1x + 15250$ 和 $R^2 = 0.968$。

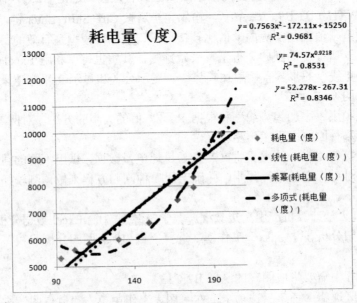

图 12-26　回归分析曲线比较

（6）在 D3 单元格输入公式"= 52.27*B3–267.3"，设置单元格式，取小数位数为 0，然后向下填充复制到单元格 D14。在 E3 单元格输入公式"= 74.57*B3^0.921"，设置单元格式，取小数位数为 0，然后向下填充复制到单元格 E14。在 F3 单元格输入公式"= 0.756*B3*B3–172.1*B3+15250"，设置单元格式，取小数位数为 0，然后向下填充复制到单元格 F14。可以得到不同的回归方程当日生产产量为 220 台时对耗电量进行的预测值，从 R 平方的值来看，用二次多项式的回归方程来做预测较好，当日生产产量为 220 台时，耗电量为 13978。如图 12-27 所示。

	A	B	C	D	E	F
1		产量耗电量数据		预测		
2		产量（台）	耗电量（度）	线性回归	幂函数回归	二次多项式回归
3	1	93	5313	4594	4848	5783
4	2	102	5621	5064	5278	5561
5	3	111	5852	5535	5706	5462
6	4	130	6006	6528	6599	5653
7	5	149	6622	7521	7483	6391
8	8	167	7469	8462	8312	7593
9	6	177	7931	8984	8769	8473
10	9	177	8316	8984	8769	8473
11	7	195	9933	9925	9587	10437
12	10	195	10549	9925	9587	10437
13	11	204	12320	10396	9994	11603
14	预测	220		11232	10714	13978

图 12-27　不同回归方程的预测值

对于一个具体的问题，在实际应用中还需要更多的概率、统计、预测、决策等方面的理论和分析方法。例如回归分析，建立回归模型后通常还需要进行经济意义的检验、拟合优度的检验、回归模型才成立，才能用于预测。请读者参阅有关书籍和资料。

相关分析与回归分析

第 13 章   时间序列分析

古埃及人通过观察尼罗河水涨落情况，把河水涨落与时间日期记录下来，从而掌握了河水涨落的规律。运用这个规律，对河水的涨落进行预测，使得古埃及的农业迅速发展，从而创建了埃及灿烂的史前文明。

按照时间顺序把随机事件变化发展的过程记录下来就构成了一个时间序列。对时间序列进行观察、研究，找寻其变化发展的规律，预测它将来的走势就是时间序列分析。时间序列分析是定量预测方法之一，有两个基本要素：时间要素和数据要素。对动态数据进行统计分析，对不同时间数据的动态变化进行定量分析，就称为时间序列分析。它的基本原理是：一是承认事物发展的延续性，应用过去数据就能推测事物的发展趋势；二是考虑事物发展的随机性，任何事物发展都可能受偶然因素影响，为此要利用统计手段对历史数据进行分析处理。

常见的时间序列分析方法有移动平均法、指数平滑法和趋势预测法。

13.1   移 动 平 均 法

移动平均法是用一组最近的观察值序列来预测未来一期或几期某个随机变量值的方法。

移动平均法适用于即期预测，要求待预测的随机变量在短期内不会发生剧烈变化。移动平均法能有效地消除预测中的随机波动，是非常有用的时间序列分析方法。移动平均法根据预测时各元素的权重不同，可以分为简单移动平均和加权移动平均。

13.1.1   简 单 移 动 平 均 法

简单移动平均法认为观察值序列中各元素具有同等地位，作用相同，对预测值的影响相同，因此在计算过程中各观察值的权重都相等。

简单移动平均的计算公式为：

$$\hat{X}_{t+1} = \frac{X_t + X_{t-1} + X_{t-2} + \cdots + X_{t-n+1}}{n}$$

其中，$X_t, X_{t-1}, X_{t-2}, \cdots, X_{t-n+1}$ 为截止到 t 时刻的 n 个观察值序列，$\hat{X}_{t+1}$ 为 $t+1$ 时刻的预测值，n 为观察值个数。

值得注意的是，n 的选取必须考虑数据的具体情况。对于上下波动的数据，n 取大数值可以消除波动影响，但同时也掩盖了上升或下降的趋势。

【例 13-1】 根据 1986 年到 2004 年间的国内生产总值数据，使用简单移动平均法预测 2005 年的国内生产总值数据。

操作步骤如下。

（1）打开"《大学计算机应用高级教程》教学资源\第 3 篇 Excel 数据分析与处理\第 13 章时间序列分析\素材.xlsx"工作簿，选择"例 13-1 简单移动平均"工作表，如图 13-1 所示。

	A	B	C	D	E
1	国民生产总值（单位：万亿元人民币）				
2	年份	国民生产总值	简单移动平均预测n=4	简单移动平均预测n=3	简单移动平均预测n=2
3	1986	10202.2			
4	1987	11962.5			
5	1988	14928.3			11082
6	1989	16909.2		12364	13445
7	1990	18547.9	13501	14600	15919
8	1991	21617.8	15587	16795	17729
9	1992	26638.1	18001	19025	20083
10	1993	34634.4	20928	22268	24128
11	1994	46759.4	25360	27630	30636
12	1995	58478.1	32412	36011	40697
13	1996	67884.6	41628	46624	52619
14	1997	74462.6	51939	57707	63181
15	1998	78345.2	61896	66942	71174
16	1999	82067.46	69793	73564	76404
17	2000	89468.1	75690	78292	80206
18	2001	97314.8	81086	83294	85768
19	2002	105172.34	86799	89617	93391
20	2003	117390.17	93506	97318	101244
21	2004	136875.87	102336	106626	111281
22	2005年预测值		114188	119813	127133

图 13-1 "例 13-1 简单移动平均"工作表

（2）在 C7 单元格输入公式"= AVERAGE(B3:B6)"，计算当 n＝4 时的预测值。填充复制 C7 单元格到 C22 单元格，预测值为 114 188 万亿元。在 D6 单元格输入公式"= AVERAGE(B3:B5)"，填充复制 D6 单元格到 D22 单元格，预测值为 119 813 万亿元。在 E5 单元格输入公式"= AVERAGE(B3:B4)"，填充复制 E5 单元格到 E22 单元格，预测值为 127 133 万亿元。

从计算结果可以看到，n 较小时，预测值和实际观察值更接近。出现这种情况的原因在于，预测值往往受当前时间较近的观察值影响较多，也就是说，比较新的数据其参考意义也比较大。基于这种考虑，在简单移动平均的基础上设计了加权移动平均法。

13.1.2 加权移动平均法

加权移动平均法认为观察值序列当中各元素具有不同的地位，作用不同，对预测值的影响不同，因此在计算过程中各观测值拥有不同的权重。

一般认为，远离预测值的观察值影响力相对较低，给予较低的权重；而靠近预测值的观察值影响力相对较高，给予较高的权重。

加权移动平均法的计算公式为：

$$\hat{X}_{t+1} = \frac{X_t W_t + X_{t-1}W_{t-1} + X_{t-2}W_{t-2} + \cdots + X_{t-n+1}W_{t-n+1}}{W_t + W_{t-1} + W_{t-2} + \cdots + W_{t-n+1}}$$

其中，$X_t, X_{t-1}, X_{t-2}, \cdots, X_{t-n+1}$ 为截止到 t 时刻的 n 个观察值序列，$\hat{X}_{t+1}$ 为 $t+1$ 时刻的预测值，n 为观察值个数，$W_t, W_{t-1}, W_{t-2}, \cdots, W_{t-n+1}$ 为观察值的权重，其中：

$$W_t + W_{t-1} + W_{t-2} + \cdots + W_{t-n+1} = 1$$

在运用加权平均法时，权重的选择是一个应该注意的问题。经验法和试算法是选择权重的最简单的方法。一般而言，最近期的数据最能预示未来的情况，因而权重应大些。

【例 13-2】 根据例 13-1 中 1986 年到 2004 年间的国内生产总值数据，使用加权移动平均法预测 2005 年的国内生产总值数据。比较不同权重对预测结果的影响。

操作步骤如下。

（1）打开"《大学计算机应用高级教程》教学资源\第 3 篇 Excel 数据分析与处理\第13 章时间序列分析\素材.xlsx"工作簿，选择"例 13-2 加权移动平均"工作表，如图 13-2所示。

年份	国民生产总值	加权移动预测 $W_t=0.7$ $W_{t-1}=0.2$ $W_{t-2}=0.1$	加权移动预测 $W_t=0.6$ $W_{t-1}=0.3$ $W_{t-2}=0.1$	加权移动预测 $W_t=0.5$ $W_{t-1}=0.3$ $W_{t-2}=0.2$
1986	10202.2			
1987	11962.5			
1988	14928.3			
1989	16909.2	13863	13566	13093
1990	18547.9	16018	15820	15326
1991	21617.8	17858	17694	17332
1992	26638.1	20533	20226	19755
1993	34634.4	24825	24323	23514
1994	46759.4	31733	30934	29632
1995	58478.1	42322	41110	39098
1996	67884.6	53750	52578	50194
1997	74462.6	63891	62950	60838
1998	78345.2	71549	70891	69292
1999	82067.46	76523	76134	75088
2000	89468.1	80563	80190	79430
2001	97314.8	86876	86136	85023
2002	105172.34	94221	93436	91911
2003	117390.17	102030	101245	99674
2004	136875.87	112939	111717	109710
2005年预测值		129808	127860	124689

图 13-2 "例 13-2 加权移动平均"工作表

（2）取 $n=3$ 时，比较不同权重设置对预测结果的影响。

第一种情况：$W_t=0.7$，$W_{t-1}=0.2$，$W_{t-2}=0.1$。

第二种情况：$W_t=0.6$，$W_{t-1}=0.3$，$W_{t-2}=0.1$。

第三种情况：$W_t=0.5$，$W_{t-1}=0.3$，$W_{t-2}=0.2$。

（3）在 C6 单元格输入公式"= B5*0.7 + B4*0.2 + B3*0.1"，填充复制 C6 单元格到 C22 单元格，预测值为 129 808 亿元。在 D6 单元格输入公式"= B5*0.6 + B4*0.3 + B3*0.1"，填充复制 D6 单元格到 D22 单元格，预测值为 127 860 亿元。在 E6 单元格输入公式"= B5*0.5 + B4*0.3 + B3*0.2"，填充复制 E6 单元格到 E22 单元格，预测值为 124 689 亿元。

从图 13-2 中结果可以看出，选择不同的加权系数，对于预测结果有不同的影响。

从以上两个例题的预测结果来看，预测值与实际值之间的误差较大。移动平均法对于观测值单调上升或减少的案例，得到的预测值往往会固定地小于(对单调上升的案例)或者大于(对单调减少的案例)观测值。有没有办法提高预测精度呢？13.3 节中将介绍使用多项式趋势预测法进行时间序列分析。针对本例的国民生产总值预测，多项式趋势预测法的准确性要明显好于移动平均法预测。

13.1.3 移动平均分析工具与股票分析

实际上 Excel 在数据分析的分析工具里提供"移动平均"工具进行简单移动平均法的预测。移动平均在股票分析技术里占有非常重要的地位，移动平均线是将某段时间内股票价格的平均值画到坐标图上所形成的曲线。它受短期股票价格上升或下跌的影响较小，稳定性高，因而可以较为准确地研判股市的未来走势。根据时间长短，移动平均线可分为短期移动平均线(5 天)、中期移动平均线(60 天)和长期移动平均线(200 天)。下面对例 11-4 的股票行情用 5 天和 20 天移动平均线来分析 DEC 公司股票行情的短期表现。

【例 13-3】 现用收盘价的 5 天和 20 天移动平均线来分析 DEC 公司股票行情的表现。操作步骤如下。

(1) 打开"《大学计算机应用高级教程》教学资源\第 3 篇 Excel 统计数据与处理\第 13 章时间序列分析\素材.xlsx"工作簿，选择"例 13-3 股票行情移动平均线"工作表，如图 13-3 所示。

	日期	成交量	开盘价	最高	最低	收盘价	5天简单移动平均	20天简单移动平均
1								
2	08-5-19	6,868,075	17.07	17.78	16.92	17.40		
3	08-5-20	6,415,693	17.61	18.15	17.17	18.06		
4	08-5-21	6,144,053	18.17	18.35	17.82	18.33		
5	08-5-22	5,302,493	18.31	18.40	18.00	18.24		
6	08-5-23	5,369,122	18.41	18.46	17.85	18.08		
7	08-5-26	6,487,330	17.38	18.00	17.17	17.92		
8	08-5-27	6,186,485	18.21	18.88	17.83	18.50		
9	08-5-28	7,489,850	16.98	17.83	16.51	17.36		
10	08-5-29	7,679,882	17.52	17.90	17.18	18.48		
11	08-5-30	8,564,278	17.78	18.50	17.17	18.48		
12	08-6-2	10,541,235	19.16	19.51	18.32	19.24		
13	08-6-3	10,898,998	20.01	20.15	19.73	19.52		
14	08-6-4	9,252,137	19.33	19.68	19.16	19.12		
15	08-6-5	9,878,160	19.20	19.61	18.85	19.25		
16	08-6-6	10,720,738	19.85	20.25	19.20	20.14		
17	08-6-9	10,715,367	20.45	20.99	19.98	20.69		
18	08-6-10	9,142,965	20.91	21.15	20.46	20.75		
19	08-6-11	8,339,080	21.01	21.19	20.62	21.18		
20	08-6-12	8,272,530	21.25	21.31	20.75	21.15		
21	08-6-13	8,673,187	21.16	21.20	20.74	20.73		
22	08-6-16	9,488,082	20.64	20.82	20.19	20.31		
23	08-6-17	9,361,230	20.29	20.55	20.16	19.87		
24	08-6-18	10,444,113	20.02	20.11	20.16	19.87		
25	08-6-19	11,344,330	19.57	19.82	18.81	19.69		
26	08-6-20	9,381,715	19.86	20.16	19.63	19.81		
27	08-6-23	7,458,692	19.78	20.13	19.40	19.46		
28	08-6-24	7,114,257	19.56	19.93	19.26	19.61		
29	08-6-25	7,011,683	19.71	19.89	19.47	19.51		

图 13-3 "例 13-3 股票行情移动平均线"工作表

(2) 在功能区选择"数据"选项卡，在"分析"组中单击"数据分析"按钮，弹出"数据分析"对话框。在"数据分析"对话框中的"分析工具"列表框中选择"移动平均"选项，单击"确定"按钮，弹出"移动平均"对话框。在"输入区域"文本框中输入"$F$2:$F$31"，在"间隔"文本框中输入"5"(间隔即移动平均的项数，这里是计算 5 天，所以输入 5)，在"输出区域"输入"$G$2"，并选中"图表输出"复选框，如图 13-4 所示。

(3) 单击"确定"按钮后产生输出，如图 13-5 所示。

图 13-4　5 天移动平均参数设置

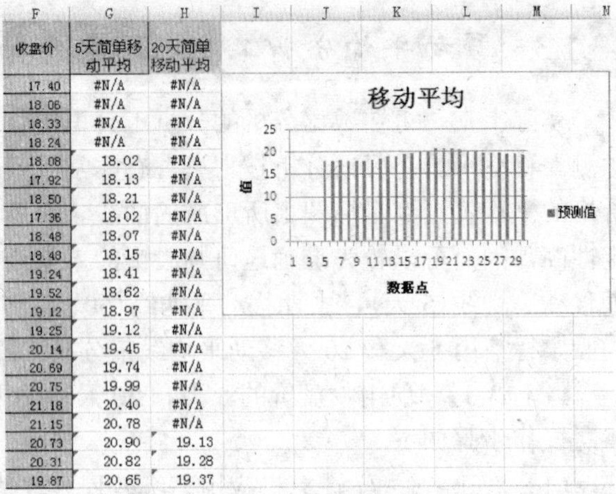

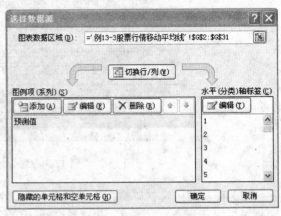

图 13-5　移动平均与图表

（4）在功能区选择"数据"选项卡，在"分析"组中单击"数据分析"按钮，弹出"数据分析"对话框。在"数据分析"对话框中的"分析工具"列表框中选择"移动平均"选项，单击"确定"按钮，弹出"移动平均"对话框。在"输入区域"文本框中输入"$F$2:$F$31"，在"间隔"文本框中输入"20"，在"输出区域"文本框中输入"$H$2"，不选中"图表输出"复选框，如图 13-6 所示。当单击"确定"按钮后，就会自动产生 20 天的移动平均数据输出，但没有图表输出，如图 13-5 所示。

下面要美化 5 天移动平均图表、添加实际值图表和添加 20 天移动平均图表。

（5）在图表中空白位置右击，在弹出的快捷菜单中选择"更改图表类型"命令，打开"更改图表类型"对话框，选择"折线图"中的"折线图"，单击"确定"按钮。

（6）在图表中空白位置右击，在弹出的快捷菜单中选择"选择数据"命令，打开"选择数据源"对话框，如图 13-7 所示。

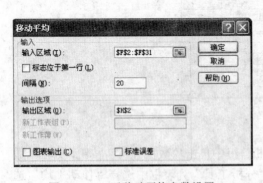

图 13-6　20 天移动平均参数设置

图 13-7　选择数据源对话框

（7）在图 13-7 所示对话框的"图例项（系列）"中单击"添加"按钮，打开"编辑数据系列"对话框，在"系列名称"文本框中输入"实际值"，在"系列值"文本框中输入"='例 13-3 股票数据'!$F$2:$F$31"，如图 13-8 所示。

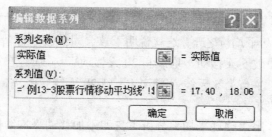

图 13-8 "编辑数据系列"对话框

（8）用同样的方法添加 20 天移动平均图表，只是在"系列名称"文本框中输入"20 天平均"，在"系列值"文本框中输入"='例 13-3 股票数据'!\$H\$2:\$H\$31"。现要将"图例项（系列）"中的"预测值"改名为"5 天平均"，单击"预测值"，然后单击"编辑"按钮，弹出"编辑数据系列"对话框，在"系列名称"文本框中输入"5 天平均"即可，如图 13-9所示。

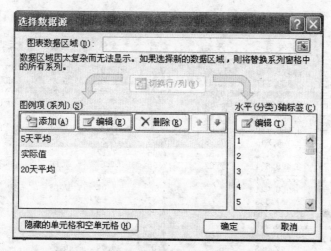

图 13-9 添加和修改后的选择数据源对话框

（9）单击"确定"按钮，并对得到的图表进行适当调整后，得到的结果如图 13-10 所示。

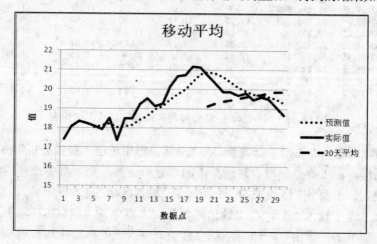

图 13-10 股票行情移动平均线

从图 13-10 中可以看出，DEC 公司股票实际收盘价在 5 天移动平均价之下，而 5 天移动平均价又在 20 天移动平均价之下，这就说明了该公司的股票行情处于弱势。只有当它的实际收盘价连续三天冲破 5 天移动平均线和 20 天移动平均线时，在短期内才会变得强势起来。股市中有种说法：牛市上 5 天线就买入，不破 20 天线就坚决持有。熊市上 20 天线就买入，破 5 天线就坚决走人。

从图 13-10 来看，用"移动平均"分析工具和添加移动平均线图表的方法并不能完全描绘出标准的股票行情图，下面在股票 K 线图的基础上画移动平均线的方法对股价的未来走势进行分析。

【例 13-4】 已知某公司的股票数据，用 K 线图和移动平均线来分析股票行情的表现。

操作步骤如下。

（1）打开"《大学计算机应用高级教程》教学资源\第 3 篇 Excel 统计数据与处理\第 13 章时间序列分析\素材.xlsx"工作簿，选择"例 13-4 股票 K 线图与移动平均线"工作表，如图 13-11 所示。

	A	B	C	D	E	F	G	H
1	时间	成交量	开盘	最高	最低	收盘	5天平均	60天平均
2	2008-08-01,五	1,712,234	10.18	10.55	10.1	10.36		
3	2008-08-04,一	1,311,980	10.42	10.47	10.07	10.1	#N/A	#N/A
4	2008-08-05,二	1,850,777	10.11	10.27	9.78	9.8	#N/A	#N/A
5	2008-08-06,三	7,309,933	9.87	9.9	8.82	8.95	#N/A	#N/A
6	2008-08-07,四	3,584,357	8.98	9	8.52	8.85	#N/A	#N/A
7	2008-08-08,五	2,557,290	8.85	8.88	8.16	8.22	9.18	#N/A
8	2008-08-11,一	4,955,730	8.02	8.2	7.4	7.41	8.65	#N/A
9	2008-08-12,二	2,104,640	7.28	7.68	7.23	7.5	8.19	#N/A
10	2008-08-13,三	2,074,112	7.51	7.66	7.12	7.62	7.92	#N/A
11	2008-08-14,四	3,429,634	7.62	7.95	7.5	7.84	7.72	#N/A
12	2008-08-15,五	3,288,797	7.88	8.14	7.75	7.83	7.64	#N/A
13	2008-08-18,一	3,250,941	8	8	7.07	7.09	7.58	#N/A
14	2008-08-19,二	2,367,303	7	7.33	6.88	7.22	7.52	#N/A
15	2008-08-20,三	13,608,254	7.28	7.94	6.98	7.86	7.57	#N/A
16	2008-08-21,四	7,626,918	7.57	7.79	7.2	7.23	7.45	#N/A
17	2008-08-22,五	4,631,422	7.24	7.24	6.71	6.94	7.27	#N/A
18	2008-08-25,一	1,942,398	6.97	7.07	6.84	6.87	7.22	#N/A
19	2008-08-26,二	3,747,688	6.73	6.95	6.35	6.45	7.07	#N/A
136	2009-02-25,三	31,393,281	12.1	12.25	11.15	11.59	12.49	7.29
137	2009-02-26,四	27,567,383	11.46	11.85	10.48	10.9	12.21	7.38
138	2009-02-27,五	21,074,308	10.7	11.28	10.2	11.24	11.79	7.48
139	2009-03-02,一	20,796,123	11.09	11.88	10.95	11.68	11.48	7.59
140	2009-03-03,二	30,895,306	11.22	12.29	11.12	11.99	11.48	7.70
141	2009-03-04,三	29,422,145	12.08	13.18	12	12.81	11.72	7.83
142	2009-03-05,四	30,986,419	12.98	13.05	11.88	12.23	11.99	7.94
143	2009-03-06,五	23,225,216	11.97	12.67	11.8	12.13	12.17	8.05
144	2009-03-09,一	29,964,506	12.2	12.28	10.92	10.92	12.02	8.14
145	2009-03-10,二	13,720,371	10.6	11.3	10.51	11.28	11.87	8.22

图 13-11 "例 13-4 股票 K 线图与移动平均线"工作表

（2）在功能区选择"数据"选项卡，在"分析"组中单击"数据分析"按钮，弹出"数据分析"对话框。在"数据分析"对话框中的"分析工具"列表框中选择"移动平均"选项，单击"确定"按钮，弹出"移动平均"对话框。在"输入区域"文本框中输入"$F$2:$F$145"，在"间隔"文本框中输入"5"，在"输出区域"文本框中输入"$G$3"，不选中"图表输出"复选框。当单击"确定"按钮后，就会自动产生 5 天的移动平均数据输出，但没有图表输出。用同样的方法给出 20 天的移动平均数据输出，如图 13-11 所示。

（3）根据原始数据建立股价 K 线图，选择 A1:F145 单元格区域。

（4）在功能区选择"插入"选项卡，在"图表"组中单击"其他图表"按钮向下箭头，弹出"股价图"列表，单击"成交量-开盘-盘高-盘低-收盘图"图标按钮，图表就自动嵌入当前工作表中，经过适当修饰成交量和调整图形大小，得到股价 K 线图，如图 13-12 所示。

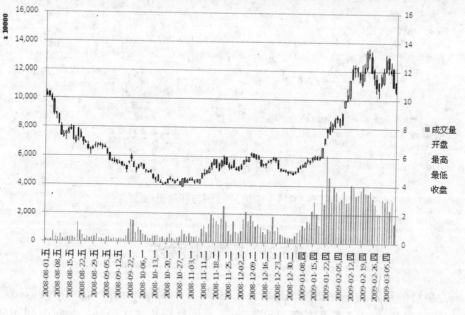

图 13-12　股价 K 线图

（5）添加收盘价 5 天、60 天移动平均线和成交量 5 天、60 天移动平均线。单击图表任意部位，选择"图表工具"下的"布局"选项卡，在"当前所选内容"组中单击"图表元素"右侧下拉按钮，在弹出的列表框中选择"系列'收盘价'"，选中图表中的收盘价图表元素。在"布局"选项卡的"分析"组中单击"趋势线"按钮，在弹出的下拉菜单中选择"其他趋势线选项"命令。弹出"设置趋势线格式"对话框，在"趋势线选项"中选中"移动平均线"单选按钮，在"周期"文本框中输入"5"；在"趋势线名称"中选中"自定义"单选按钮，在文本框中输入"5 日收盘"。单击"关闭"按钮，就得到收盘价 5 天移动平均线。用同样的方法设"周期=60"，得到收盘价 60 天移动平均线、成交量 5 天移动平均线和成交量 60 天移动平均线，如图 13-13 所示。

（6）从这些技术指标来看，该公司股价收盘价在 2008 年 11 月 11 日之前一直受 60 天移动平均线所压。到了 2008 年 11 月 19 日为 5.49 元，冲破 5 天移动平均价 5.44 元，而这一天的 5 天移动平均价又冲破 60 天移动平均价 5.32 元，此时股价发出了变强的信号。之后股价一直在 60 天移动平均线上运行，到 2008 年 12 月 30 日左右，股价受 60 天移动平均线的支撑在附近徘徊。2009 年 1 月 7 日、8 日和 9 日连续三天股价冲破 5 天移动平均线，而 5 天移动平均线又冲破 60 天移动平均线。再加上成交量的配合：成交量 5 天移动平均线冲破成交量 60 天移动平均线。这时，2009 年 1 月 9 日收市前就可以买入。从图 13-13 可以看到该公司的股价从 5.66 元一直升到 13.32 元(2009 年 2 月 20 日)，在一个多月里升了 2.35 倍。

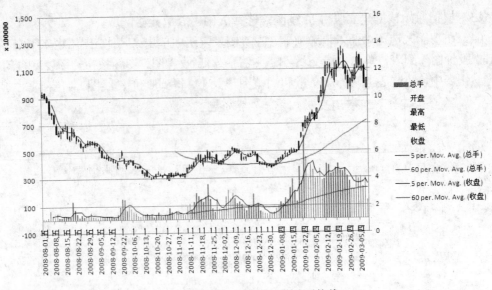

图 13-13　股价 K 线图与移动平均线

13.2　指数平滑法

指数平滑法是移动平均法的改进。该方法认为，在预测研究中越近期的数据越应受到重视，时间序列数据中各数据的重要程度由近及远呈指数规律递减，故对时间序列数据的平滑处理应采用加权平均的方法。指数平滑法本质上是一种加权平均法，但权值是根据过去的预测数和实际数的差异确定，这样取得的权数称为平滑系数。基本思想是：预测值是以前观测值的加权和，且对不同的数据给予不同的权，新数据给较大的权，旧数据给较小的权。

指数平滑法的基本公式为：

$$\hat{X}_{t+1} = \alpha X_t + (1-\alpha)\hat{X}_t$$

其中，$\hat{X}_{t+1}$ 表示下一期预测值，$\hat{X}_t$ 表示 t 期预测值，X_t 表示 t 期的观察值，α 表示平滑系数，$0 < \alpha < 1$。可将指数平滑法的基本公式依次展开成：

$$\hat{X}_{t+1} = \alpha X_t + \alpha(1-\alpha)X_{t-1} + \alpha(1-\alpha)^2 X_{t-2} + \cdots + \alpha(1-\alpha)^{n-1} X_{t-n+1}$$

在公式中，平滑系数以指数形式递减，故称为指数平滑法。平滑系数 α 越接近于 1，过去的观察值数据对预测值数据的影响程度下降越迅速；平滑系数越接近于 0，过去的观察值数据对预测值数据的影响程度的下降越缓慢。

先看一个具体的数字例子，给出一观察数组 $\{5,7,8,4,\cdots\}$ 及 $\alpha=0.3$，它的指数平滑法的预测为：

$F_1 = x_1 = 5$

$F_2 = ax_1 + (1-a) F_1 = 0.3*5 + (1-0.3)*5 = 5$

$F_3 = ax_2 + (1-a) F_2 = 0.3*7 + (1-0.3)*5 = 5.6$

$F_4 = ax_3 + (1-a) F_3 = 0.3*8 + (1-0.3)*5.6 = 6.32$

…

其中 F_i 表示 i 期预测值，x_i 表示 i 期的观察值，平滑系数 $\alpha=0.3$。

【例 13-5】 根据表中的某品牌电视机销售数据，使用指数平滑平均法预测 2006 年 1 月的电视机销售量。

操作步骤如下。

（1）打开"《大学计算机应用高级教程》教学资源\第 3 篇 Excel 数据分析与处理\第 13 章时间序列分析\素材.xlsx"工作簿，选择"例 13-5 指数平滑法"工作表，如图 13-14 所示。

（2）α 初始值的设置。α 一般首先根据预测者的实践经验和主观判断来决定。本例中，α 对应的 E2 单元格初始设为 0.3，E3 单元格公式为"=1–E2"，进行初步指数平滑预测。在 C3 单元格中输入公式"= B3"，第一步预测直接使用观察值。在 C4 单元格中输入公式"= \$E\$2*B3 + \$E\$3*C3"，计算预测值。填充复制到 C26 单元格。

（3）α 值的修正。需要逐步调整 α 值，使得预测值与观察值的误差尽可能的小。当 α 使得 MSE$\left(MSE = \dfrac{1}{n} \sum\limits_{i=1}^{n} \left(X_i - \hat{X}_i\right)^2 \right)$ 最小时，认为此时 α 的取值使得预测值和实际的观察值最接近，这个值就可以当做 α 的最适值。

在 E5 单元格输入公式"= SUMXMY2(B4:B26, C4:C26) / COUNT(C4:C26)"来计算 MSE。函数 SUMXMY2 是 Excel 提供的用于返回两数组中对应数值之差的平方和的函数。

在功能区选择"数据"选项卡，在"分析"组中单击"规划求解"按钮（安装"规划求解"工具的方法见例 10-12），在弹出的"规划求解参数"对话框中填入参数，如图 13-15 所示。

	A	B	C	D	E
1	电视机销售数量				
2	月份	数量(台)	预测值	α	0.26789
3	2004年1月	33	33.00	1-α	0.73211
4	2004年2月	38	33.00	MSE	7.81937
5	2004年3月	31	34.34		
6	2004年4月	35	33.44		
7	2004年5月	30	33.86		
8	2004年6月	36	32.83		
9	2004年7月	34	33.68		
10	2004年8月	39	33.76		
11	2004年9月	39	35.17		
12	2004年10月	36	36.19		
13	2004年11月	40	36.14		
14	2004年12月	38	37.18		
15	2005年1月	37	37.40		
16	2005年2月	39	37.29		
17	2005年3月	32	37.75		
18	2005年4月	38	36.21		
19	2005年5月	37	36.69		
20	2005年6月	39	36.77		
21	2005年7月	37	37.37		
22	2005年8月	35	37.27		
23	2005年9月	37	36.66		
24	2005年10月	34	36.75		
25	2005年11月	35	36.02		
26	2005年12月	36	35.74		

图 13-14　"例 13-5 指数平滑法"工作表

图 13-15　指数平滑法"规划求解参数"对话框

图中参数表示"可变单元格"E2 当中的 α 取值在"约束"条件 0~1 之间变化时，使得"设置目标单元格"当中的 E4 取得"最小值"。

单击"求解"按钮后，在弹出的"规划求解结果"对话框中设置参数，如图 13-16 所示。

图 13-16 指数平滑法"规划求解结果"保存对话框

在 Excel 中会出现一个新的工作表，名为"例 13-5 运算结果报告 1"，如图 13-17 所示。

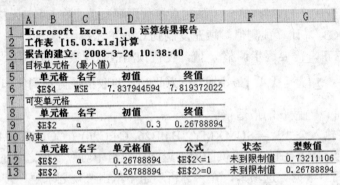

图 13-17 指数平滑法规划求解结果

图 13-14 所示表格中的 E2 单元格中的数据就是求得的使 MSE 最小的 α 值。C 列当中的预测数据因为引用了 E2 和 E3 进行计算，也会自动更新成按照最佳 α 进行预测的结果。

指数平滑法是生产预测中常用的一种方法。上面介绍的三种预测方法中，移动平均法不考虑较远期的数据，赋予最近几期的数据相同的权重；加权移动平均法中给予近期数据较大的权重；而指数平滑法则兼容了全期平均和移动平均所长，不舍弃过去的数据，但是给予了逐渐减弱的影响程度，即随着数据的远离，赋予逐渐收敛至 0 的权值。

13.3 趋势预测法

统计资料表明，大量社会经济现象的发展主要是渐进型的，其发展相对时间具有一定的规律性。因此，当预测对象依时间变化呈现出某种上升或下降趋势，并且无明显季节波动，又能找到一条合适的函数曲线来反映这种变化趋势时，就可建立趋势模型。当有理由相信这种趋势能够延伸到未来时，赋予时间变量特定的值，可以得到相应序列的未来值，这就是趋势预测法。

趋势预测法的假设条件是：

（1）假定事物发展的过程没有跳跃式变化，一般属于渐进变化。

（2）假定过去决定事物发展的因素也决定事物未来的发展，其条件不变或变化不大。

由以上两个假设条件可知，趋势预测法是事物发展渐进过程的一种统计方法，适用于事物内部和外部环境都比较平稳的情况，如正处于某一生命周期中的商品、人口发展统计和生物繁殖等。

趋势预测法的实质就是利用某种函数分析预测对象某一参数的发展趋势，有以下几种预测模型最为常用。

（1）多项式曲线预测模型；

（2）指数曲线预测模型；

（3）对数曲线预测模型。

趋势预测法与第 12 章中介绍的回归分析有密切的联系。趋势预测法需要确定的是时间－数量之间的回归关系；而回归关系有可能还包括数量－数量的关系。因此，趋势预测法可以被看成是回归分析在时间－数量关系领域的一个应用。回归分析使用的理论、方法和工具都可以应用到趋势预测中。

13.3.1 多项式曲线预测模型

【例 13-6】 根据 1986 年到 2005 年间的国民生产总值数据，建立国民生产总值的多项式预测模型。

操作步骤如下。

（1）打开"《大学计算机应用高级教程》教学资源\第 3 篇 Excel 数据分析与处理\第 13 章时间序列分析\素材.xlsx"工作簿，选择"例 13-6 多项式曲线预测"工作表。如图 13-18 所示。

	A	B	C
1	国民生产总值 （单位：亿元人民币）		4阶多项式 预测
2	年份	国内生产总值	
3	1986	10202.2	16586.13
4	1987	11962.5	9456.60
5	1988	14928.3	8179.80
6	1989	16909.2	11181.12
7	1990	18547.9	17097.00
8	1991	21617.8	24774.91
9	1992	26638.1	33273.33
10	1993	34634.4	41861.79
11	1994	46759.4	50020.82
12	1995	58478.1	57442.00
13	1996	67884.6	64027.92
14	1997	74462.6	69892.22
15	1998	78345.2	75359.54
16	1999	82067.46	80965.56
17	2000	89468.1	87457.00
18	2001	97314.8	95791.58
19	2002	105172.34	107138.07
20	2003	117390.17	122876.25
21	2004	136875.87	144596.95
22	2005	182321	174102.00

图 13-18 "例 13-6 多项式曲线预测"工作表

（2）在 A 列与 B 列之间插入新的 1 列，之后在 B3:B22 区域内输入 1 到 20，也就是说 1 对应 1986 年，2 对应 1987 年，……20 对应 2005 年。

（3）用鼠标选中需要生成图表的区域 B2:C22。

（4）在功能区选择"插入"选项卡，在"图表"组中单击"散点图"按钮向下箭头，弹出"散点图"列表，单击"仅带数据标记的散点图" 图标按钮，图表就自动嵌入当前工作表中。在数据图表中选中数据点右击，在弹出的快捷菜单中选择"添加趋势线"命令，如图 13-19 所示。

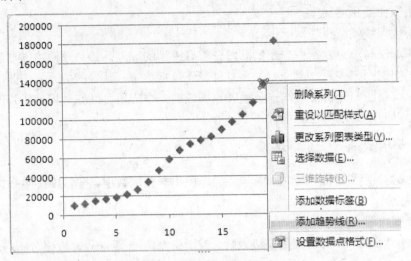

图 13-19　多项式曲线添加趋势线

（5）弹出"添加趋势线"对话框，经过观察发现，数据点符合多项式曲线分布。在"趋势线选项"栏中选择"多项式"单选按钮，"顺序"为 4，选中"显示公式"和"显示 R 平方值"复选框，如图 13-20 所示。

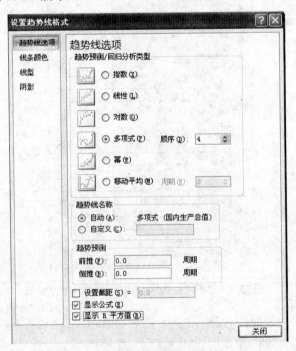

图 13-20　"设置趋势线格式"对话框

需要指出的是，数据点的分布到底与哪一种函数的曲线更贴近是一个根据经验进行尝试，然后根据拟合结果进行选择的过程。可以依次尝试图 13-20 中列出的各种函数曲线，通过比较其 R 平方值来进行取舍。R 平方值越大(也就是说越接近 1)，则曲线拟合的效果越好，数据点的分布与这种函数的分布越接近。

（6）单击"关闭"按钮关闭对话框，Excel 自动生成反映数据变化趋势的 4 次多项式曲线，Excel 找到了 4 阶的多项式时间序列公式，如图 13-21 所示。$y = 8.7928x^4 - 350.36x^3 + 4808.7x^2 - 19235x + 31354$ 。这里 y 为国民生产总值，x 为时间序数，1986 年为 1，1987 年为 2，……根据 Excel 找到的公式，得到使用多项式曲线拟合计算得出，从 1986 年到 2005 年间的国民生产总值数据如图 13-18 中 C 列所示。

从图 13-21 中可以看到，R^2 的值接近 1，同时，趋势预测线与实际观察值吻合得比较好。

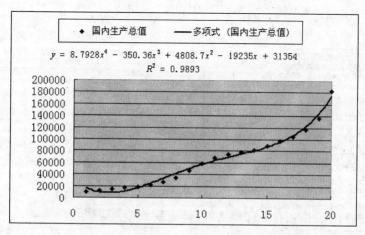

图 13-21　4 阶多项式

对比例 13-1、例 13-2 和例 13-6，发现使用 4 阶多项式计算的 2005 年国民生产总值的结果 174 102 亿元与实际值 182 321 亿元比较接近，明显好于移动平均法预测的结果。可见，针对不同的问题，可以选用不同的模型来预测，以期收到较好的预测效果。

注意：如果选用更高阶的多项式，比方说 Excel 提供的最高阶多项式是 6 次，预测拟合的情况可能会更好。但是随着阶次的升高，计算过程中引入各种误差的可能性也增大了，有可能发生 x^6 超出 Excel 所能计算的范围，导致溢出错误，或者虽然没有溢出，但是可能因精度损失太大，使得预测结果偏离较大。因此要合理选择多项式的阶数。

13.3.2　指数曲线预测模型

【例 13-7】　根据表中 1990—2004 年的货币投放量，使用指数曲线模型预测 2005 年的货币投放量。

操作步骤如下。

（1）打开"《大学计算机应用高级教程》教学资源\第 3 篇 Excel 数据分析与处理\第 13 章时间序列分析\素材.xlsx"工作簿，选择"例 13-7 指数曲线预测"工作表，如图 13-22 所示。

（2）在 A 列与 B 列之间插入新的 1 列，之后在 B3:B18 区域内输入 1 到 16，也就是说 1 对应 1990 年，2 对应 1991 年，……16 对应 2005 年。

（3）用鼠标选中需要生成图表的区域 B2:C17。

（4）在功能区选择"插入"选项卡，在"图表"组中单击"散点图"按钮向下箭头，弹出"散点图"列表，单击"仅带数据标记的散点图"图标按钮，图表就自动嵌入当前工作表中。在数据图表中选中数据点右击，在弹出的快捷菜单中选择"添加趋势线"命令。弹出"添加趋势线"对话框，经过观察发现，数据点符合指数曲线分布。在"趋势线选项"栏中选择"指数"单选按钮，选中"显示公式"和"显示 R 平方值"复选框。单击"确定"按钮。

（5）Excel 根据数据找到了指数时间序列公式 $y = 7161.1e^{0.1811x}$，如图 13-23 所示。这里 y 为货币供应量，x 为时间序数，1990 年为 1，1991 年为 2，……需要预测的 2005 年为 16，计算结果为 $y = 7161.1e^{0.1811x} = 7161.18 * e^{0.1811*16} = 129834.89$。

	A	B
1	货币供应量（亿元）	
2	年份	供应量
3	1990	6950.7
4	1991	8633.3
5	1992	11731.5
6	1993	16280.4
7	1994	20540.7
8	1995	23987.1
9	1996	28514.8
10	1997	34826.3
11	1998	38953.7
12	1999	45837.3
13	2000	53147.2
14	2001	59871.6
15	2002	70881.8
16	2003	84118.6
17	2004	95970.8
18	2005年预测	

图 13-22 "例 13-7 指数曲线预测"工作表

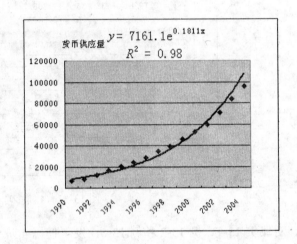

图 13-23 指数方程

R^2 的值越接近 1，则趋势预测线与实际观察值吻合得越好。如果采用二次多项式进行预测，则得到的 $R^2 = 0.996$ 比用指数曲线预测更接近 1。二次多项式预测效果虽然较好，但是指数曲线的预测表明了时间增长率，即相邻两年货币投放量的比值为 $e^{0.1811}$。

中国人民银行实际报告的 2005 年货币供应量为 107 278.57 亿元，与预测值之间存在着一定的偏差。究其原因，主要是中央银行开始执行宏观调控政策，降低了货币发行的增速。从这个例子可以看出，进行金融数据的预测，除了建立数学模型外，相关的政策、法规的调整也需要加以考虑。实际工作中，往往是借助数学模型进行初步预测，然后根据具体情况进行人工修正调节。

13.3.3 对数曲线预测模型

【例 13-8】 在影响税收的宏观经济指标中有很多都对税收具有明显的影响甚至决定性意义，但要找到一个最能代表经济的规范指标当属国内生产总值。同样，税收收入对国内生产总值影响也是一个很重要的指标。现建立 GDP 与税收收入的对数回归模型。

操作步骤如下。

（1）打开"《大学计算机应用高级教程》教学资源\第 3 篇 Excel 数据分析与处理\第 13 章时间序列分析\素材.xlsx"工作簿，选择"例 13-8 对数曲线预测"工作表，如图 13-24 所示。

	税收与GDP的关系（单位：亿元人民币）	
年份	税收收入	国内生产总值
1994	5070.8	46759.4
1995	5973.7	58478.1
1996	7050.6	67884.6
1997	8225.5	74462.6
1998	9093	78345.2
1999	10315	82067.46
2000	12665.8	89468.1
2001	15165.5	97314.8
2002	16996.6	105172.34
2003	20466.1	117390.17

图 13-24 "例 13-8 对数曲线预测"工作表

（2）用鼠标选中需要生成图表的区域 B2:C12。

（3）在功能区选择"插入"选项卡，在"图表"组中单击"散点图"按钮向下箭头，弹出"散点图"列表，单击"仅带数据标记的散点图"图标按钮，图表就自动嵌入当前工作表中。在数据图表中选中数据点右击，在弹出的快捷菜单中选择"添加趋势线"命令，如图 13-25 所示。

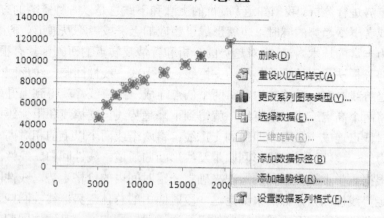

图 13-25 对数曲线添加趋势线

（4）弹出"添加趋势线"对话框，经过观察发现，数据点符合对数曲线分布。在"趋势线选项"栏中选择"对数"单选按钮，选中"显示公式"和"显示 R 平方值"复选框。单击"确定"按钮。

（5）Excel 自动产生对数时间序列公式 $y = 46163\ln(x) - 34388$，如图 13-26 所示。这里 y 为 GDP（国内生产总值），x 为税收收入。模型显示，税收与 GDP 之间高度相关，模型的复相关系数 R 高达 0.987，说明在总变差中，有近 99％都可由模型本身解释。

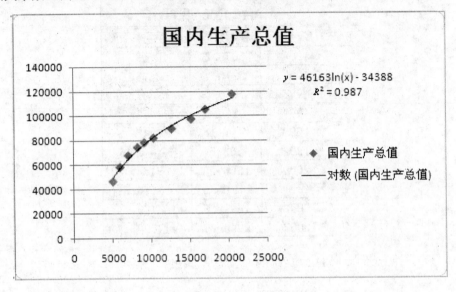

图 13-26　对数方程

13.4　股票趋势分析法

在股票技术分析基础理论中，有一种极其重要的方法，或者说是一种流派，那就是趋势分析法。而趋势分析法中最重要的工具就是线形分析，即在 K 线图上利用画线的方法对股价的未来走势进行分析。我们知道，股价的上涨和下跌总是以一种震荡的方式来运行的，在形成上涨或者下跌趋势的同时，也就形成了相应的上涨或者下跌通道。股票的运行通道里包含着较为丰富的技术内涵，它对趋势的分析和行情反转点的研判都具有很重要的意义。

股票趋势分析法常用的有趋势线、支撑线、阻力线、线性回归、线形回归带和线形回归通道等。趋势线：在上升趋势中，将两个低点连成一条直线，就得到上升趋势线；在下降趋势中，将两个高点连成一条直线，就得到下降趋势线。支撑线和阻力线：将两个或两个以上的相对低点连成一条直线即得到支撑线；将两个或两个以上的相对高点连成一条直线即得到阻力线。线性回归、线形回归带及线形回归通道：线性回归、线性回归带及线性回归通道是根据数学上线性回归的原理来确定一定时间内的价格走势。线性回归将一定时间内的股价走势线性回归，然后来确定这一段时间内的总体走势；线性回归带是根据这一段时间内的最高、最低价画出线性回归的平行通道线；回归通道是线性回归带的延长，用来预测股票未来的走势区间。

【例 13-9】 已知上海 A 股指数周线数据，用 K 线图和趋势分析法分析上海 A 股指数的表现。

操作步骤如下。

（1）打开"《大学计算机应用高级教程》教学资源\第 3 篇 Excel 统计数据与处理\第 13 章时间序列分析\素材.xlsx"工作簿，选择"例 13-9 上海 A 股指数周线趋势分析"工作表，如图 13-27 所示。

	A	B	C	D	E	F
1	上海A股指数周线数据					
2	时间	成交量(万)	开盘	最高	最低	收盘
3	2007-12-07	26119866000	4838.56	5096.8	4798.01	5091.76
4	2007-12-14	35433142000	5010.83	5209.7	4860.16	5007.91
5	2007-12-21	30902143000	5007.28	5112.39	4812.16	5101.78
6	2007-12-28	42763651000	5132.91	5336.5	5104.65	5261.56
7	2008-01-04	27081804000	5265	5372.46	5201.89	5361.57
8	2008-01-11	48190445000	5357.45	5500.06	5332.6	5484.68
9	2008-01-18	44311949000	5507.58	5522.78	5039.79	5180.51
10	2008-01-25	45525745000	5188.8	5200.93	4510.5	4761.69
11	2008-02-01	29971636000	4720.56	4720.56	4195.75	4320.77
12	2008-02-05	12703592900	4415.02	4672.21	4415.02	4599.7
13	2008-02-15	12183123000	4525.03	4576.98	4431.46	4497.13
14	2008-02-22	32954251000	4546.75	4695.8	4333.03	4370.28
15	2008-02-29	27643994000	4370.19	4391.33	4123.31	4348.54
16	2008-03-07	39746743000	4323.7	4472.15	4210.96	4300.52
17	2008-03-14	29935329000	4265.61	4272.98	3891.7	3962.67
18	2008-03-21	33913822000	3941.26	3941.26	3516.33	3796.58
19	2008-03-28	30822697000	3830.35	3840.48	3357.23	3580.15
20	2008-04-03	25881684000	3465.91	3555.82	3271.29	3446.24
128	2010-05-21	48219220000	2663.88	2663.88	2481.97	2583.52
129	2010-05-28	53909561000	2596.32	2686.54	2583.55	2655.77
130	2010-06-04	42079044000	2647.87	2665.39	2521.06	2553.59
131	2010-06-11	43330857000	2508.33	2590.98	2491.65	2569.94
132	2010-06-18	14692217000	2588.97	2595.51	2505.33	2513.22
133	2010-06-25	36264658000	2517.29	2598.35	2504.32	2552.82

图 13-27 "例 13-9 上海 A 股指数周线趋势分析"工作表

（2）根据原始数据建立股价 K 线图，选择 A2:F133 单元格区域。

（3）在功能区选择"插入"选项卡，在"图表"组中单击"其他图表"按钮向下箭头，弹出"股价图"列表，单击"成交量-开盘-盘高-盘低-收盘图"图标按钮，图表就自动嵌入当前工作表中，经过适当修饰成交量和调整图形大小，得到上海指数 K 线图如图 13-28 所示。

（4）在功能区选择"插入"选项卡，在"插图"组中单击"形状"按钮向下箭头，弹出"最近使用的形状"列表，单击"线条"栏中的"直线"图标按钮，在已有的 K 线图上画出上升通道、下降通道和支撑线等，如图 13-28 所示。

（5）总结。从图 13-28 中可以看出上海 A 股在 2007 年 10 月见顶后，一直到 2008 年 10 月都处在下跌通道内，当 2008 年 11 月升破这一下跌通道之后，指数就一路处于另一个上升通道，直到 2009 年 8 月才跌破这一上升通道。再看近期的表现，将 2009 年 9 月 30 日和 2010 年 2 月 5 日这两天的最低价联成一条直线，形成一条支撑线。2010 年 4 月 30 日上海 A 股 2870.61 点跌破这一条支撑线，后市不容乐观。换句话说，此时应该果断卖出手上的股票，出场等待观望为上策。实际上后市在 2010 年 7 月 5 日跌到 2363.95 点，这也验证了支撑线对股票趋势分析的作用。

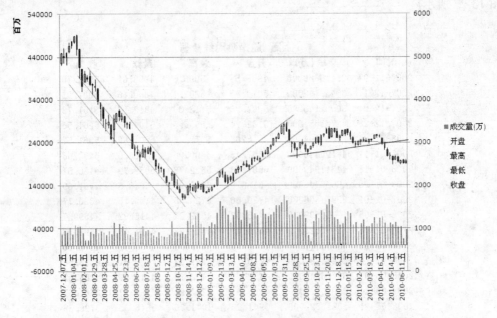

图 13-28　上海 A 股指数周 K 线图

从表面上来看，这些方法似乎极其简单，其实不然。它需要使用者对个股和大盘做出较为详尽全面，深入细致的综合分析和判断。股票市场上找不到一种方法是最好的，只有灵活巧妙地运用不同的分析方法来找出最确切股票未来发展方向的方法才是最好的方法，而且还要灵活变通来转换思路。最后用一句话来概括在此书中所涉及的股票分析知识："股市中成功的障碍不是来自于股市和技术分析，而是来自于投资者自己"。

13.5　周期变动的分析与预测

实际生活中，有些数据是呈现周期性波动变化的。比方说火锅调料的销售，夏天的销售就会减少得比较明显。对于这种明显受季节波动影响的时间序列，可以使用哑元变量进行调整。

【例 13-10】　现有某商场的火锅调料销售额资料，请对此时间序列进行分析与预测。操作步骤如下。

（1）打开"《大学计算机应用高级教程》教学资源\第 3 篇 Excel 数据分析与处理\第 13 章时间序列分析\素材.xlsx"工作簿，选择"例 13-10 周期变动预测"工作表，如图 13-29 所示。

（2）根据已有数据生成数据图表，如图 13-30 所示，可以看出数据明显带有季节波动性。

	A	B	C	D	E	F	G	H
1	火锅调料销售额（单位：元）							
2	时间	销售额	序号	第1季	第2季	第3季	第4季	预测值
3	1998第1季	684.20	1	1	0	0	0	495.164
4	1998第2季	584.10	2	0	1	0	0	206.666
5	1998第3季	765.38	3	0	0	1	0	642.55
6	1998第4季	892.28	4	0	0	0	1	882.692
7	1999第1季	885.40	5	1	0	0	0	907.364
8	1999第2季	677.02	6	0	1	0	0	618.865
9	1999第3季	1006.63	7	0	0	1	0	1054.75
10	1999第4季	1122.06	8	0	0	0	1	1294.89
11	2000第1季	1163.39	9	1	0	0	0	1319.56
12	2000第2季	993.20	10	0	1	0	0	1031.06
13	2000第3季	1312.46	11	0	0	1	0	1466.95
14	2000第4季	1545.31	12	0	0	0	1	1707.09
15	2001第1季	1596.20	13	1	0	0	0	1731.76
16	2001第2季	1260.41	14	0	1	0	0	1443.26
17	2001第3季	1735.16	15	0	0	1	0	1879.15
18	2001第4季	2029.66	16	0	0	0	1	2119.29
19	2002第1季	2107.79	17	1	0	0	0	2143.96
20	2002第2季	1650.30	18	0	1	0	0	1855.46
21	2002第3季	2304.40	19	0	0	1	0	2291.35
22	2002第4季	2639.42	20	0	0	0	1	2531.49
23	2003第1季	2717.00	21	1	0	0	0	2556.16
24	2003第2季	2257.95	22	0	1	0	0	2267.66
25	2003第3季	2914.27	23	0	0	1	0	2703.55
26	2003第4季	3250.43	24	0	0	0	1	2943.69
27			25	1	0	0	0	2968.36
28			26	0	1	0	0	2679.86
29			27	0	0	1	0	3115.75
30			28	0	0	0	1	3355.89

图 13-29 "例 13-10 周期变动预测"工作表

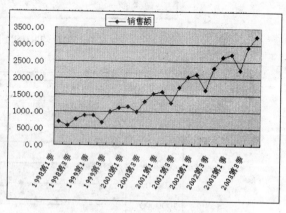

图 13-30 周期变动数据图表

（3）加入哑元变量。哑元变量也叫虚拟变量，通过哑元变量将不能够定量处理的变量量化，如职业、性别对收入的影响，战争、自然灾害对 GDP 的影响，季节对某些产品(如冷饮)销售的影响等。根据这些因素的属性类型，构造只取 "0" 或 "1" 的人工变量。本例中，为数据表增加 4 列哑元，分别对应第 1 季度，第 2 季度，第 3 季度和第 4 季度。如果当前所在行为第 n 季度的数据，则将该行的第 n 季度的哑元值设为 1，其他 3 个哑元值设为 0，图 13-29 是加入哑元变量后的数据表。

（4）选中 H3:H30 区域，在功能区选择 "公式" 选项卡，在 "函数库" 组中单击 "插入函数" 按钮，弹出 "函数参数" 对话框，在 "或选择类别" 列表中选择 "统计" 选项，在 "选择函数" 列表中选择 TREND 函数。函数 TREND 是 Excel 提供的用于对两组数据进行线性回归拟合的工具。本例中，其参数设置如图 13-31 所示。其中 Known_y's 表示观察值结果区域，这里设置为 B3:B26；Known_x's 表示观察值结果对应的序号及加入的哑元变量区域，这里设置为 C3:G26；New_x's 区域表示希望通过 TREND 函数计算出的预测值所对应的序号及哑元区域，这里设置为 C3:G30。

参数设置完成后，按住 Ctrl＋Shift 键，单击 "确定" 按钮，图 13-29 中 H 列出现的结果即为预测值。

（5）选择销售额观察值 B2:B26 区域与预测值 H2:H30 区域生成图表，如图 13-32 所示。可以发现，预测值基本反映了观察值的季节波动变化，因此可以使用它来做进一步的趋势预测。

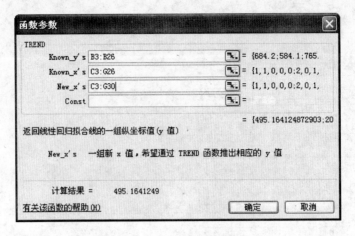

图 13-31　TREND 函数参数设置

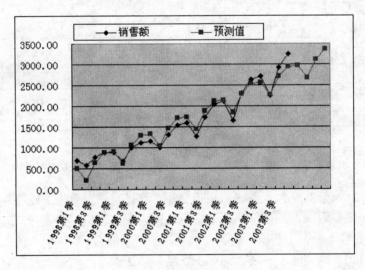

图 13-32　预测结果曲线

周期变动是很常见的经济活动现象，从季节性的时令商品到股票市场的指数涨跌，甚至于整个世界经济的繁荣衰退，都会发生周期性的波动变化。而且这种波动变化往往是受到复杂多样的因素的影响，需要综合运用多学科的知识加以分析和研究。

本篇仅介绍了一些 Excel 数据分析与处理的基本操作方法，者需要将这些具体的操作方法作为理论与实践相结合的桥梁，认真分析、灵活运用，从而更好地为学习和工作服务。

参 考 文 献

[1] 易建勋. 计算机维修技术. 北京: 清华大学出版社, 2005.

[2] 超级容易学电脑编委会. 电脑组装与维护. 北京: 机械工业出版社, 2007.

[3] 陈泽友等. 得心应手学电脑维护与故障排除. 北京: 电子工业出版社, 2007.

[4] 刘志珍. Dreamweaver CS4 学习总动员. 北京: 清华大学出版社, 2010.

[5] 靳志伟等译. 学习 Web 设计. 北京: 机械工业出版社, 2009.

[6] 肖嘉. 网页设计与网站开发基础教程. 西安: 西安电子科技大学出版社, 2005.

[7] 赵增敏等. ASP 动态网页设计. 北京: 电子工业出版社, 2003.

[8] 韩良智. Excel 在投资理财中的应用. 北京: 电子工业出版社, 2005.

[9] 容钦科技. Excel 2003 在统计学中的应用. 北京: 电子工业出版社, 2005.

[10] 于洪彦. Excel 统计分析与决策. 北京: 高等教育出版社, 2001.

[11] Cliff T.Ragsdale 著. 杜学孔, 崔鑫生译. 电子表格建模与决策分析. 北京: 电子工业出版社, 2006.

[12] 李朋. Excel 统计分析实例精讲. 北京: 科学出版社, 2006.

[13] 王克强, 王洪卫, 刘红梅. Excel 在工程技术经济学中的应用. 上海: 上海财经大学出版社, 2005.

[14] 谢忠秋, 丁兴烁. 应用统计学. 上海: 立信会计出版社, 2005.

[15] 李宗民, 李金花. Excel 与财务应用. 北京: 中国电力出版社, 2007.

[16] 神龙工作室. Excel 高效办公——公式与函数. 北京: 人民邮电出版社, 2006.

[17] 杨世莹. Excel 数据统计与分析范例应用. 北京: 中国青年出版社, 2008.

[18] 吴喜之. 统计学: 从数据到结论. 北京: 中国统计出版社, 2006.